CAD/CAM/CAE 高手成长之路丛书

SOLIDWORKS 产品设计实例详解（微视频版）

陈永康　编著

机 械 工 业 出 版 社

作者根据多年从事企业模型规划及二次开发的工作经验，利用SOLIDWORKS中的各种功能特性，解决了生产实践中的很多问题，本书正是作者多年经验的总结。本书主要介绍了SOLIDWORKS建模出图过程中各种功能的使用技巧，内容由浅入深，以SOLIDWORKS基础操作为出发点，深入解析每个操作的原理、特性以及如何更好地在生产实践中使用。

本书适合如下人群：对SOLIDWORKS建模出图感兴趣的人员；希望通过合理的建模规划简化日常SOLIDWORKS设计工作量的人员；在企业中从事模型库建设运维的人员。

图书在版编目（CIP）数据

SOLIDWORKS产品设计实例详解：微视频版/陈永康编著.
—北京：机械工业出版社，2018.12
（CAD/CAM/CAE高手成长之路丛书）
ISBN 978-7-111-61267-4

Ⅰ.①S… Ⅱ.①陈… Ⅲ.①工业产品-计算机辅助设计-应用软件 Ⅳ.①TB472-39

中国版本图书馆CIP数据核字（2018）第249828号

机械工业出版社（北京市百万庄大街22号 邮政编码100037）
策划编辑：宋亚东 张雁茹 责任编辑：张雁茹 赵磊磊
责任校对：刘丽华 李锦莉 责任印制：常天培
北京京丰印刷厂印刷
2019年1月第1版·第1次印刷
184mm×260mm·13.5印张·329千字
0 001—3 000册
标准书号：ISBN 978-7-111-61267-4
定价：59.80元

凡购本书，如有缺页、倒页、脱页，由本社发行部调换

电话服务	网络服务
服务咨询热线：010-88361066	机 工 官 网：www.cmpbook.com
读者购书热线：010-68326294	机 工 官 博：weibo.com/cmp1952
010-88379203	金 书 网：www.golden-book.com
封面无防伪标均为盗版	教育服务网：www.cmpedu.com

前　言

SOLIDWORKS 软件是一款基于 Windows 开发的三维设计软件。SOLIDWORKS 以其强大的功能和简易的入门方法深受广大工程师的热爱。其在功能方面拥有一套完整的产品设计解决方案，包括机械设计、仿真模拟、数据管理等各类模块。该软件的草图特征建模方式使得初学者能快速上手，完成一些简单的设计建模工作。

随着 SOLIDWORKS 软件在各大企业中不断普及，越来越多的企业，尤其是结构相似但产品为非标准设计的企业，越来越关注设计效率问题。在 SOLDIWORKS 中，无论是建模还是装配，方法都是多种多样的。例如，建立一根圆管模型可以使用圆环拉伸法、矩形旋转法、圆拉伸后切除法等。不同用户在建立模型时采用的思路不同，将导致使用这些模型的人员需要不断地习惯新的模型使用方式，一方面降低了设计人员的设计效率，另一方面导致了统一性降低，不利于模型回用与企业未来的各类自动化扩展应用。

针对以上生产实践问题，本书从 SOLIDWORKS 的基本操作概念出发，旨在帮助读者举一反三地理解软件的各种功能，在此基础上，进一步为读者分析各个功能的操作原理及特性，进而讲解如何更好地利用这些特性去规划模型库、简化日常工作内容和提高产品设计的准确性。

本书分为基础篇与实战篇两部分。

本书第 1 章至第 7 章为基础篇，其主要以 SOLIDWORKS 基础操作为出发点，帮助读者由浅入深地了解各种功能的特性以及一些系统设定（其中包含了草图、零件、装配体、方程式、配置、文件属性及工程图等最为常用的功能模块），并在此基础上深入地分析了各功能的特性及如何更好地使用。初学者在学习基础篇时应该多练多思考，以便深入理解各功能特性。

本书第 8 章至第 11 章为实战篇，主要综合基础篇中提到的各个功能的特性，帮助读者和企业思考如何规划自己的模型，使得模型的回用性、易用性、替换性都得到提高，从而进一步提高设计效率，降低错误率以及为企业自动化设计制造做铺垫。

通过学习本书内容，可以达到如下效果：

1）模型、属性、图纸之间建立数据的自动关联，从而降低设计修改环节漏改、错改的风险。

2）提高设计模型的回用率、替换性，从而提高设计效率，并降低模型库的维护成本。

3）提高企业模型库、模板库的通用性及易用性，使企业不同人员的学习成本降低。

4）采用模块化思想拆分企业产品，更有利于产品的更新换代。

5）为企业的二次开发及自动化设计做铺垫。

本书的模型与模板都在 ModleAsbuit 文件夹下。

我从事 SOLIDWORKS 二次开发工作已 6 年以上，在此期间系统化地为企业开发了从建模、装配、出图到制造的一整套自动化系统，大大提高了企业的设计生产效率。

在此，首先感谢达索析统（上海）信息技术有限公司的技术经理杨茂发先生的推荐与支持，同时感谢上海雷瓦信息技术有限公司对正版软件的支持。上海雷瓦信息技术有限公司是 SOLIDWORKS 在中国的一级代理商，拥有强大的技术支持与售后团队。

由于作者水平所限，本书难免有疏漏之处，欢迎广大读者批评指正。

陈永康

2018 年 8 月

目　录

基　础　篇

第1章　草　图

学习目标

1. 掌握绘制草图的基本方法。
2. 掌握几何关系的使用。
3. 了解设计意图对标注尺寸的影响。
4. 掌握草图完全定义的过程。

本章先介绍 SOLIDWORKS 中二维草图的绘制方法与绘制技巧。“草图”也是 SOLIDWORKS 中的基础元素，因此也是决定建模方式是否合理的因素之一。

1.1　二维草图的绘制

1.1.1　草图工具介绍

如图 1-1 所示，在 SOLIDWORKS 中无论是零部件、装配体，还是工程图文件，在工具栏中都会存在【草图】选项卡，这里集合了所有常用的草图工具。

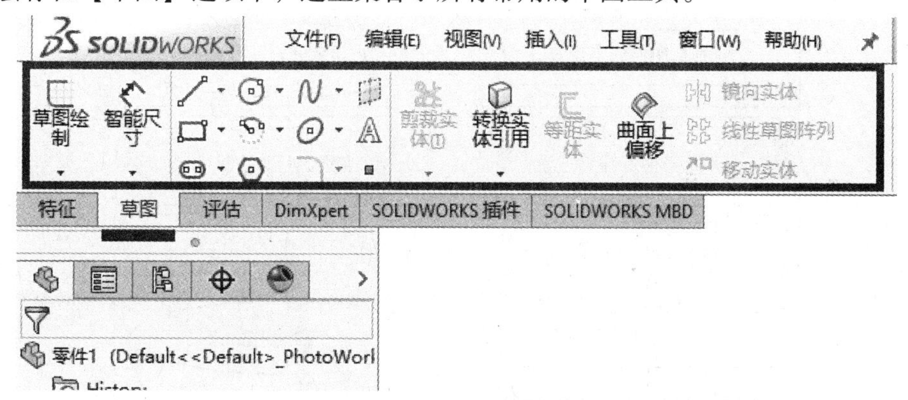

图 1-1　草图工具

通过单击菜单【工具】，在下拉菜单中选择【草图工具】，将弹出二级子菜单，在其中可以找到不常用的草图命令。

若所需使用的草图命令未在草图工具栏中找到，可以按照图 1-2 所示的方式，查看剩余的草图命令，并且将其调至草图工具栏以便使用。具体操作步骤为：单击菜单【工具】，在下拉菜单中选择【自定义】，在弹出的【自定义】对话框中选择【命令】选项卡，并在“类别”列表中选中“草图”，此时在对话框右侧将显示所有的草图工具，可以在右侧工具区域用鼠标单击调出需要的草图命令，并将其拖动至工具栏【草图】选项卡的所需位置，即可完成调出草图命令至【草图】工具栏的操作。

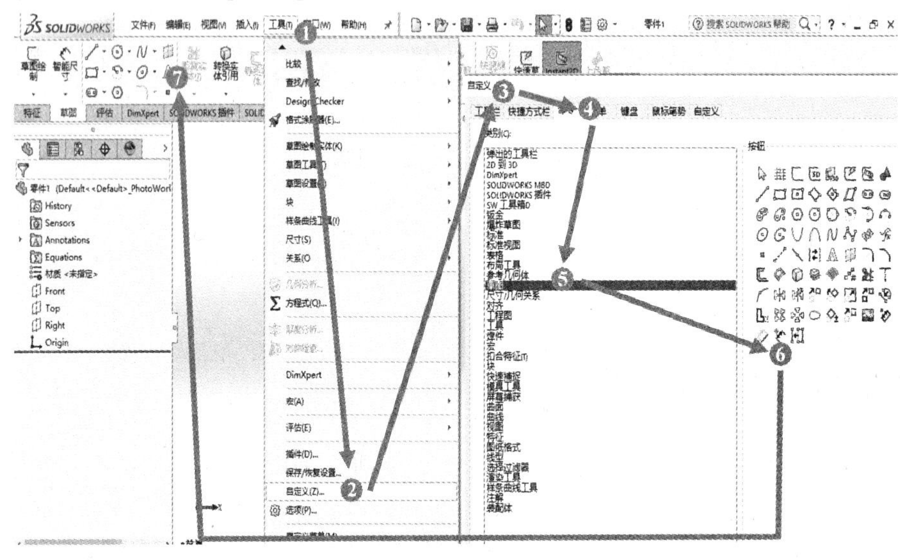

图 1-2　添加草图命令至工具栏

1.1.2　绘制二维草图的一般流程

如图 1-3 所示，在 SOLIDWORKS 中绘制平面二维草图的流程可以与现实中在纸上绘制草图的过程进行对比理解。

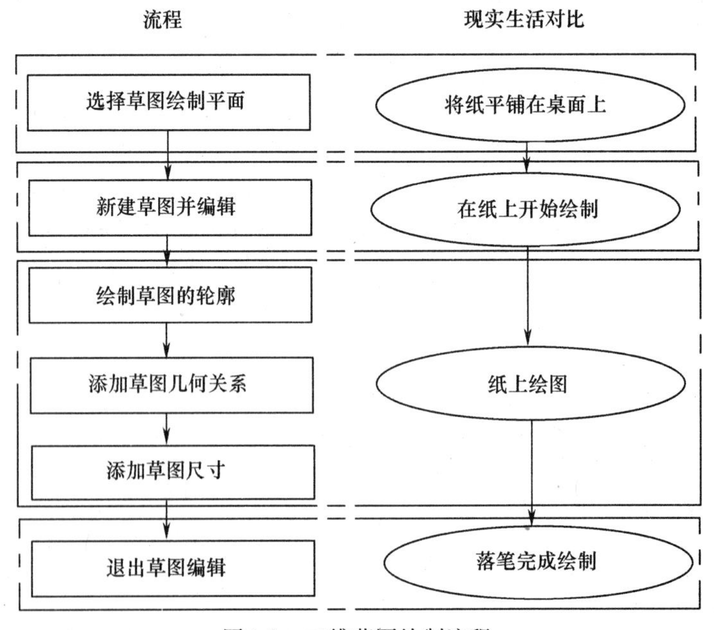

图 1-3　二维草图绘制流程

提示：

现实生活中如果没有一个平坦的面，很难进行绘图工作。所以在 SOLIDWORKS 中二维草图的存在需要依赖一个永远存在的平面。如图 1-4 所示，“草图 8”绘制在名为“基准面 1”的平面上，在把“基准面 1”删除后，在 SOLDIWORKS 中对应的“草图 8”及“凸台-拉伸 6”特征都会出错或被压缩掉。所以，若需要草图永久存在，则应考虑将其绘制在一个永不消失的平面上。

尤其当采用 SOLIDWORKS API 进行自动化建模时，特别需要注意此依赖性的特点。

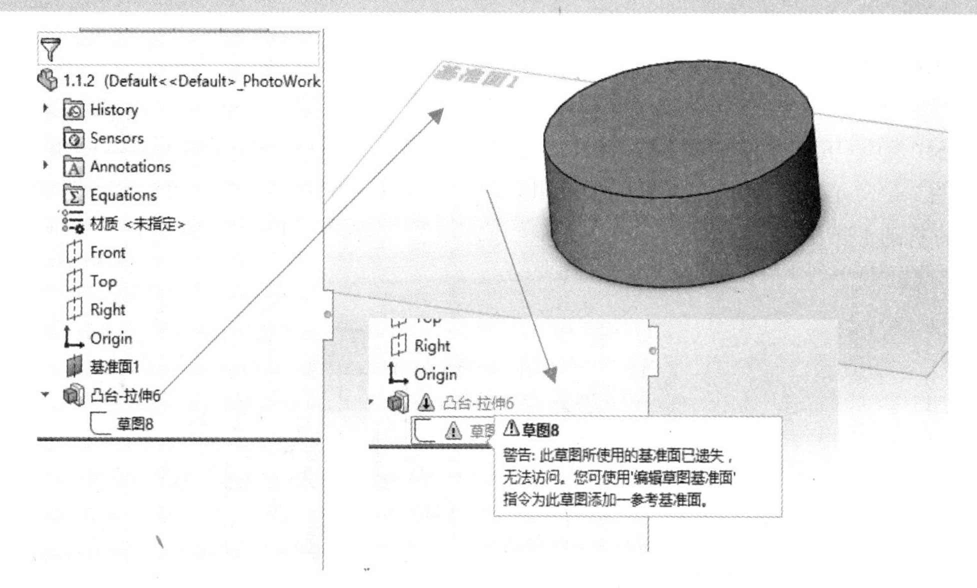

图 1-4 草图基准面

如图 1-5 所示，以图中元素为例，在 SOLIDWORKS 软件中实际绘制的步骤为：

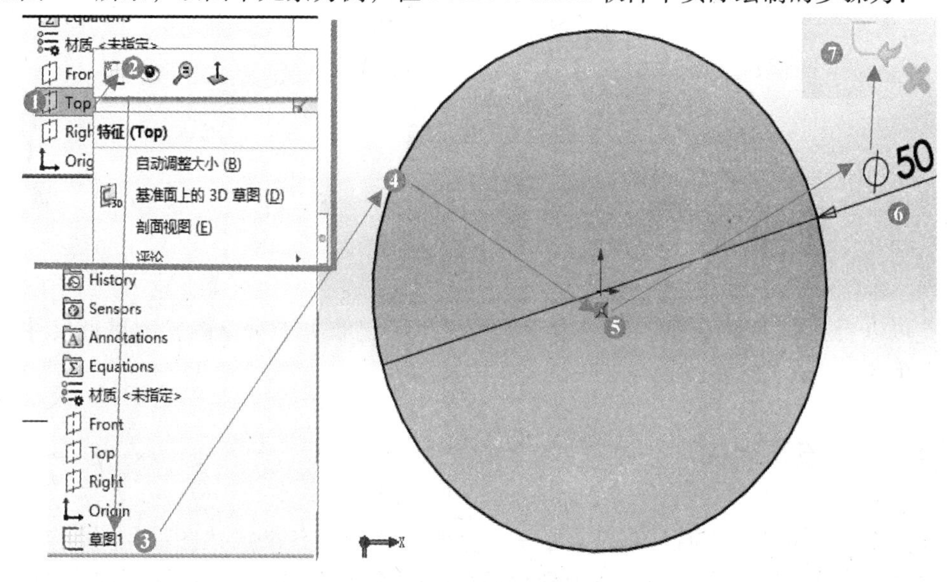

图 1-5 草图绘制过程

1）右键单击平面“Top”。

2）在弹出的快捷菜单中选择【草图绘制】，系统将生成一个草图特征，这里命名为“草图1”。

3）在草图空间中绘制需要的图形，这里绘制了一个圆。

4）绘制完图形后，进行“几何关系”的添加，这里添加了圆心与草图原点“重合”的约束。

5）接着添加直径尺寸“50”。

6）完成草图后单击【退出草图】，即可完成一个草图的绘制。

1.2 草图特征

在 SOLIDWORKS 的草图绘制过程中，草图的最终形态由尺寸与几何关系共同决定。

如图 1-6 所示，“草图 2”“草图 3”都来自“草图 1”的形状，“草图 2”仅仅是在“草图 1”的基础上增加了几何关系和尺寸，“草图 3”又在“草图 2”的基础上增加了尺寸“20”对应的两条线段的几何关系“共线”。

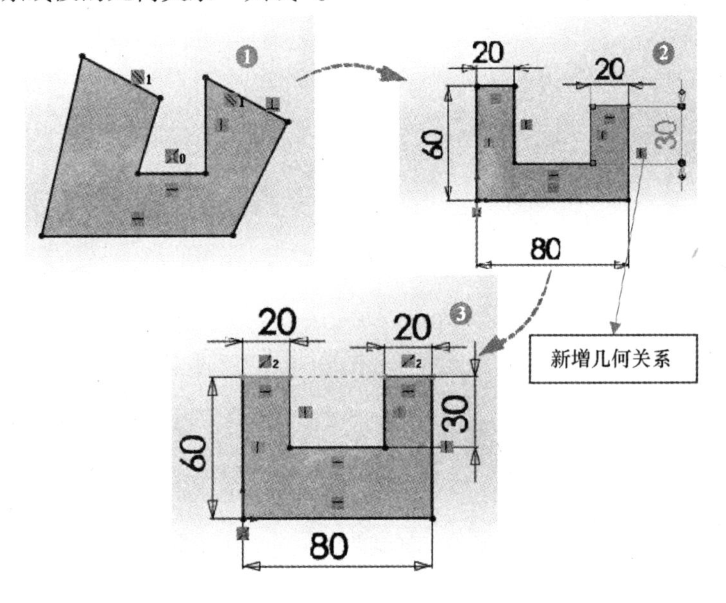

图 1-6 尺寸与几何关系

由此可以看到，在 SOLIDWORKS 中草图的最终确定取决于对草图轮廓进行尺寸与几何关系的约束。

1.3 几何关系

几何关系就是同心、垂直、平行、水平、竖直、对称等各类描述图形相对位置的关系。不同的草图元素，如点、直线、圆弧等都会具有属于各自特性的几何关系。不同的几何关系涉及的元素数量也不同。

1.3.1 几何关系的添加方法

在 SOLIDWORKS 中添加几何关系的方法一般分为两种：系统自动添加和用户手工添加。

系统自动添加几何关系主要出现在绘制草图轮廓的过程中。如图 1-7 所示，在绘制图中标记为②的“线段 2”时，随着“线段 2”终点的位置变化，当“线段 2”与标记为①的“线段 1”处于垂直关系时，系统自动提示图中标记③所指的“垂直”的几何关系，若此时用户确定“线段 2”的终点，则系统会自动给“线段 1”与“线段 2”添加上“垂直”的几何关系。

用户手工添加几何关系也十分方便，用户无须特地寻找相应的命令激活添加几何关系的界面。SOLIDWORKS 能够非常聪明地根据用户选择的元素，自动筛选可被添加的几何关系供用户选择。

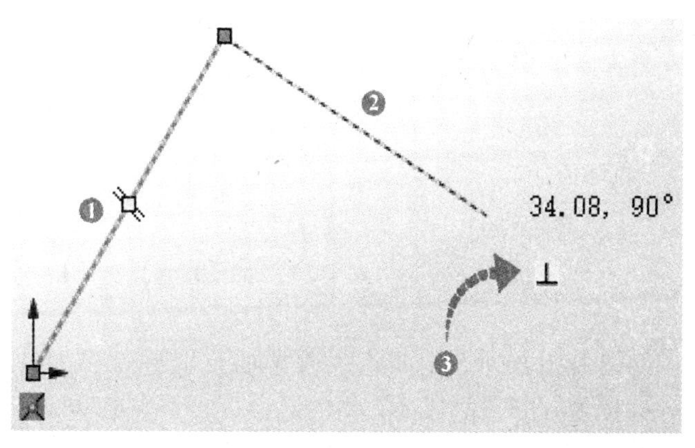

图 1-7 系统自动添加几何关系

图 1-8 所示为给线段添加“竖直”几何关系。首先如标记①选中线段，此时 SOLIDWORKS 会自动弹出该线条的属性，并筛选出可为之添加的几何关系，在图中标记②处单击【竖直】，此时线条即被添加了标记③处的一个“竖直”几何关系。

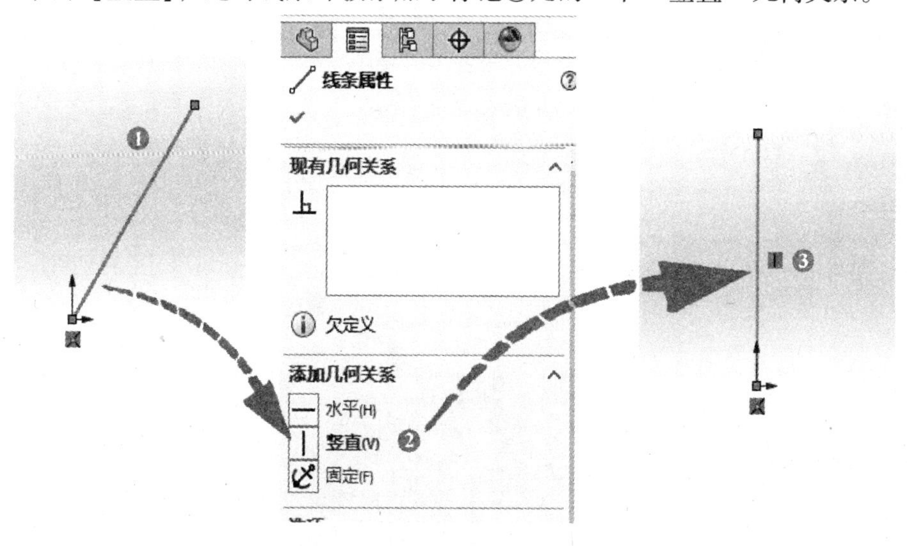

图 1-8 竖直几何关系的添加

如图 1-9 所示，给标记为①的“线段 1”与标记为②的“线段 2”添加“垂直”与“相等”几何关系。首先同时选中“线段 1”与“线段 2”，此时 SOLIDWORKS 会自动弹出添加几何关系的【属性】对话框，并且根据标记③处用户选择的元素，筛选出两条线段可被添加的几何关系，单击【垂直】与【相等】，即可给这两条线段添加几何关系。这里可以看出，在添加几何关系时可以同时添加多个几何关系。

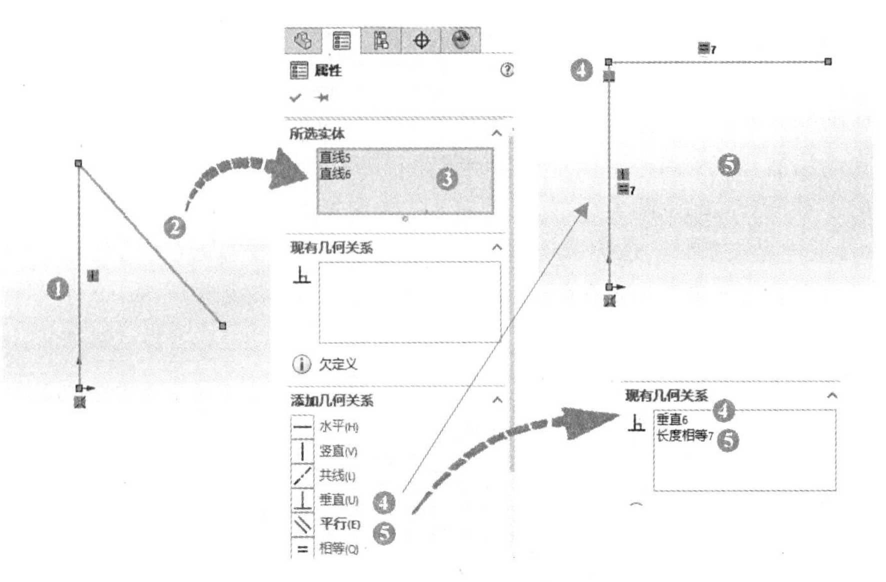

图 1-9　添加【垂直】与【相等】几何关系

如图 1-10 所示，给两条线段添加“对称”关系。首先，同时选中标记为①的“线段 1”、标记为③的“线段 3”和标记为②的“中心线 2”，同样系统自动筛选出可被添加的几何关系。这里单击标记④处的【对称】，即实现了“线段 1”与“线段 3”的“对称”关系，并且系统自动给“线段 1”“线段 3”和“中心线 2”添加对称标记。

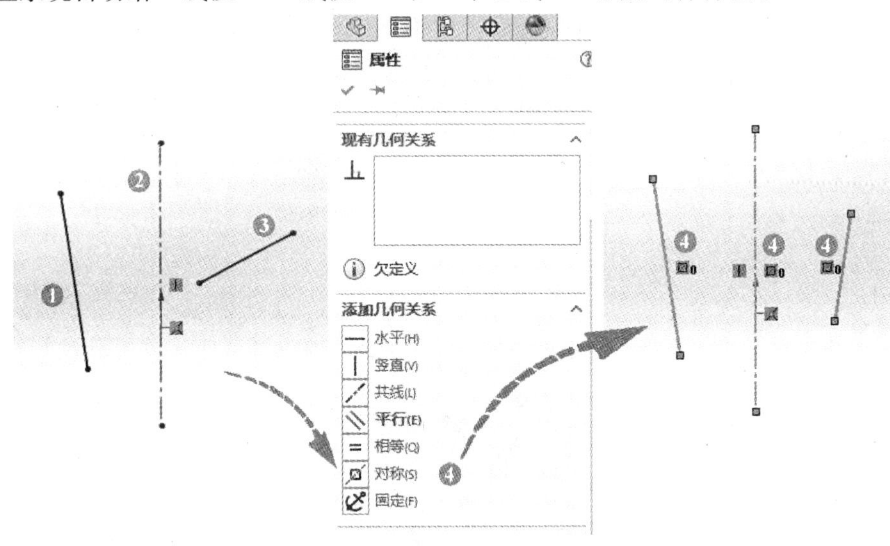

图 1-10　添加“对称”关系

提示：

SOLIDWORKS 中几何关系的种类非常多，但是通过上述三个实例可以看出，用户无须关注哪些几何关系适用自己的草图，仅需要选择需要控制的草图元素，在 SOLIDWORKS 提供的可选项中选择需要的几何关系即可完成几何关系的添加。

1.3.2 几何关系的应用技巧及注意事项

几何关系的添加使得用户可以更快地绘制草图轮廓，而不用纠结于绘制过程中的几何约束，只需相似即可。如图 1-6 所示，在绘制草图轮廓时，可以比较轻松地粗略绘制，然后通过添加几何关系快速地约束图形形状。

提示：

在绘制复杂的草图，以及后续考虑采用二次开发方式修改草图时，不建议使用推理线进行系统自动添加几何关系。

在复杂的草图变化过程中，可能由于一些预计之外的几何关系而导致草图出现过定义的现象，而在使用二次开发修改草图时，程序将很可能无法正确执行后续的修改工作。

如图 1-11 所示，以绘制中垂线为例，在复杂草图和需要使用二次开发修改草图时，尽量先任意画两条不垂直的直线，通过同时选中标记为①的“线段 1”的端点和标记为②的“线段 2”添加【中点】与【重合】两个几何关系，再同时选中“线段 1”与“线段 2”并添加【垂直】关系，最终形成所需要的中垂线关系。

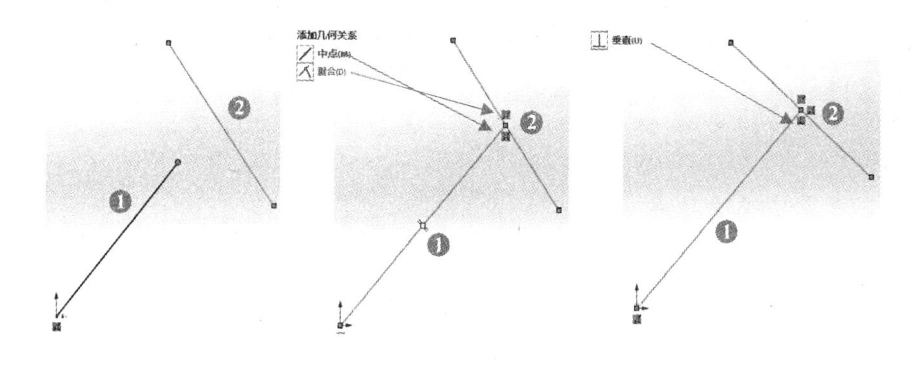

图 1-11 绘制中垂线

1.4 草图尺寸

在 SOLIDWORKS 的草图中，草图尺寸决定了草图各元素的大小与位置关系，通过尺寸与几何关系的联合作用，实现草图的最终完全定义。

1.4.1 尺寸的添加与修改

在 SOLIDWORKS 中添加尺寸的方式比较简单，如图 1-12 所示，软件本身提供了【智能尺寸】工具，其位置在【工具栏】的【草图】选项卡中。

用户只需要选择需要标注的草图元素，SOLIDWORKS 会自动筛选并反馈给用户可以添加的尺寸类型与尺寸展现形式。如图 1-13 所示的 4 条线段，使用【智能尺寸】工具分别给“线段1”与“线段2”，“线段3”与“线段4”添加尺寸，系统会根据草图元素原本的空间位置，自动确定是角度尺寸还是距离尺寸。

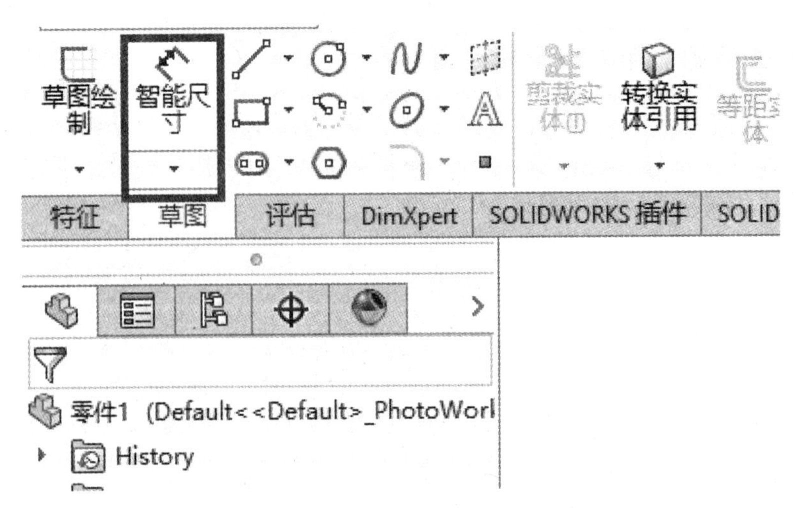

图 1-12　尺寸添加工具

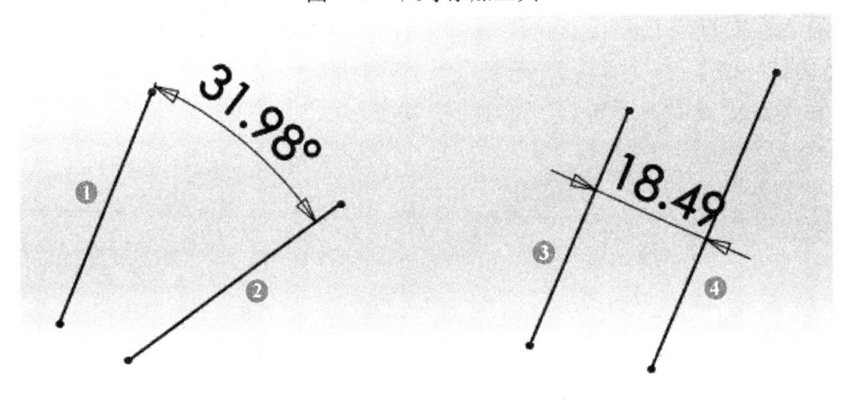

图 1-13　尺寸类型的智能确定

如图 1-14 所示，在 SOLIDWORKS 中修改尺寸只需要用鼠标双击需要修改的尺寸“20”，将弹出尺寸【修改】对话框，在对话框中输入需要修改的尺寸值即可完成尺寸的修改。

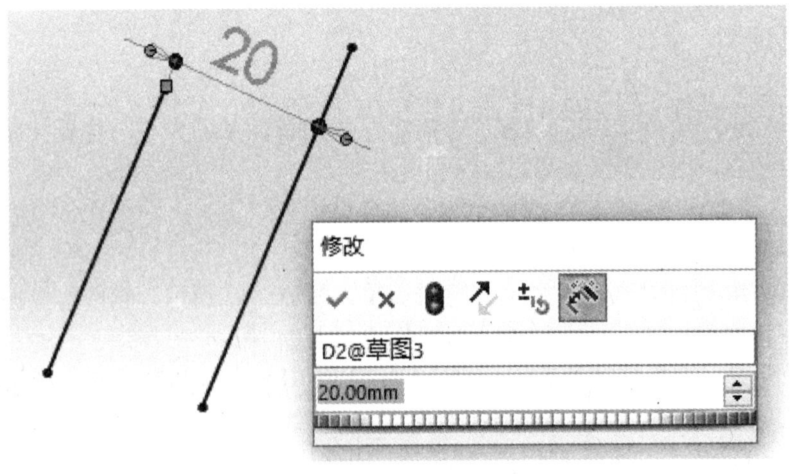

图 1-14　尺寸的修改

1.4.2 尺寸的选取与预览

如图 1-15 所示，同样标注圆的直径“150”，SOLIDWORKS 会根据鼠标指针所在位置的不同显示不同的尺寸标注样式，同时会显示标记①和②的鼠标右键图标提示，用户可以通过单击鼠标右键对标注样式进行锁定与解锁，当标注样式被锁定后，就不用再根据鼠标指针位置的变化而改变标注样式了。

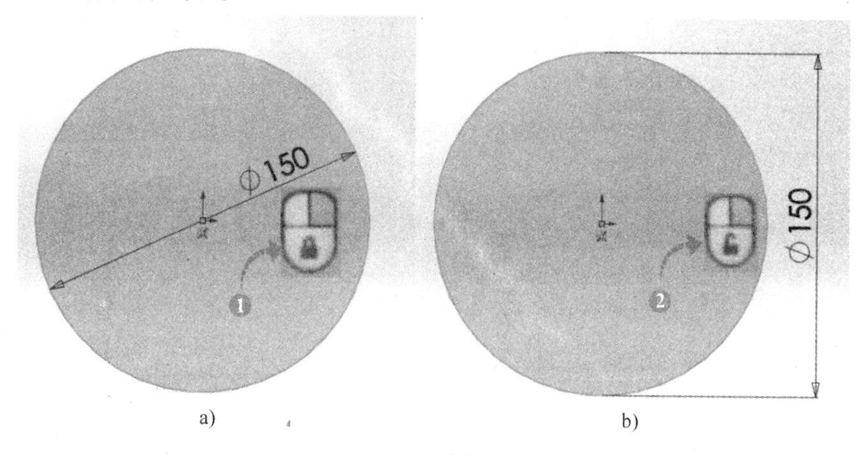

图 1-15 尺寸的选取与预览

在 SOLIDWORKS 尺寸标注过程中，每个尺寸的标注基准也需要考虑最终的设计意图。如图 1-16 所示，左边模式 1 与模式 2 两个“200 × 100”的矩形草图实现的效果是一样的。但是，同样是“孔”，前者定位为距离矩形边线“40”，后者为距离相邻圆“120”。如果仅仅用在当前情况下，这两种草图的标注方式都正确。但是将此草图用于多变尺寸时，在标注尺寸时就必须考虑设计意图。如图 1-16 所示，将矩形的长度“200”修改为“140”后，标注距离边线“40”的图形依然保持了与原草图的相似结构，而标注了与相邻圆“120”尺寸的草图已经与原草图发生了结构性的变化。

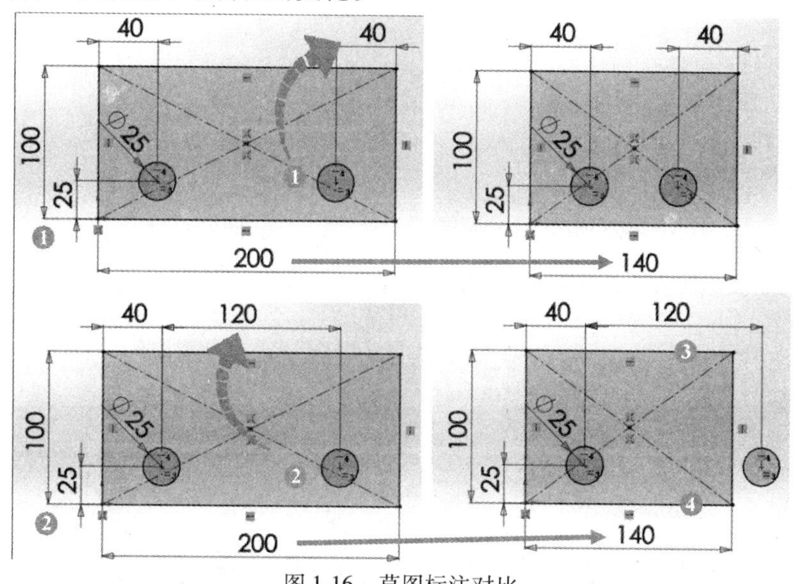

图 1-16 草图标注对比

通过图 1-16 的对比，可以看出草图设计的好坏将影响最终模型的通用性与稳定性。

提示：

当所绘制的草图是为了使用 API 自动化操作时，应该首选模式 1 的标注方式。相比模式 1，如果使用 API 自动化控制模式 2 的草图，则还需要先判断标记③孔定位尺寸“120”与矩形长度“140”的变化趋势，再决定自动化修改尺寸的先后次序，其逻辑比修改模式 1 的草图更为复杂，而且容易出错。模式 2 中隐含的变更导致出错的风险在复杂的草图中比较难发现。因此，在设计草图的时候就需要培养综合考虑设计意图的想法。

1.4.3 尺寸的设置

在 SOLIDWORKS 中还能对标注的尺寸进行相关属性的设置。如图 1-17 所示，当用鼠标选中尺寸时，将会显示相应尺寸的“属性管理器”，其中包括 3 个选项卡，分别为标记①～③的数值、引线及其他。此外，当用鼠标右键单击尺寸时，系统还将弹出标记④的快捷菜单。在这些属性中，大部分属性可以在系统设置中预先设定，无须一一修改。比较常用的功能为图 1-17 中框选的“公差/精度”“标注尺寸文字”和“为工程图标注”。

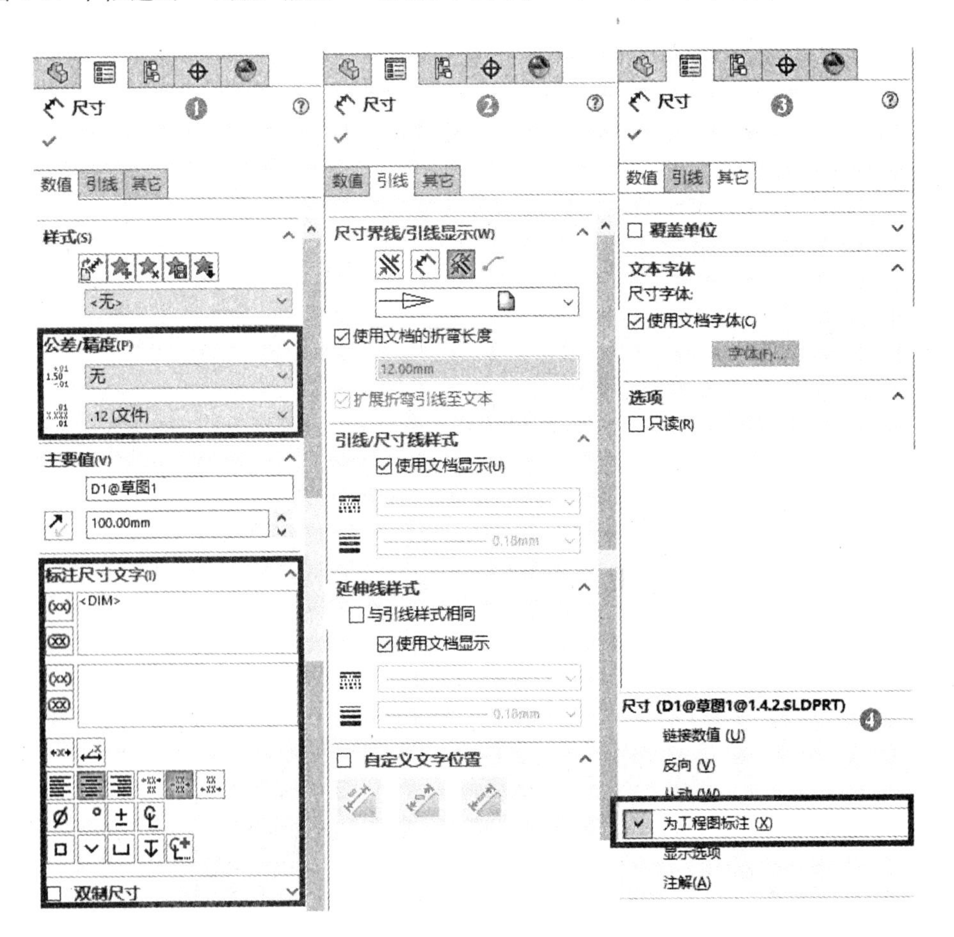

图 1-17 尺寸属性设置

在设置尺寸属性时，尤其对于“为工程图标注”选项，需要结合后期工程图的出图需求进行设置，其设定的合理性将决定工程图标注的工作量。

1.5 实例分析：转换实体引用

如图 1-18 所示，SOLIDWORKS 草图工具中有一个【转换实体引用】工具，此工具可直接在绘制的草图平面中绘制空间元素在此绘制平面上的投影图形。若空间元素已经完全定义，则投射在草图平面上的草图元素即为完全定义。合理地使用【转换实体引用】工具，能大大减少草图的定义与后期的修改。

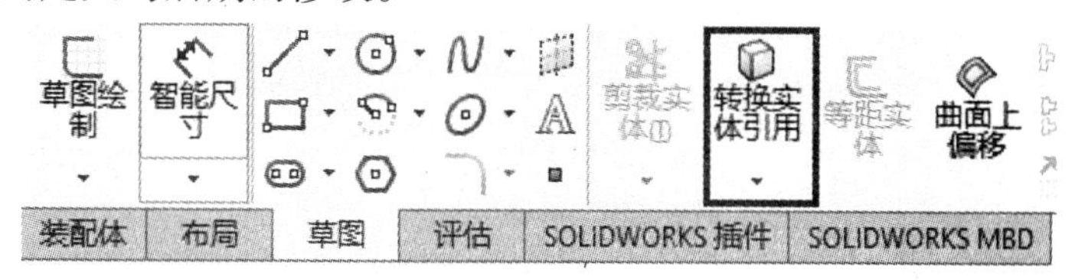

图 1-18　转换实体引用

如图 1-19 所示，零件“圆柱体”有一个标记为①的草图，该零件与零件“立方体”装配，并且立方体上标记为②的孔采用“转换实体引用”的方法引用“圆柱体”的标记为①的草图完成孔特征。此方法的好处在于，当“圆柱体”与“立方体”的相对位置发生改变或者“圆柱体”的标记为①的草图大小发生变化时，用户无须关注与修改“立方体”中的孔，只需将“圆柱体”修改到位即可，因为采用了“转换实体引用”方法，在 SOLIDWORKS 内部，“立方体”的孔会与“圆柱体”的标记为①的草图实时联动。

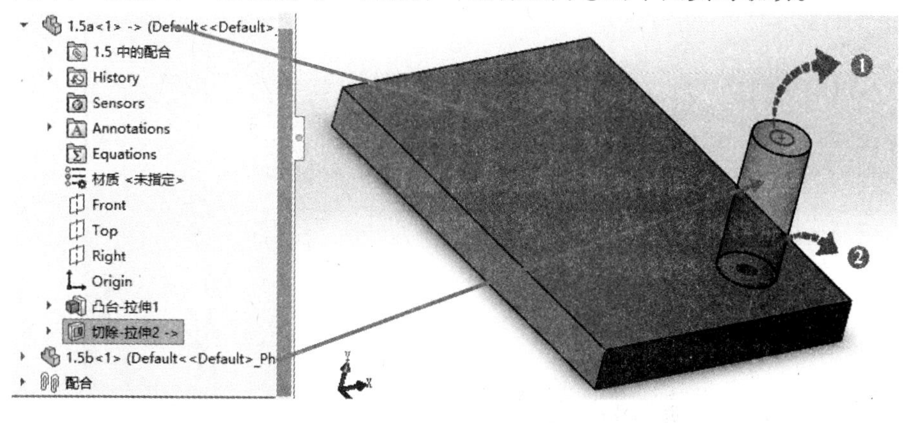

图 1-19　零部件间的参考引用

提示：

【转换实体引用】工具虽然能简化草图的定义工作量，但是被引用的元素必须存在。如图 1-20 所示，当将“圆柱体”的标记为①的草图删除时，“立方体”的孔发生了建模错误。因而在设计复杂零件或使用参数驱动零件和装配体多样性时，需要特别注意引用的元素时刻存在，避免产生错误。

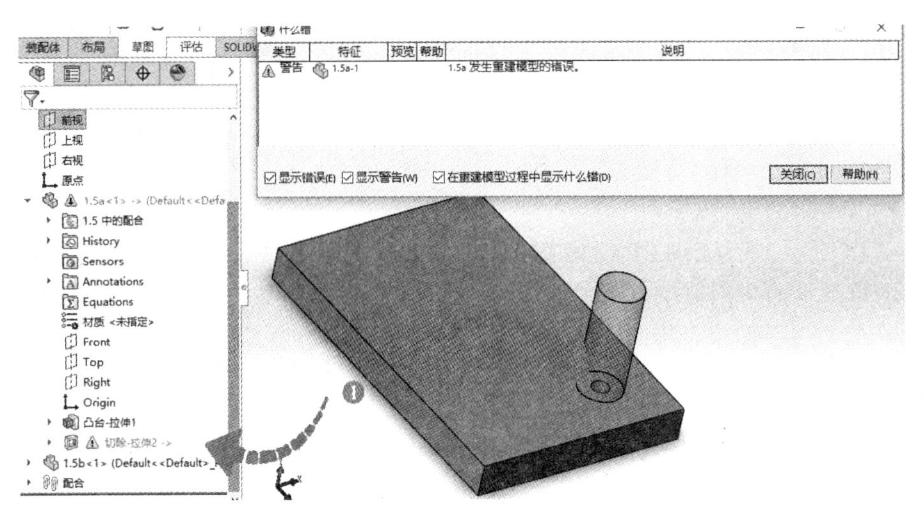

图 1-20　引用丢失

1.6　实例分析：合理使用草图原点

如图 1-21 所示，矩形草图虽然有尺寸“40”与尺寸“60”的定义，但是整个矩形还是呈现草图未完全定义，其原因在于整个矩形可以在草图平面中任意移动，并未设定矩形相对于标记为①的草图原点的相对位置。此外，从图 1-21 中还可以看到选中的标记为②的线段的起点与终点的 X、Y 坐标数值（即标记③的属性）比较随机。

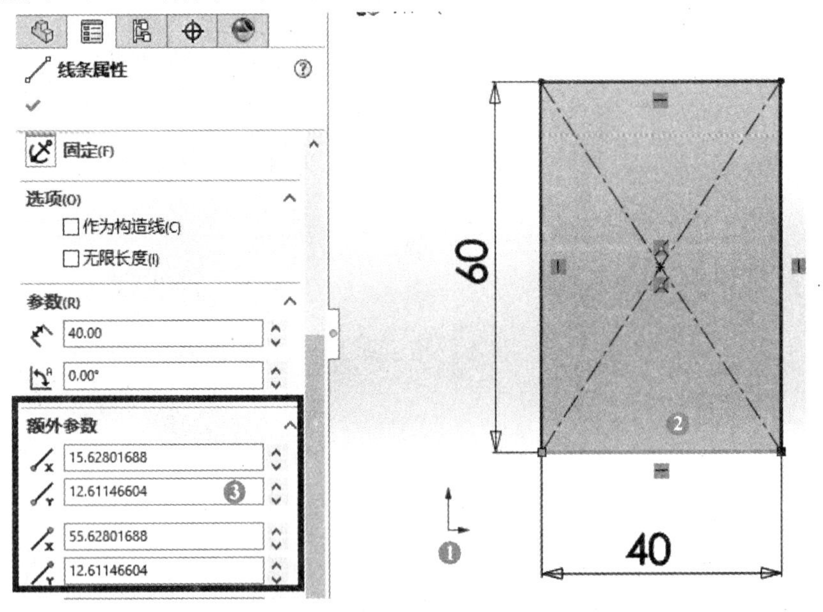

图 1-21　未合理使用草图原点

如图 1-22 所示，给标记为②的线段的左起点与标记为①的草图原点添加【重合】关系后，草图完全定义，使线段的起点与终点坐标更容易理解。

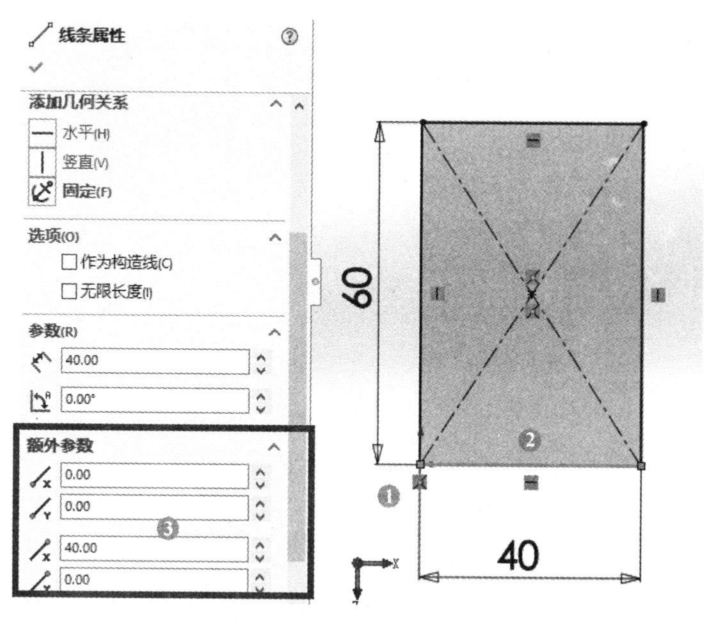

图 1-22 合理地使用草图原点

提示：

一般情况下，绘制的草图建议完全定义，添加草图元素与草图原点的相对位置有利于参数驱动时更好地控制草图，并且可以减少后期设计过程中建立参照基准的数量。

此外，当需要使用 SOLIDWORKS 提供的 API 自动化操作草图元素时，合理地定位草图元素相对草图原点的相对位置，有利于编程过程中通过捕捉计算坐标来控制相应的草图元素。

草图绘制技巧综合讲解

1.7 本章总结

在 SOLIDWORKS 中，草图的绘制主要按照如下过程实现完全定义：

1）合理地利用草图原点开始草图绘制。

2）绘制与目标草图结构相似的图形。

3）定义草图元素之间的几何关系。

4）标注草图尺寸。

草图除了可以用于模型特征的建立，还能用于装配过程中装配基准框架的搭建，因而熟练绘制草图非常重要。

练习

如图 1-23 所示，绘制此图形并对其进行尺寸标注，最终图形需要符合如下要求：

1）图形左、右部分关于中心线对称。

2）给线段添加水平或竖直几何关系。

3）给图形标注尺寸，当所有尺寸标注完毕后，修改任意一个尺寸值至任意大小，该图形依然保持图中的轮廓，不发生线段交错等情况。

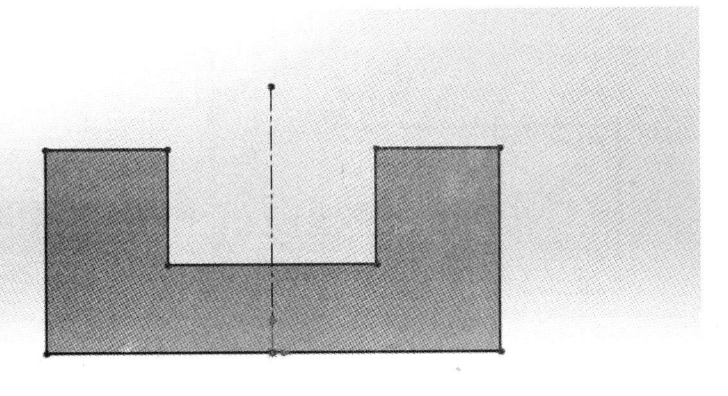

图 1-23　草图标注

第 2 章　零　　件

学习目标

1. 了解常用实体特征的生成方法。
2. 了解父子关系在建模过程中的重要性。
3. 了解文件夹特征的应用。
4. 掌握材料数据的管理。

本章介绍 SOLIDWORKS 中的实体特征，每个零部件都可以由多种实体特征构成。

2.1　实体特征

如图 2-1 所示，该零件由 5 个实体特征构成，分别为：标记①和③2 个拉伸凸台特征；标记②1 个拉伸切除特征；标记④和⑤2 个圆角特征。

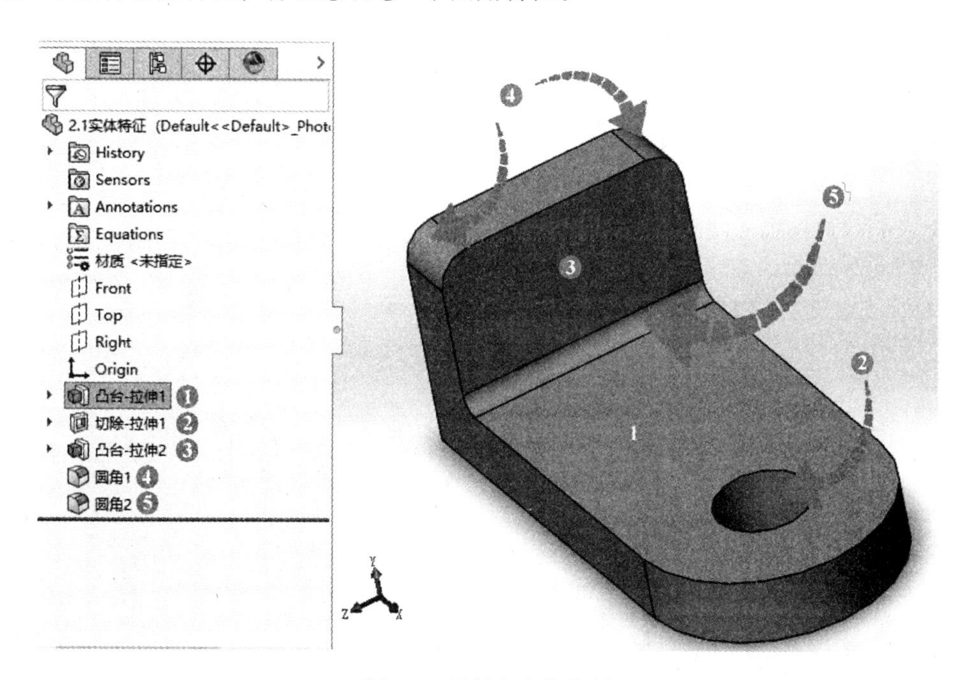

图 2-1　零件与实体特征

2.1.1　实体特征工具介绍

如图 2-2 所示，在 SOLIDWORKS 的零部件与装配体文件中，在工具栏中都会存在【特征】选项卡，其中集合了所有常用的实体建模特征工具。

图 2-2　实体建模特征工具（一）

如图 2-3 所示，一些不常用的实体特征命令可以通过单击菜单【插入】，在图中框选的下拉选项中都会弹出二级子菜单，其中显示了所有可用的特征工具。

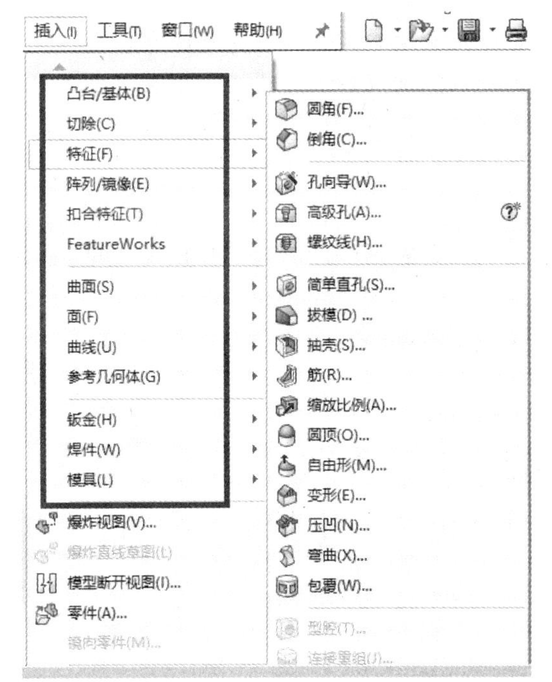

图 2-3　其他实体特征工具（二）

若所需使用的特征命令未在特征工具栏中找到，则可以按照图 2-4 所示的方式，查看剩余的特征命令，并且将其调至特征工具栏以便使用。具体操作步骤为：

1）单击菜单【工具】，在下拉菜单中选择【自定义】。

2）在弹出的【自定义】对话框中选择【命令】选项卡。

3）在“类别”列表框中选中“特征”，此时在对话框右侧将显示所有的特征工具。

4）可以在右侧工具区鼠标单击需要调出的特征命令，并将其拖动至工具栏【特征】选项卡的所需位置，即可完成特征命令调出至【特征】选项卡的操作。

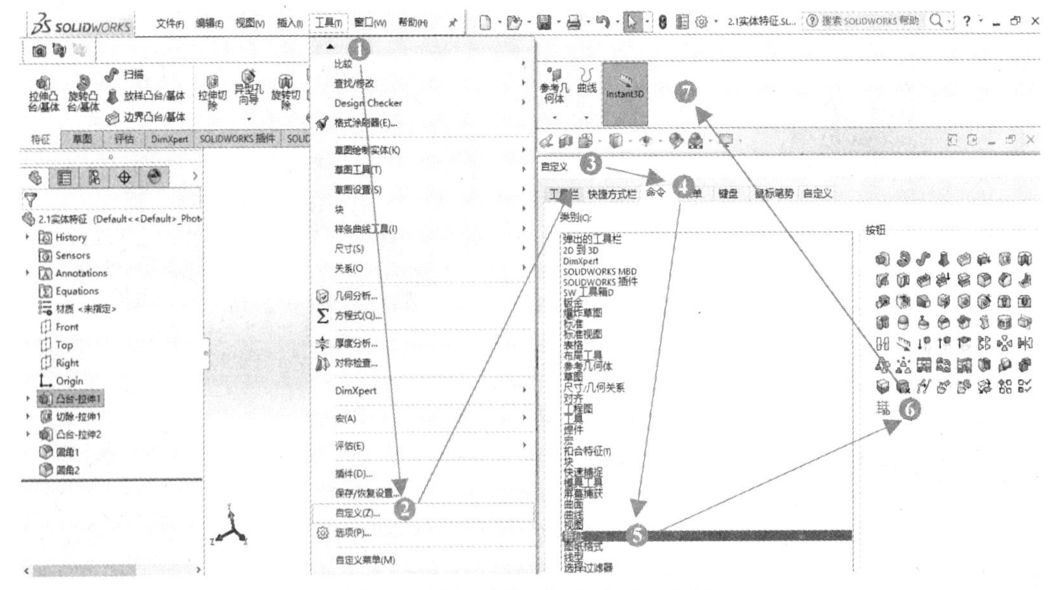

图 2-4　添加【特征】命令至工具栏

2.1.2　常用特征的生成方法

如图 2-5 所示为一个拉伸特征的生成方法，首先选中标记为①的“草图 1”，单击标记②处【特征】选项卡中的【拉伸凸台/基体】，会在应用窗体的左边显示“凸台-拉伸”特征的属性选项，这些选项可用来设置特征的拉伸方向和拉伸距离，此时，在模型空间中将实时地显示与属性选项参数设置同步的预览效果（标记④），若确认无误，可单击属性选项顶部的✔，完成拉伸特征的建立。

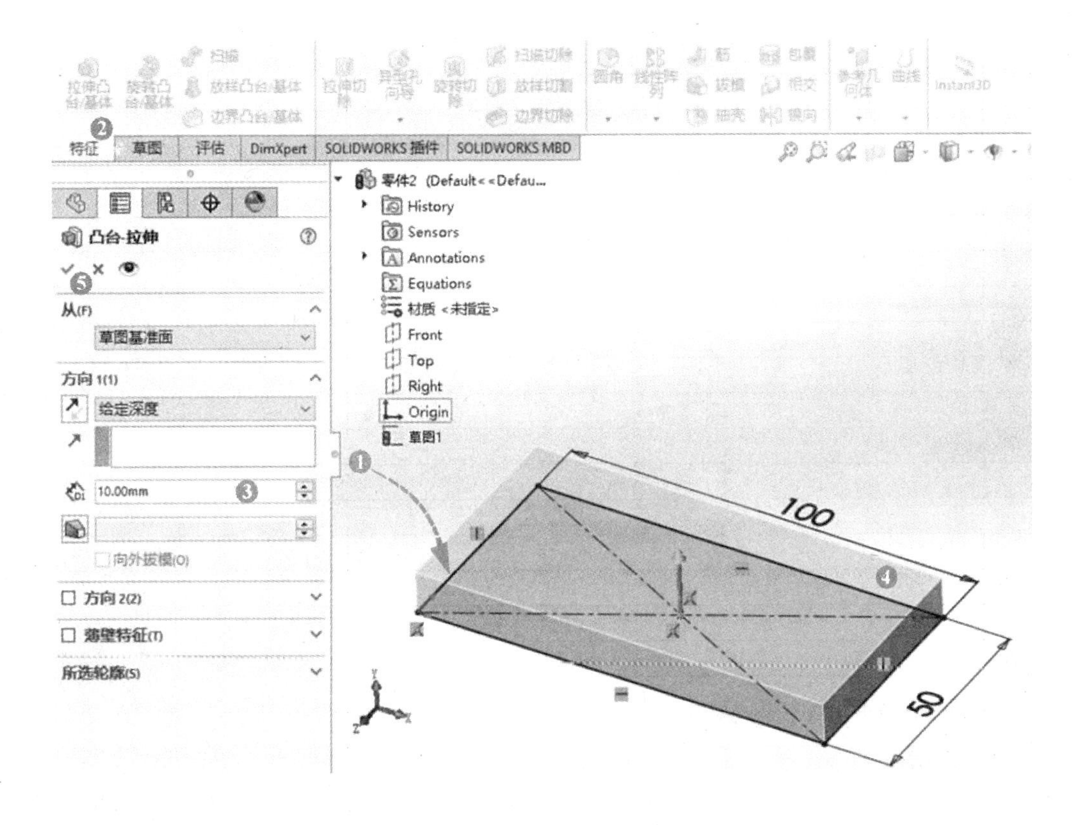

图 2-5　拉伸特征的生成

常规的实体特征一般都会使用一个草图作为基础，按照图 2-5 所示的方法即可完成，部分特征可能需要多个草图才能完成特征的构建，如【扫描】和【放样】等。

在 SOLIDWORKS 中，特征大类非常多，无论是实体特征，还是钣金特征等。对于初识 SOLIDWORKS 的用户，不知道如何使用时，可以大胆地单击需要的特征按钮，SOLIDWORKS 良好的交互性会实时地告诉用户该特征需要哪些元素，特征属性中各参数的意义，以帮助用户完成特征的建立。

如图 2-6 所示，用户可将鼠标指针悬停在特征属性的各个控件上，SOLIDWORKS 将弹出控件的提示，便于用户设置参数。图 2-6 中，鼠标指针悬停在标记为①的控件上时，系统会弹出标记为②的提示“拔模开/关”。此外，用户还可以通过标记③处的?，打开针对该特征的使用帮助文档。

图 2-6　特征参数操作提示

2.2　实体特征的注意事项

一般情况下，一个零件会由多个特征构成，此时特征与特征之间将会产生互相依赖的关系，当绘制的零件需要通过参数化驱动以实现多变性时，尤其需要注意。

2.2.1　实例分析：特征的父子关系

如图 2-7 所示，图中标记①处的“圆角 2”对零件的两处进行了倒圆，分别为对标记③“凸台-拉伸 1”底部倒圆以及对标记②“凸台-拉伸 2”凸台倒圆。

此时，如图 2-8 所示，通过右键单击特征“圆角 2”，在弹出的快捷菜单中选择【父子关系】，系统将弹出特征“圆角 2”的父子关系。从图 2-7 中可以看到，特征“凸台-拉伸 1”及特征“凸台-拉伸 2”均为特征“圆角 2”的父特征。

在这里父子关系代表特征“圆角 2”的存在依赖于“凸台-拉伸 1”及“凸台-拉伸 2”两个特征，当任何一个父特征不存在时，特征“圆角 2”也无法存在。如图 2-9 所示，此时若将特征“凸台-拉伸 2”进行压缩，则特征“圆角 2”也同时被压缩。

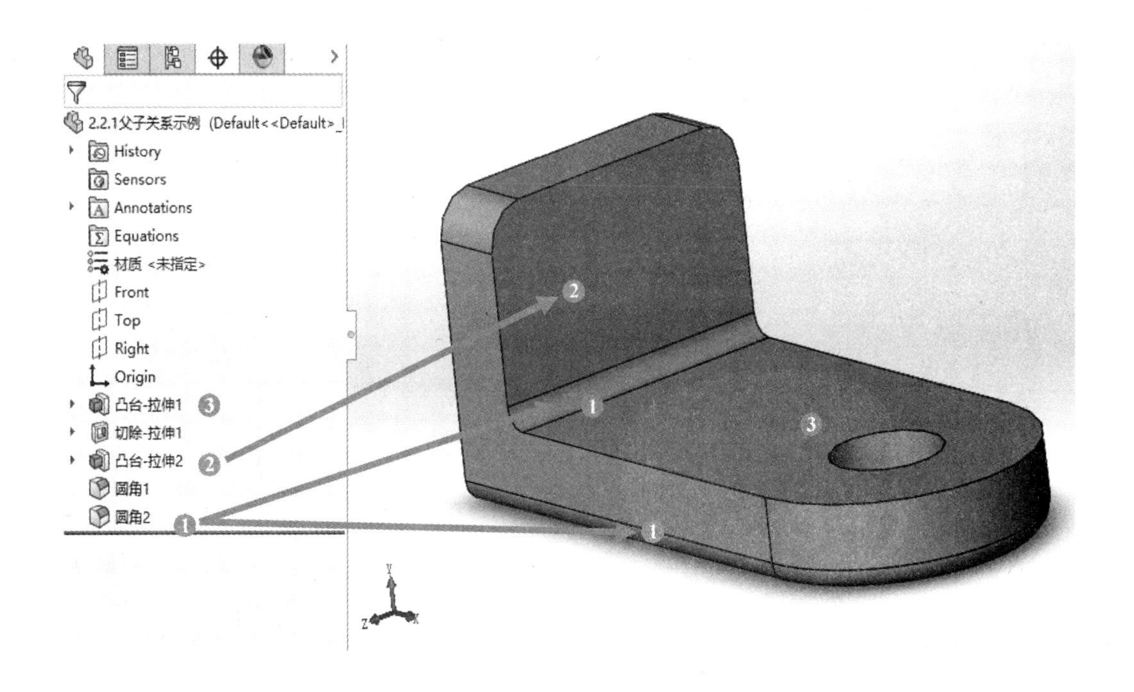

图 2-7　倒圆角与凸台

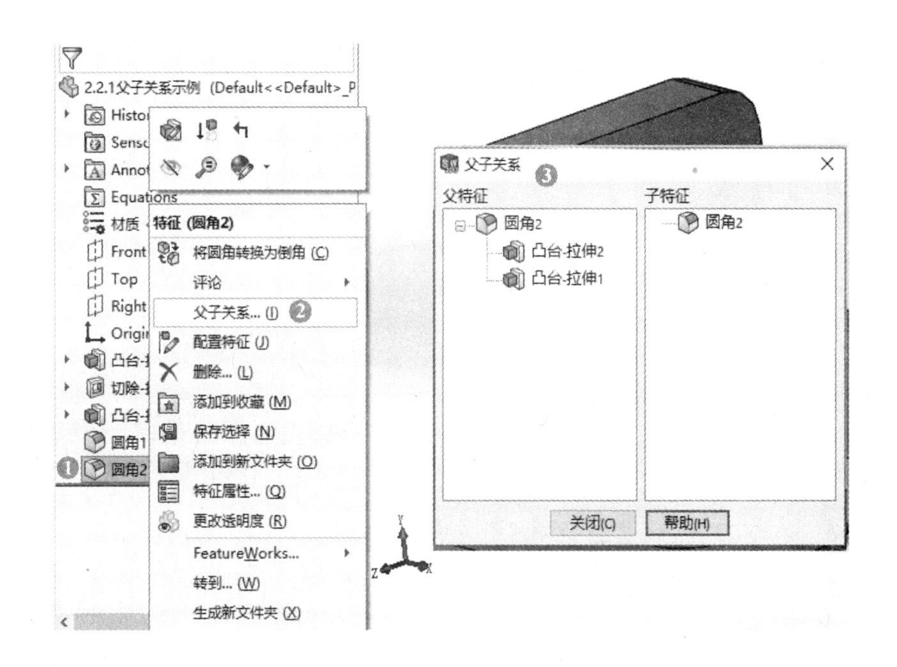

图 2-8　查看父子关系

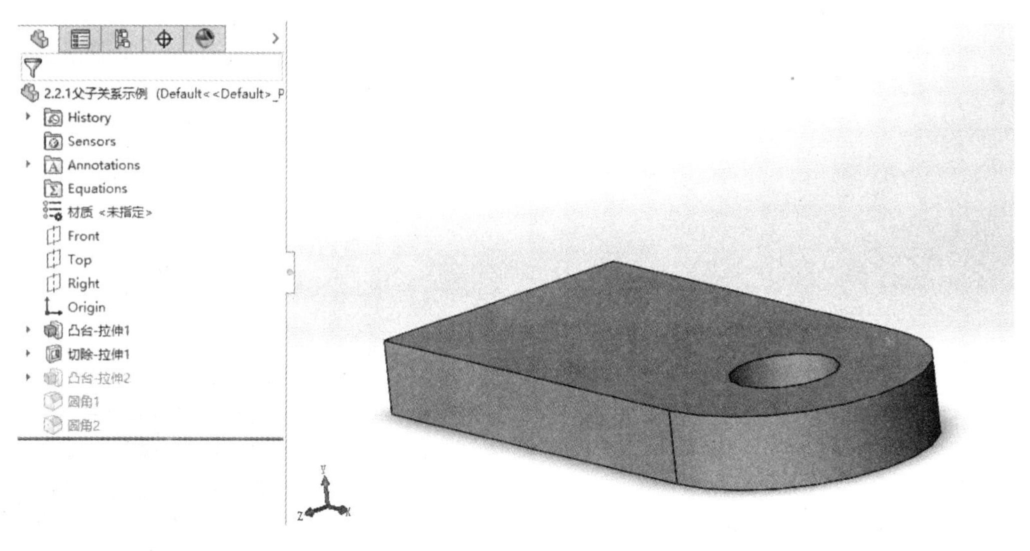

图 2-9 压缩父特征的效果

提示：

如图 2-10 所示，如果所设计的零件需要满足多变性的特点，如图中特征“凸台-拉伸2”会存在有与无两种情况，并且需要两种状态下底部的圆角都存在，那么需要对零件的特征进行修改，单独新建特征“圆角 3”，通过这种方式“圆角 3”不再依赖于“凸台-拉伸 2”，零件两种状态都能存在。

由此，读者需要注意，如果所绘制的零件需要实现多变性，那么在建立特征时，需要仔细考虑所建特征的父子关系对模型多变性的影响。

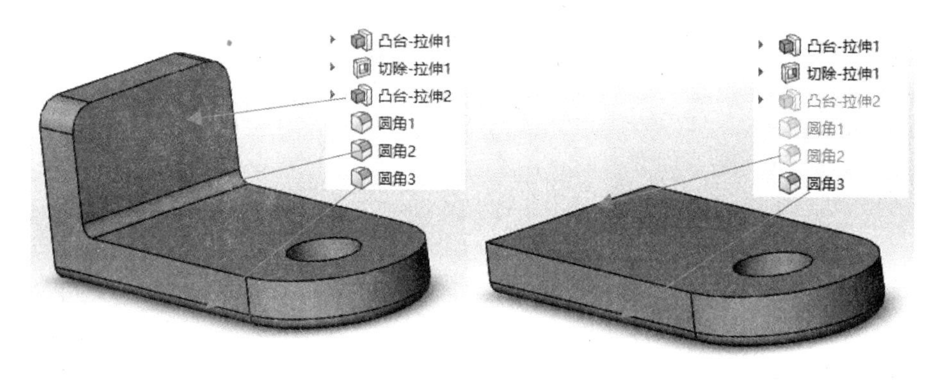

图 2-10 特征优化

2.2.2 实例分析：文件夹特征的使用

在 2.2.1 中可以看到一个不算复杂的零件已经存在不少的特征，若零件再复杂点，其特征就会更多。在建立特征时，系统会自动给每个特征命名。当模型需要共享时，其他使用者需要了解每个特征的作用，以及特征的父子关系信息，才能进一步修改模型。在这种情况下，比较有效的方法是给每个特征重命名。但是对于复杂的零件，一方面重命名的工作量较大，另一方面用户修改零件并不需要关注零件的每个特征细节。因此在建模过程中，可以考虑将零件的特征按区域或功能归类，以便后期零件的维护共享。在 SOLIDWORKS 中提供了文件夹特征，可以使用此特征将特征归类。

如图 2-11 所示是一个接线板插座内部的基座，为一个简单实用文件夹特征归类的模型。该基座零件有四种状态：五孔插座、三孔插座、两孔插座和 USB 接口。这四种状态的特征被分别归类到了 FiveSolt、ThreeSlot、TwoSlot、UsbSlot 四个特征文件夹中，使得这四种状态相互独立，并且用户在使用模型时，仅需将需要的特征文件夹进行解压缩，其他特征文件夹进行压缩即可，甚至无须关注特征文件夹中包含的所有实体特征，也减小了用户修改模型产生错误的概率。

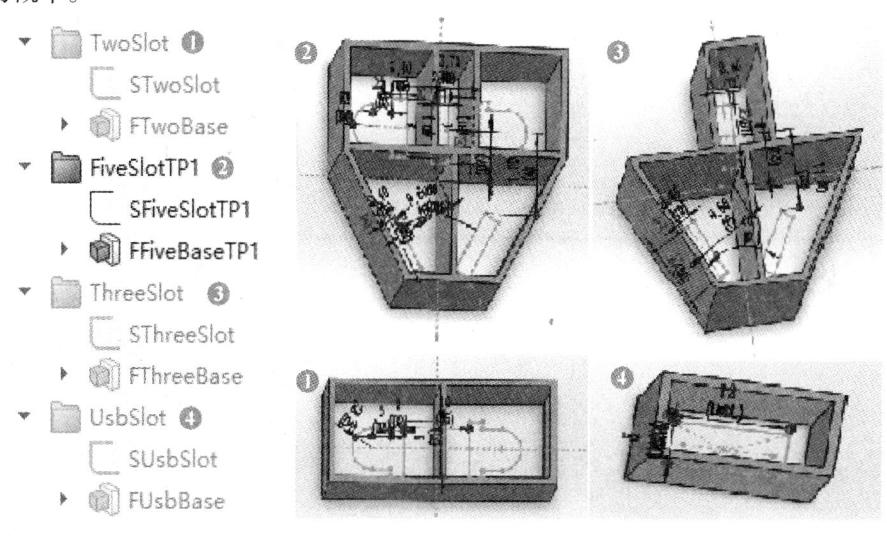

图 2-11　接线板基座特征的分类

小技巧：

在创建一个零件多种形态的过程中，随着特征的增多，不可避免地会产生图 2-9 所示的父子关系问题，导致后期使用模型时无法实现用户需要的形态。

因而在建立多态并且使用频率较高的零件时，可以按分类建立完并压缩，再建立新的分类。以图 2-11 所示接线板基座为例，如图 2-12 所示，先完成两孔插座特征 STwoSlot 与 FTwoBase 的建立，再选中这两个特征右键单击，在弹出的快捷菜单中单击【添加到新文件夹】，即可将特征 STwoSlot 与 FTwoBase 放入新建的特征文件夹中，再给新的特征文件夹重命名为 TwoSlot，即完成了两孔基座的建模。在建立下一个五孔基础前，要记得先压缩 TwoSlot 特征文件夹，避免后面建立的特征与之前的特征产生父子关系。

如图 2-13 所示，一个接线板的装配体，上面的插孔特征都来自图 2-11 所示的基座零件模板。在批量化、标准化或者采用二次开发自动装配时，如此规划与设计零件，会减少零件的维护工作量、装配工作量以及使用二次开发时的编程工作量。在本书的后面，读者可以进一步体会这种建模方式的好处。

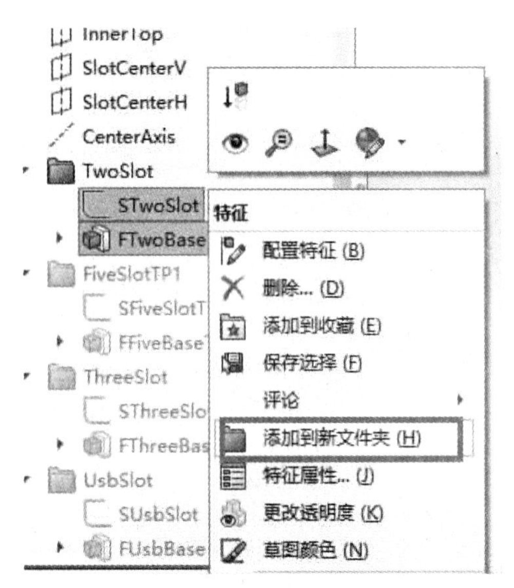

图 2-12　添加特征文件夹的方法

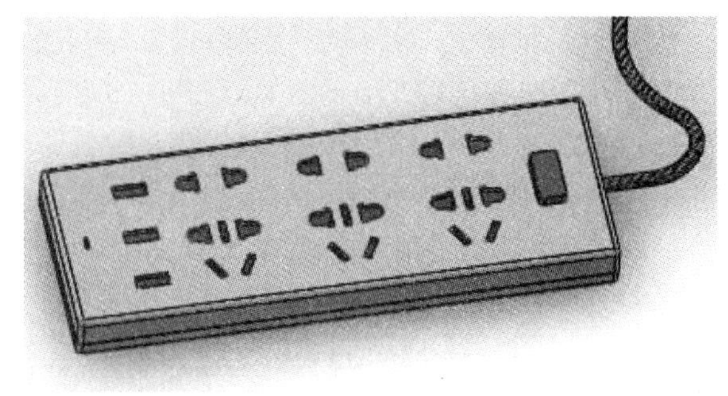

图 2-13　接线板基座零件的作用

父子关系使用时的注意事项

2.2.3　实例分析：切除特征的说明

如图 2-14 所示，一块矩形板使用拉伸切除的方式切除了一个角。图中模型并无错误，但若该模型需要参数化驱动，在尺寸变化的过程中，则会出现如图 2-15 所示的错误，当尺寸“30”变更为“100”后，切除特征发生错误。

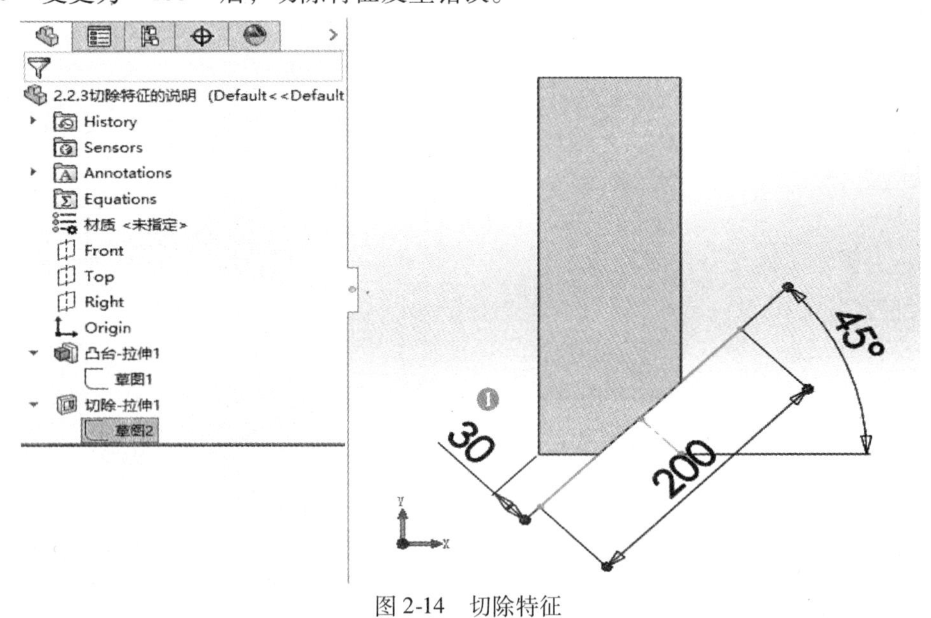

图 2-14　切除特征

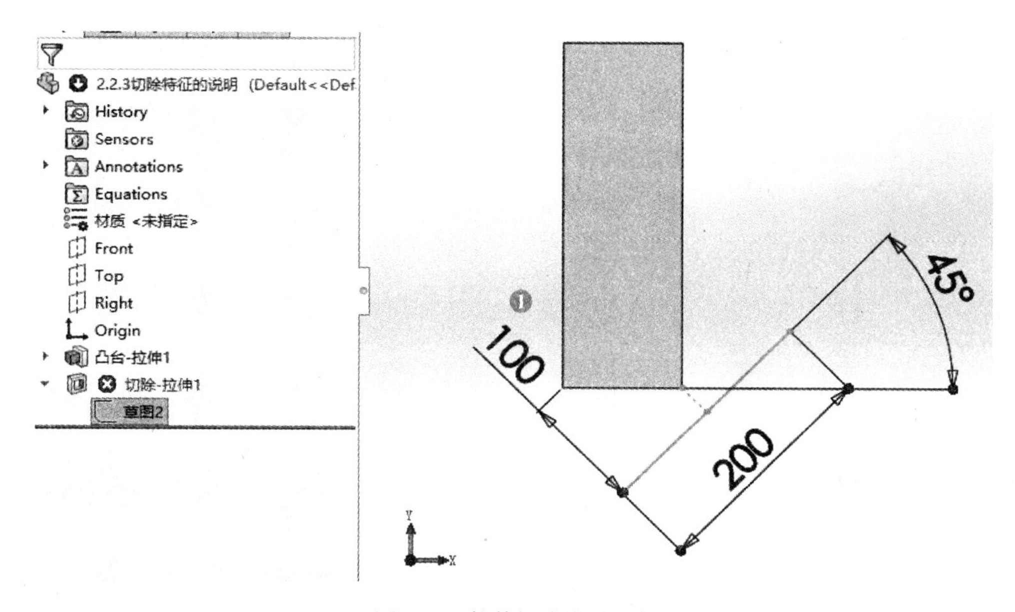

图 2-15　拉伸切除错误现象

小技巧：

可以理解为一旦使用切除特征，必能形成两块或多块独立的部分，否则切除特征就会出错。因而在设计零件时，若考虑采用参数化驱动尺寸，就需要特别注意参数变化过程中可能存在的此类错误，进而形成应对方法。

2.3　材料与质量

零件的形状结构由各种特征构成。本节将介绍零件自身的一些特性与使用方法。

2.3.1　零件材料的赋值

如图 2-16 所示，在零部件的左边特征树中，右键单击【材质】，在弹出的快捷菜单中选择【编辑材料】，即可打开图 2-17 所示的【材料】对话框。

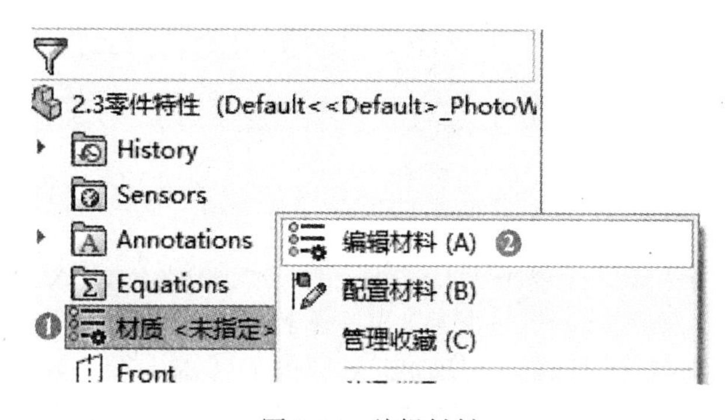

图 2-16　编辑材料

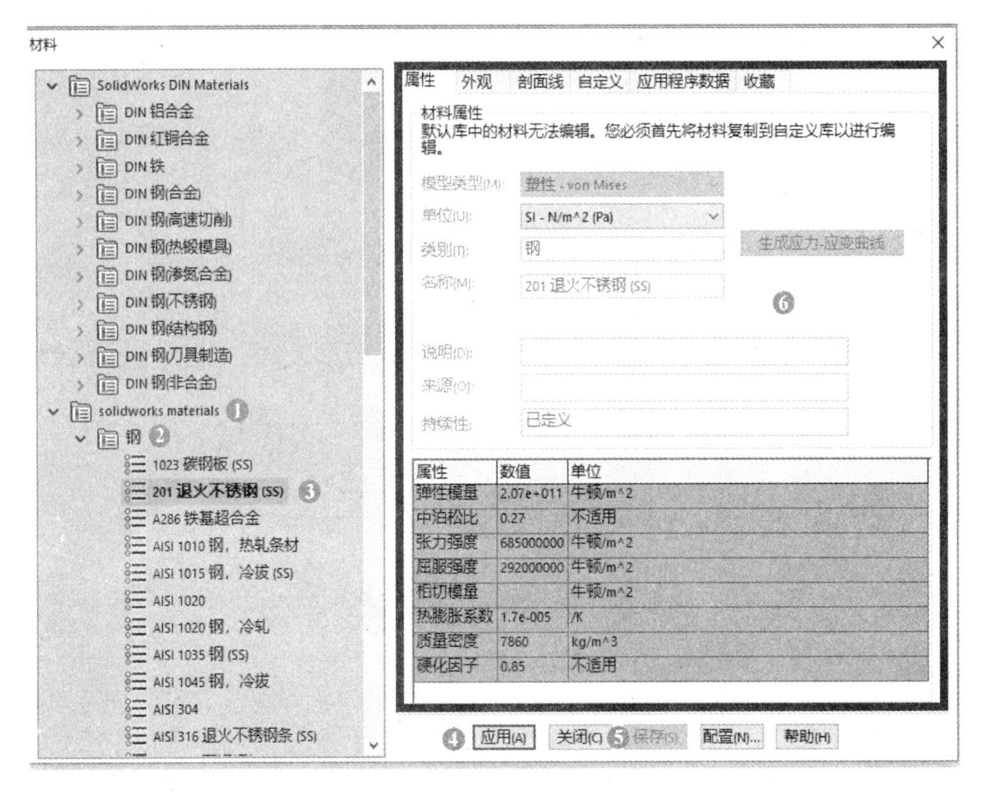

图 2-17 【材料】对话框

在【材料】对话框中，以给零件赋予“201 退火不锈钢（SS）”为例，展开各级材料分类的文件夹后，单击【solidworks materials】/【钢】/【201 退火不锈钢（SS）】，再单击【应用】按钮，最后单击【关闭】按钮，即可完成零件的材料赋予，最终效果如图 2-18 所示。

2.3.2 材质数据库

图 2-18 材料赋予完毕

在图 2-17 中，标记⑥所在区域展示了材料“201 退火不锈钢（SS）”的相关物理属性和其他属性。SOLIDWORKS 中各种材料的属性保存在相应的材质数据库文件中。

如图 2-19 所示，单击菜单上的【选项】，将弹出【系统选项（S）-文件位置】对话框，在选项卡上单击【系统选项（S）】，然后在列表项中单击【文件位置】，在【显示下项的文件夹】下拉列表框中选择【材质数据库】选项，此时在标记⑤处将会显示所有材质数据库的搜索路径。SOLIDWORKS 会将所列材质数据库路径下的所有材质数据库文件加载到系统中。用户也可以对这些路径进行修改或添加，最后单击【确定】按钮即可完成材质数据库搜索路径的设定。

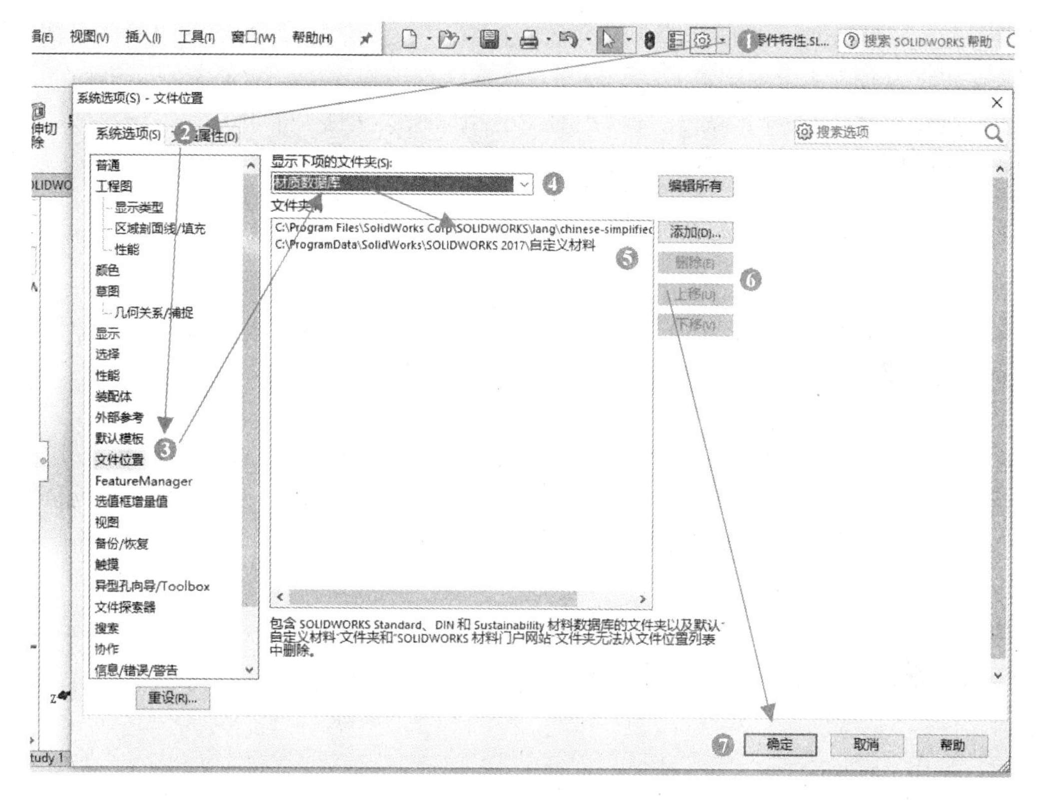

图 2-19　系统材质数据库的设置

以图 2-19 中第一条材料搜索路径“C:\Program Files\SolidWorks Corp\SOLIDWORKS\lang\chinese-simplified\sldmaterials”为例，在资源管理器中打开该路径，可以发现如图 2-20 所

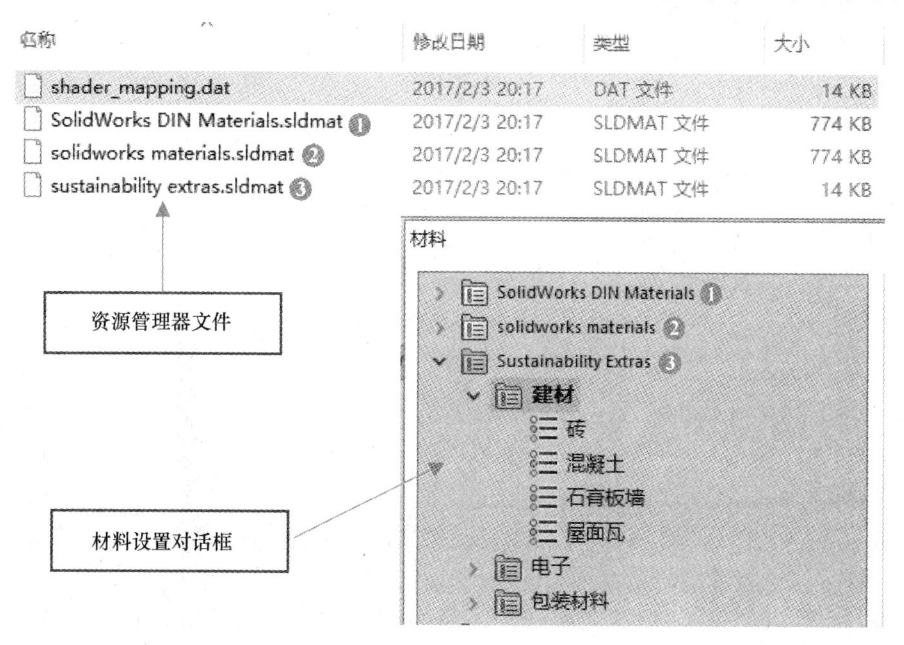

图 2-20　材质数据库

示的 3 个以“.sldmat”为扩展名的材质数据库文件。再对【材料】对话框中的数据结构进行对比，可以发现资源管理器中的每个材质数据库文件即对应了【材料】对话框中的一个顶层文件夹，并且名字相同。故【材料】对话框相应顶层文件夹下的材料数据，都被保存在与该文件夹同名的相应材质数据库文件中。

2.3.3 实例分析：自定义新建材料

在了解了材质数据库文件与系统【材料】对话框数据结构的对应关系后，就可对材料库进行一些自定义的添加与设置了，并且可以制作一份针对自身企业内部的材质数据库文件，以便统一更新与维护。

如图 2-21 所示，先通过 2.3.1 节中的方法打开【材料】对话框，在对话框的左侧材料列表的空白处单击鼠标右键，在弹出的快捷菜单中选择【新库】，系统即会弹出【另存为】对话框，此时输入所需的材质数据库文件名称“NewMaterial”，单击【保存】按钮就创建了 NewMaterial. sldmat 材质数据库文件。

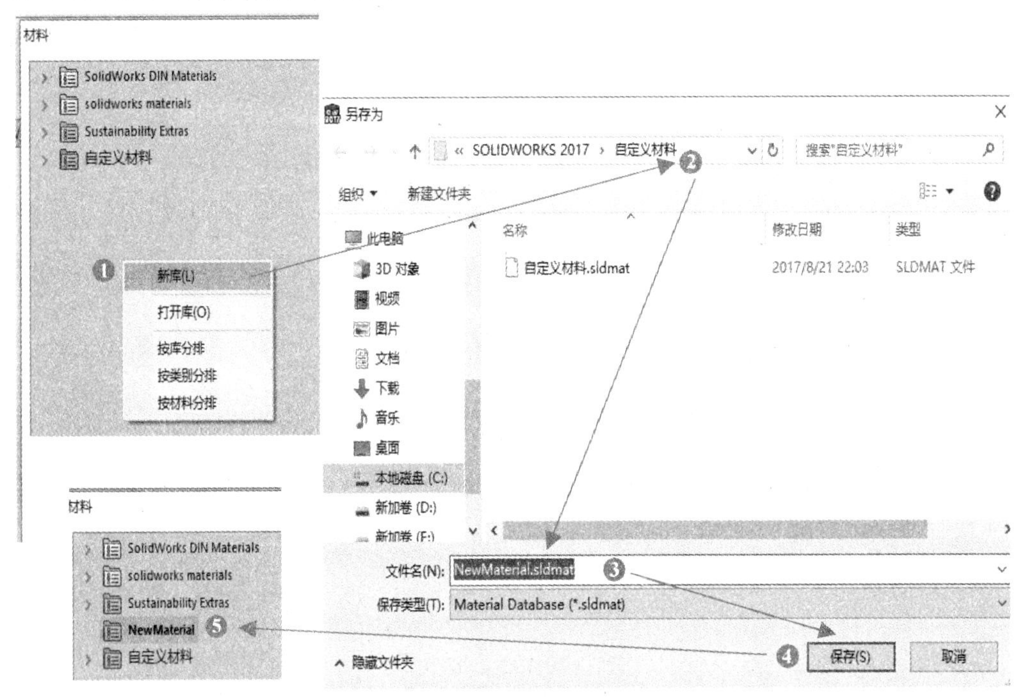

图 2-21　新建材质数据库文件

在完成材质数据库文件的新建与添加后，如图 2-22 所示，在【材料】对话框中右键单击新建的材料库“NewMaterial”，在弹出的快捷菜单中选择【新类别】，可以按照不同的材料创建不同的类别，以便后期的使用筛选。

此时即可将不同的材料分别创建在相应的类别中。如图 2-23 所示，右键单击材料所属的类别“垫片类”，在弹出的快捷菜单中选择【新材料】，即产生新材料的节点，并将材料名称重命名为“EPDM”，随后在图中标记④所在区域完善该材料相应的物理属性等信息，再单击【保存】按钮即可完成材料的新建。

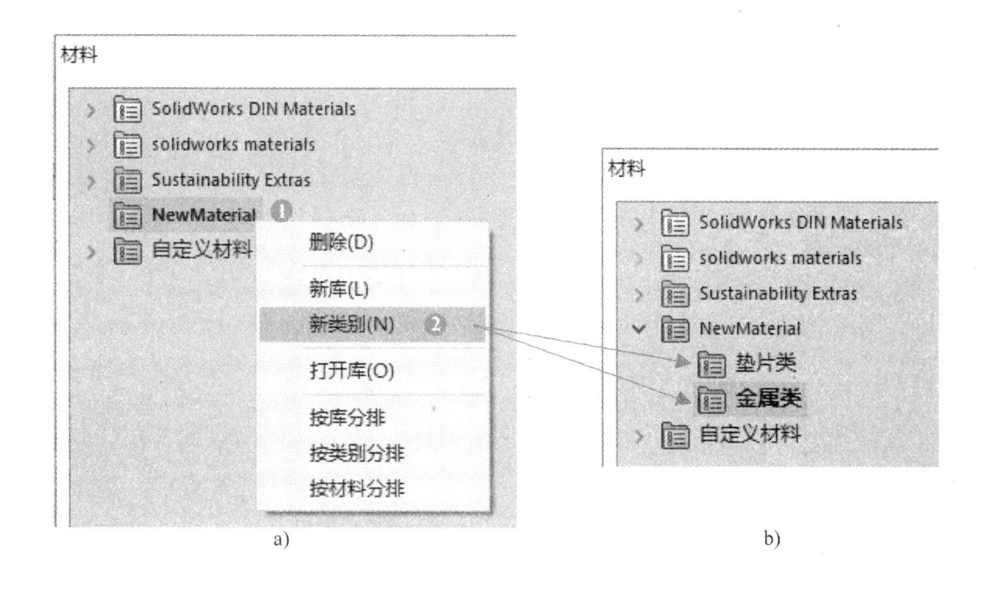

图 2-22　添加材料新类别

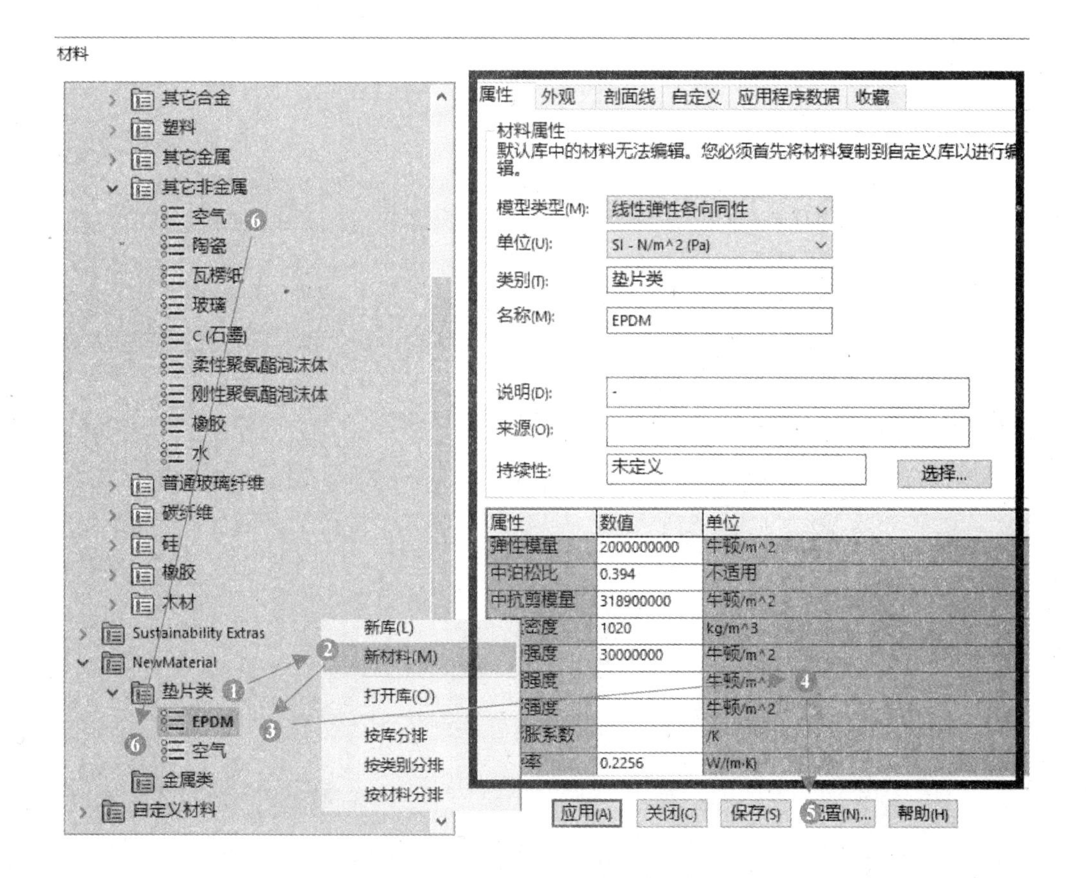

图 2-23　材料的创建

小技巧：

新建材料时，需要查询很多的材料特性参数，并填写到标记④所在区域，工作量不小。

这里也可以采用复制粘贴的方式新建材料，以图中标记⑥处材料“空气”为例，选中其他库中已存在的材料“空气”，按【Ctrl + C】键，再选中新建材料的所在大类，按【Ctrl + V】键，即可把材料“空气”复制到新的材料库中，接着仅需在材料特性中按需求稍作修改即可完成材料的新建。

2.3.4 实例分析：材料赋值方案

在现实生活中，材料的种类非常多。在 SOLIDWORKS 中提供了材料收藏功能，减少了使用过程中频繁打开【材料】对话框的操作。具体操作方法如图 2-24 所示，在【材料】对话框中单击【收藏】选项卡，选中需要添加收藏的材料“陶瓷”，单击【添加】按钮，即将“陶瓷”材料添加到了收藏列表中，最后单击【保存】按钮保存设置，并单击【关闭】按钮退出对话框，完成材料的收藏。

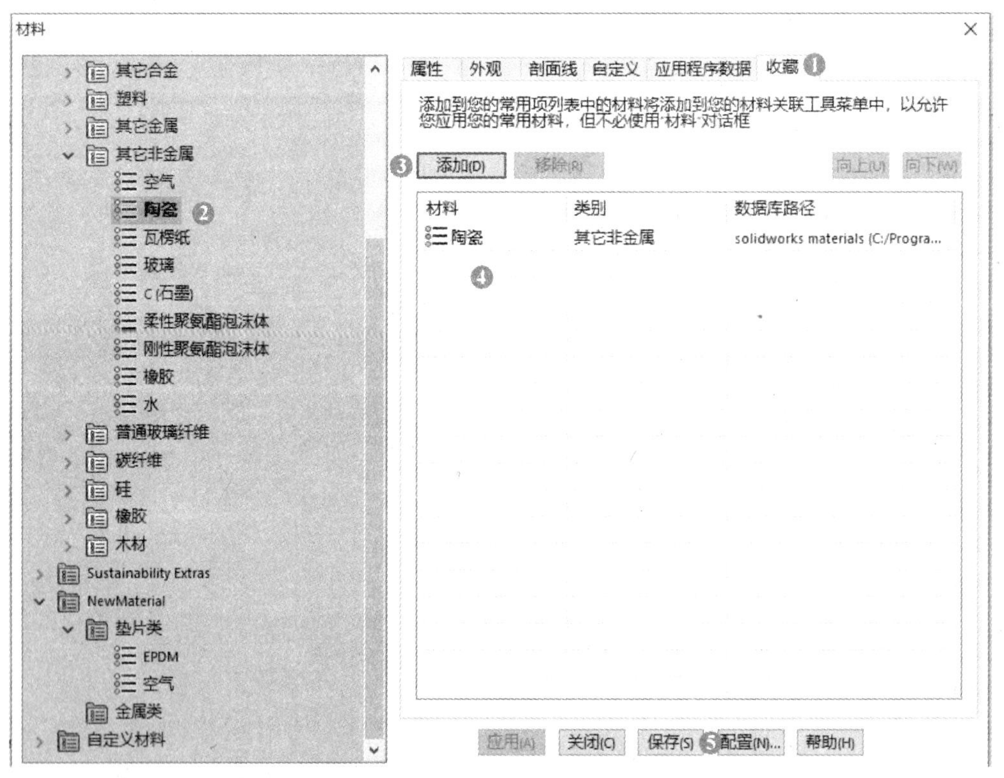

图 2-24 收藏常用材料

此时，如图 2-25 所示，在模型特征树中，右键单击【材料】，在弹出的快捷菜单中找到【陶瓷】，单击即可完成材料的赋值。

通过材料的收藏功能，能加快日常材料的赋值速度。但收藏过多的材料，也会使得菜单的内容过长，不便于选择。

如表 2-1 所示，以不锈钢材料 304 类为例，根据标准、形态有不同的牌号和写法，这里列出了我国新、旧国家标准及美国国家标准的板管锻相应的 304 的详细写法。从这里可以看到，如果需要按照真实的材料去创建材料库，是一个非常庞大的工程，不仅不利于材料的维护与更新，也不利于用户的使用，而且这些细分的材料特性基本差不多。

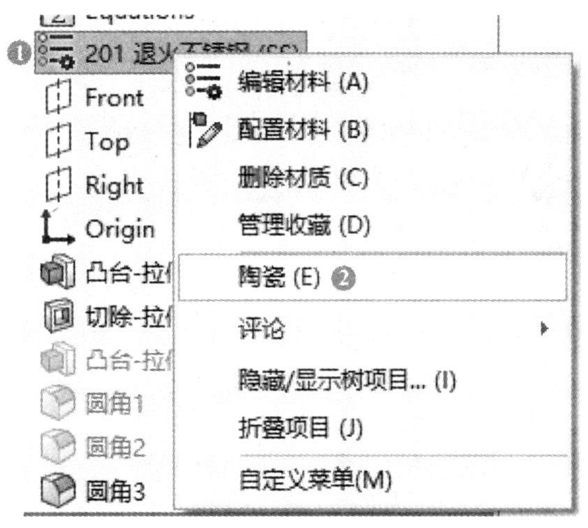

图 2-25　快捷赋予材料

表 2-1　304 材料细分

标　准	板　材	管　材	锻　件
旧国家标准	0Cr18Ni9	0Cr18Ni9	0Cr18Ni9II
新国家标准	06Cr19Ni10	06Cr19Ni10	06Cr19Ni10
ASME	SA-240 304	SA-312 TP304	SA-182 F304
ASTM	A-240 304	A-312 TP304	A-182 F304

在常规的建模出图过程中，材料特性中使用频率最高的是密度特性。如果业务所需的材料特性无须按照表 2-1 所列方式进行细分，可以考虑只新建材料的大类，即只新建“304”材料（此材料包含了所有的标准与形态）。

如图 2-26 所示，零件的属性“材料 1”直接可以通过 SOLIDWORKS 内置的公式显示材料名称 AISI 304，而属性“材料 2”的值是手工输入的材料细分名称 A-240 304。在 SOLIDWORKS 中属性的值可以作为后期工程图中的材料明细表内容直接显示。

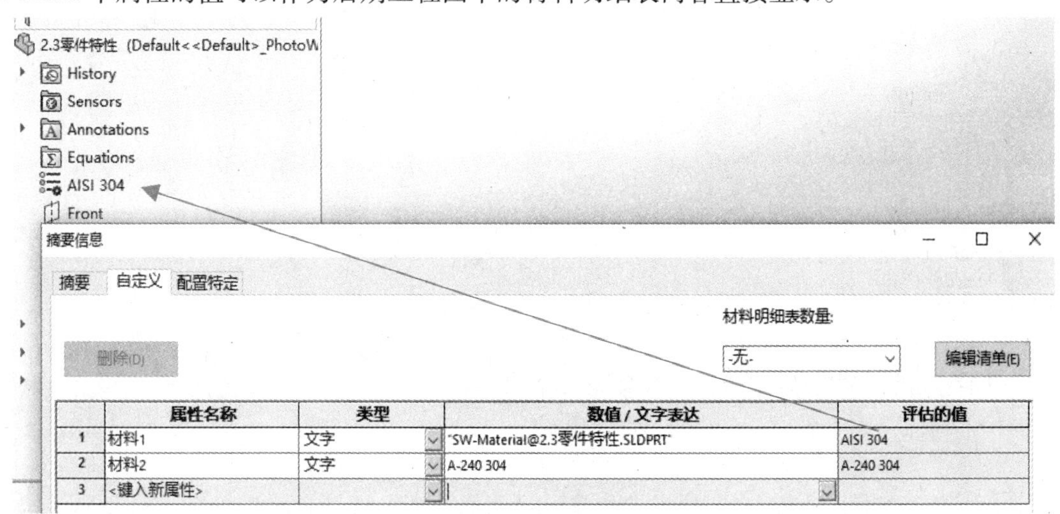

图 2-26　材料属性关联

提示：

用户需要根据自己的业务需求决定哪种模式最方便。当日常所用材料的种类不多时，推荐采用细分材料的方式建立材料数据库，否则推荐按照材料大类的方式建立材料数据库。表 2-2 列出了这两种模式的优缺点。

表 2-2　材料数据库的建立方法优、缺点对比

	优　点	缺　点
细分材料	可以利用 SOLIDWORKS 原生内置的公式反映到属性，进而反馈到工程图的明细表中。在修改了材料的设置后，系统会自动更新工程图的明细表内容	当业务需求的材料种类繁多时，数据库的建立、维护与使用将会有比较烦琐的工作量
按材料大类	修改材料后，需要人工修改相应的材料属性，从而实现工程图的更新。但若有一些简单的二次开发能力，可以编写简单的写材料属性的程序以简化人工输入工作量	材料数据库的建设与维护工作量较少

材料与质量

2.3.5　零件的质量属性

在 SOLIDWORKS 中，采用实体特征建模的零件，在完成材料赋值后，就会有准确的质量属性。如图 2-27 所示，单击工具栏的【评估】选项卡，单击【质量属性】图标，即可弹

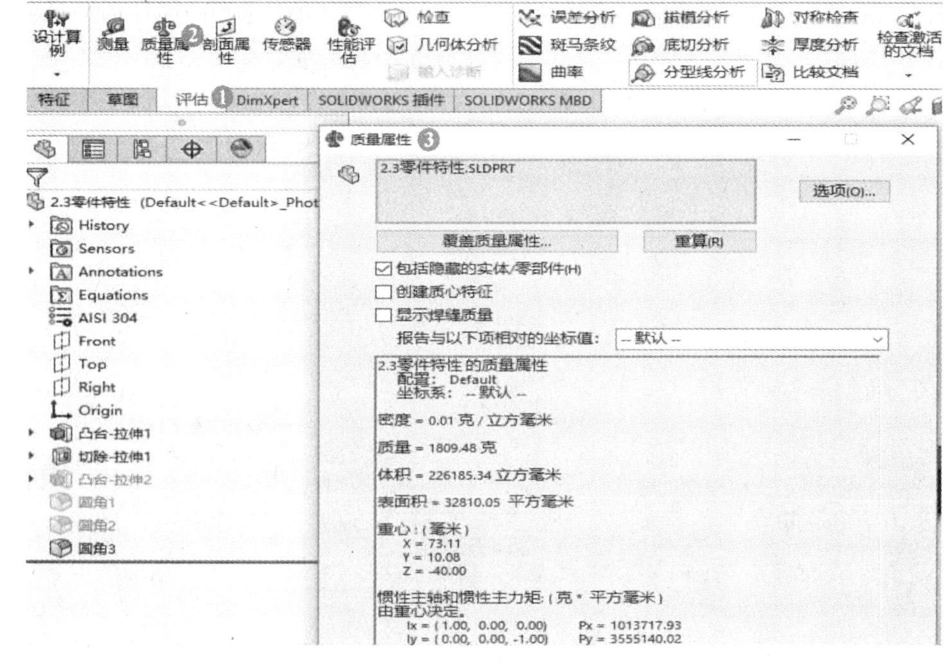

图 2-27　查看零件的质量属性

出【质量属性】对话框，可以查看当前零件的质量属性。

在【质量属性】对话框中，能够看到密度、质量、体积等当前零件的各类物理信息。

在实际业务中，还会存在一些来自供应商的非 SOLIDWORKS 绘制的模型，在通过转化后再次导入 SOLIDWORKS 中，可能存在质量属性不完整或与实际存在偏差的情况。如图 2-28 所示，此时在【质量属性】对话框中单击【覆盖质量属性...】按钮，即会弹出【覆盖质量属性...】对话框，在这里用户可以自定义修正当前零件的各项质量属性。

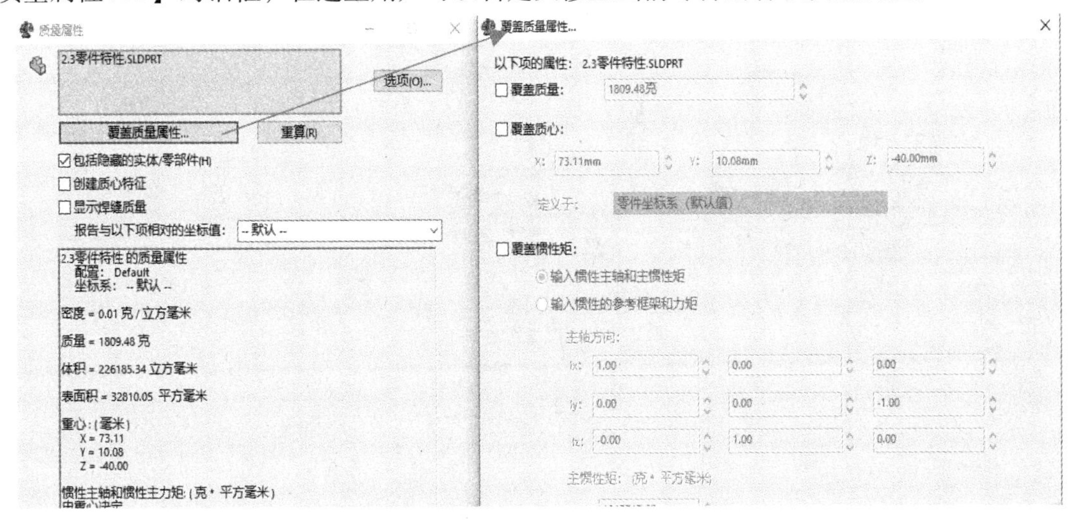

图 2-28 【覆盖质量属性...】对话框

2.4 本章总结

特征建模一般都基于一个及以上的草图。

在特征建模过程中，用户应特别注意特征的父子关系，尤其对于那些使用频率较高且具有多变性的模型时，需要充分考虑变化过程中各特征是否可以顺利实现所需的结果。

对于零件的材料规划，应根据自身公司业务的特性进行选择。

练习

如图 2-29 所示为一个储物盒盒体模型，现在需要绘制一个模型，并使得模型满足如下要求：

1）储物盒的边角需要倒圆角。

2）通过特征的压缩和解压缩实现储物盒不分割、两分、三分及四分的状态快速切换。

3）无论储物盒盒体高度为多少，其中分割板的高度始终比盒体总高少 10mm，如图中标记①处的放大图。

4）给盒体赋予塑料材质。

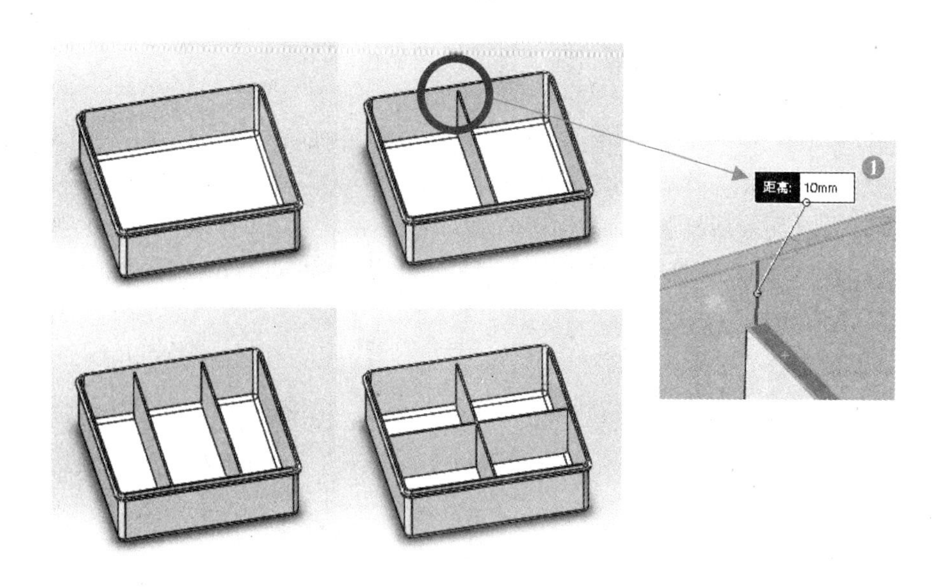

图 2-29　储物盒盒体模型

第3章 装 配 体

学习目标

1. 了解部件的自由度与配合的关系。
2. 掌握装配体中部件的添加。
3. 掌握基本装配关系的建立与修改。
4. 掌握装配体的参考引用关系。
5. 了解部件的属性与部件的替换。

一个复杂的产品都会由各种零件组合而成，而这个产品就是一个“装配体”，其中的所有零件都通过装配关系定位，确定空间位置。本章主要讲解与装配体相关的知识。

3.1 添加零件至装配体

如图3-1所示，一个任意运动的物体在空间中有6个自由度，分别为3个平动自由度（沿X，Y，Z三轴构成的三个平面移动）和3个转动自由度（绕着X，Y，Z三轴的转动）。一个装配体中各个零件的相对位置的确定就是限制每个零件的自由度。在SOLIDWORKS中，零件之间通过装配方式实现零件自由度的限制。

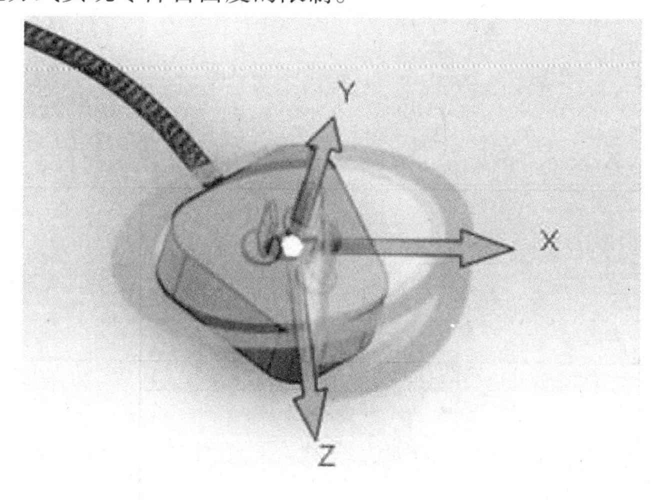

图3-1 空间自由度

如图3-2所示，在装配零件之前，先单击菜单的“新建”图标，在弹出的【新建SOLIDWORKS文件】对话框中，双击“装配体”图标，即可完成装配体文件的新建。

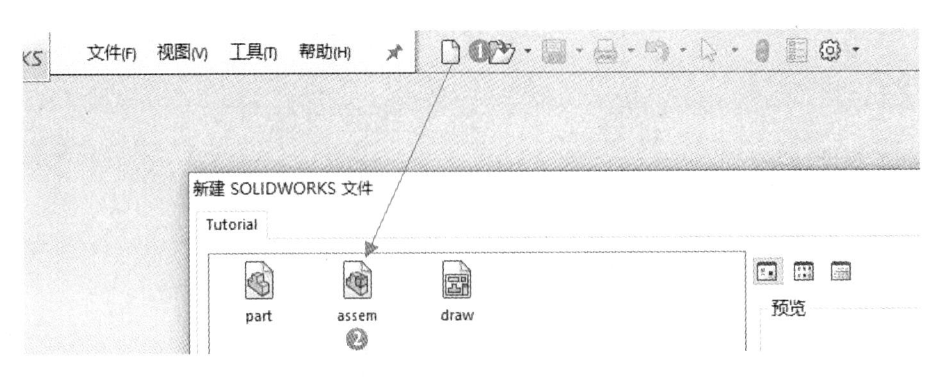

图 3-2　新建装配体

此时，系统会弹出如图 3-3 所示的界面，要求用户添加部件到新建的装配体中，在【打开】对话框中，用户可以选择一个或多个部件，再单击【打开】按钮，即可将所选部件添加到标记③处 SOLIDWORKS 左侧属性管理器的“打开文档”列表中。

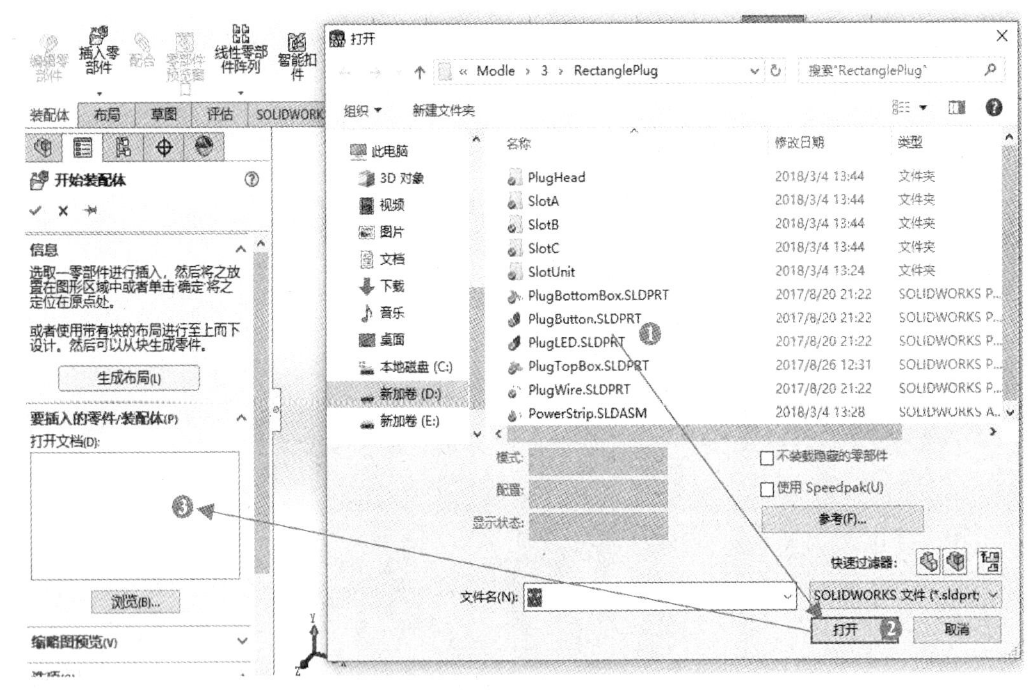

图 3-3　初始化添加零件界面

如图 3-4 所示，在“打开文档”的列表中逐一选择需要加入的部件，将模型放入装配体空间中，即可完成部件的添加，在标记③处可以看到第一个被添加到装配体中的部件 Plug-BottomBox，默认是“固定”状态，读者可以理解为部件为粘在空间的某个点，没有自由度，此时，用户可以通过右键单击该部件，在弹出的快捷菜单中单击【浮动】即可恢复部件的自由度。而其余的部件前面都会有“－”符号，代表该部件在空间中还存在自由度。

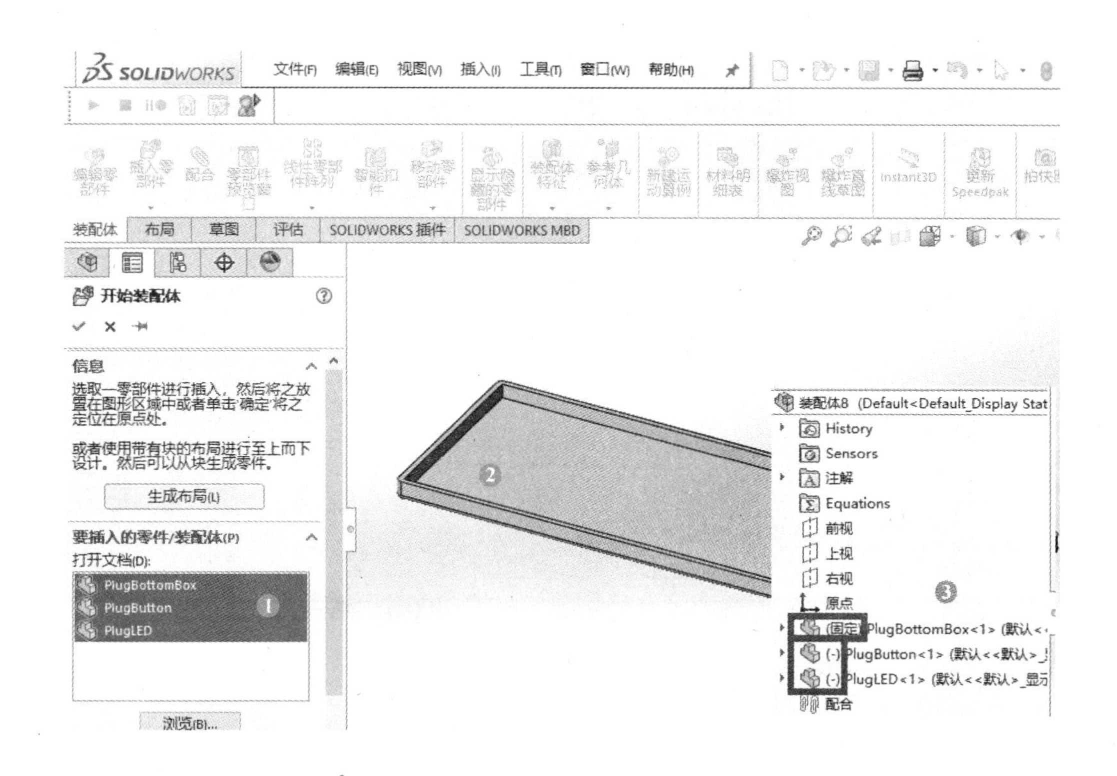

图 3-4 添加部件至装配体空间

添加部件完毕后，若用户还想添加部件，可以按照图 3-5 所示，在工具栏中单击【装配体】选项卡，再单击【插入零部件】，继续添加需要的零部件。

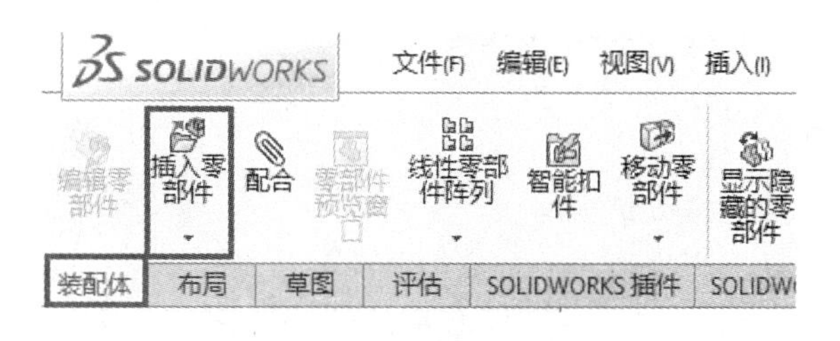

图 3-5 添加更多部件

小技巧：

上述为最基础的 SOLIDWORKS 向装配体中添加部件的方法。用户还可以（如图 3-6 所示），在装配体打开的情况下，通过 Windows 的资源管理器直接将需要添加到装配体的部件拖拽至装配体空间，即可完成部件的添加。

本节中的基本添加部件的方式也是将来程序自动执行操作的方式。

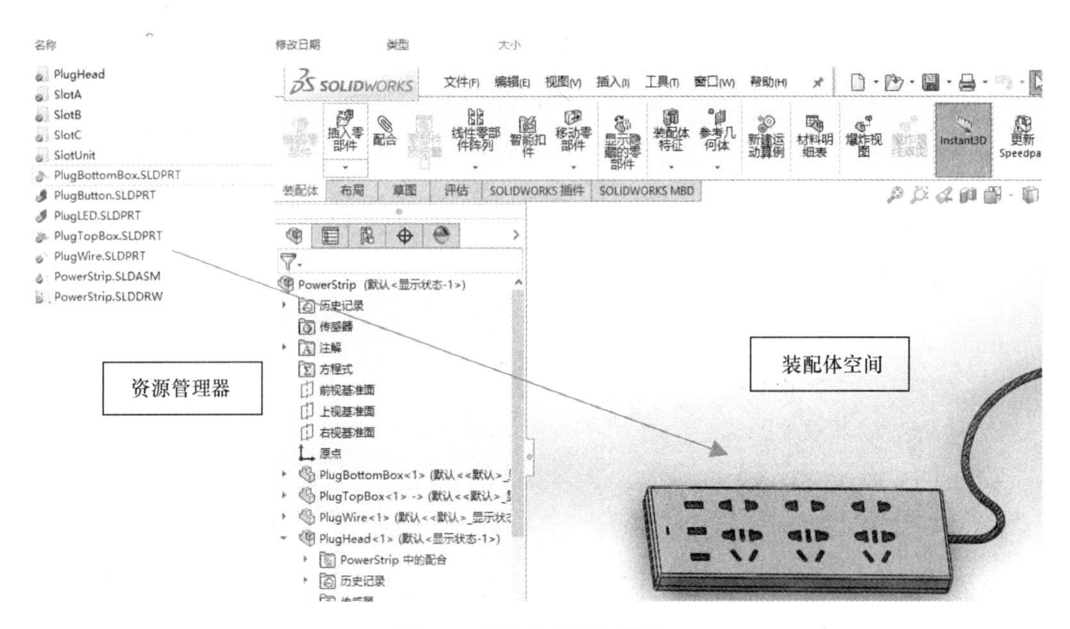

图 3-6 拖拽方式添加部件

提示：

如果需要创建的装配体仅仅用于展示或者复用频率不高，可以按照本节方法添加部件。

但是若所建的装配体满足如下任意情况，建议逐个添加部件，并且当第一个部件被添加至装配体后，先将其“固定”的位置状态修改成“浮动”，恢复原来的自由度，并通过后续的装配关系添加使其与装配体的空间原点存在确切的关系。而后，所有后续的部件都参照该部件或装配体原点进行装配。

1）装配体复用频率高。

2）装配体作为模型库模板使用。

3）装配体将通过程序二次开发进行自动修改的情况。

这样做的优势在于，便于日后使用过程中的模型维护，模型中的位置都有据可推，便于不同的人员使用与理解模型的建模思路，尤其当采用程序进行二次开发自动化修改部件时，有利于编程人员计算坐标点。

添加部件及注意

3.2 装配关系

在 SOLIDWORKS 中，给部件添加空间约束减少自由度的方式就是添加装配关系。

3.2.1 实例分析：添加装配关系的基本方法

如图 3-7 所示，SOLIDWORKS 中添加配合关系的基本方法就是单击工具栏的【装配体】选项卡，在其中单击【配合】，即会弹出如图 3-8 所示的【配合】属性管理器，其中主要包含配合选择、标准配合、高级配合和机械配合。

其中【标准配合】【高级配合】【机械配合】各自展开后，可以发现可供用户选择的各种配合关系，而【配合选择】用于收集用户所选的配合关系需要参与的实体集合。

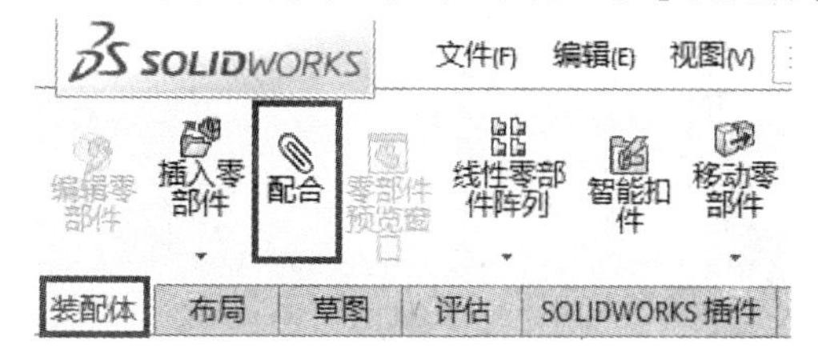

图 3-7 添加配合工具

添加配合关系的过程与本书第 1 章所讲的草图添加几何关系的过程非常相似，用户仅需选择需要配合的实体，SOLIDWORKS 即可根据用户的动态选择实时地分析用户的意图，并自动给予推荐的配合关系。另外，用户也可以单击界面中的其他配合关系来修改系统推荐。

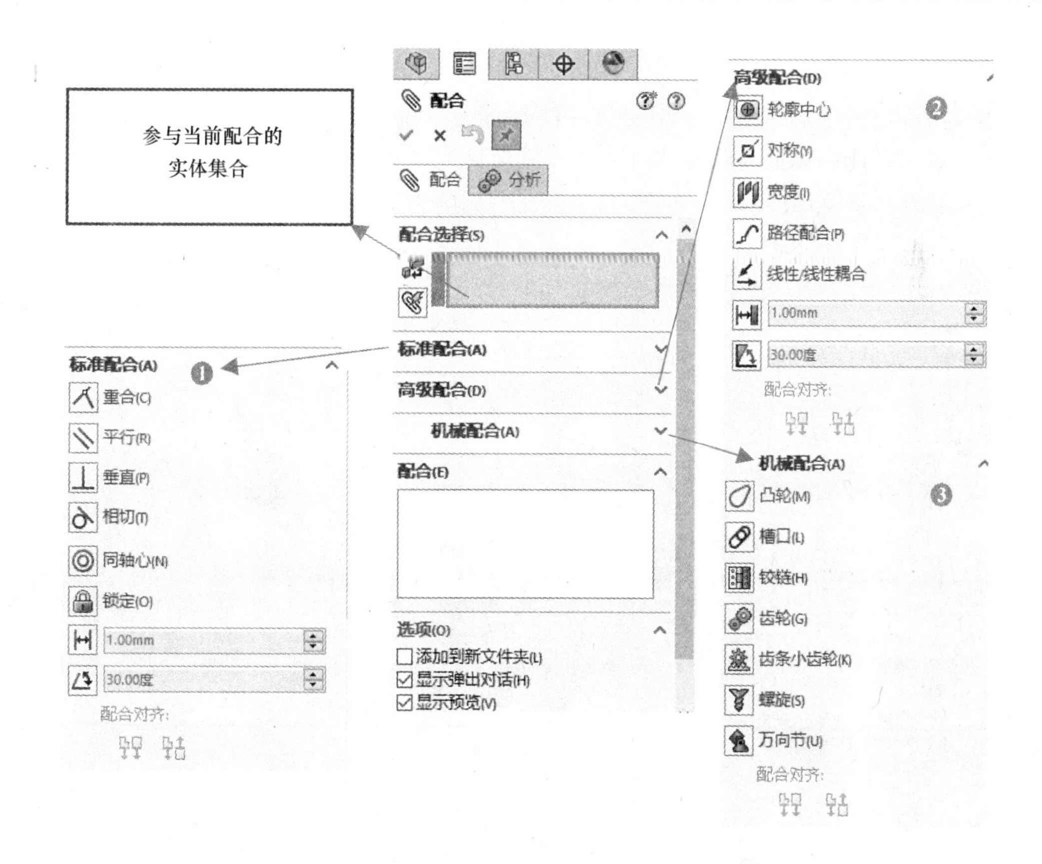

图 3-8 【配合】属性管理器

如图 3-9 所示，给两个零件添加距离配合，首选展开标记①处的特征树，按【Ctrl】键的同时选中标记②与标记③所指的两个平面，则这两个平面被添加到【配合】属性管理器中的【配合选择】列表中，再单击标记④处的距离配合，并输入距离值，最后单击左上角的【确定】图标✓，就完成了这两个部件之间的距离配合。

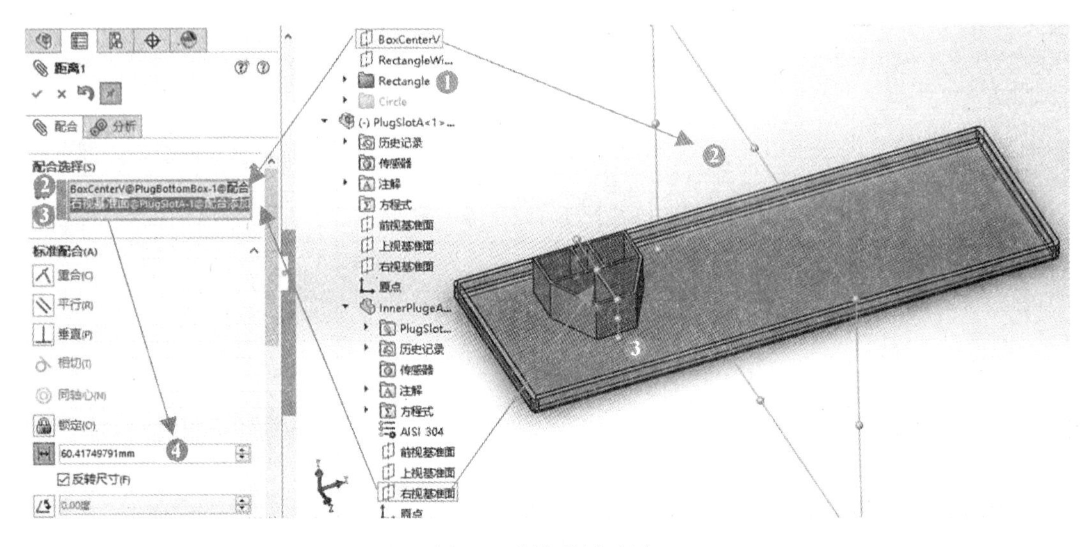

图 3-9　添加距离配合

如图 3-10 所示，添加完距离配合后，在 PlugSlotA 部件下展开名称含有“配合”的文件夹，可以发现刚刚添加的距离配合特征，其名称为“距离 1”，单击该特征，在模型空间中可以发现属于该特征的一个名称为“D1”的尺寸，其值为“60”。

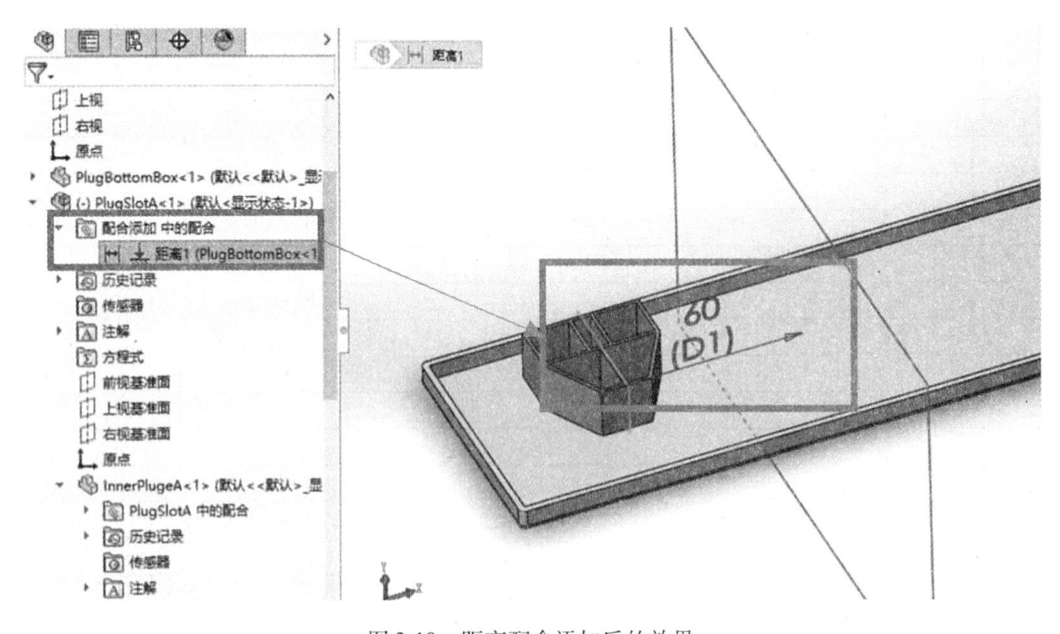

图 3-10　距离配合添加后的效果

提示：

添加完距离配合后，SOLIDWORKS 自动生成的特征会按照序号自动命名，若在当前装配体中再添加一个距离配合，则其对应的特征名称为“距离 2”，而属于这些特征的尺寸名称也会自动使用“D+序号”的方式生成。

若所做的装配体需要频繁复用或采用二次开发方式自动修改，则在创建这些需要修改的装配关系时，最好进行重命名，一方面便于其他使用模型的用户直观地了解该配合的意图，同时也便于在二次开发过程中使用程序获取这些需要变更的配合特征和尺寸。

3.2.2 配合关系的修改

如图 3-11 所示，在添加完配合关系后，若还需要修改，则可以右键单击需要修改的配合特征“距离 1”，在弹出的快捷菜单中单击【编辑特征】图标，即可再次进入该配合的属性管理器界面进行修改。

若所需要修改的配合元素仅仅是配合中的尺寸，则通过双击相应的尺寸直接进行修改即可。

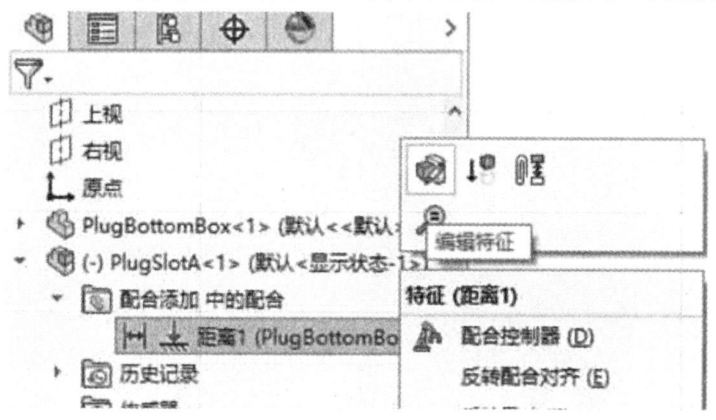

图 3-11 修改配合

3.2.3 配合对齐选项

如图 3-12 所示，两个锥体都使用了 TOP 面进行了“重合配合”，但重合配合会出现两种情况。其原因为参与配合的基准面本身具有方向性。在【重合 6】的配合属性管理器界面中有【配合对齐】选项，该选项即是用来调整两个配合基准的方向关系的。

无论是基准面或基准轴都存在方向性，在添加配合关系时，用户可以通过切换【配合对齐】的方式对配合关系进行调整，最终达到需要的装配效果。

提示：

基准面或基准轴的方向性由其生成的方式决定。一旦其建立完毕不再进行修改，其方向性就不会再发生变化。

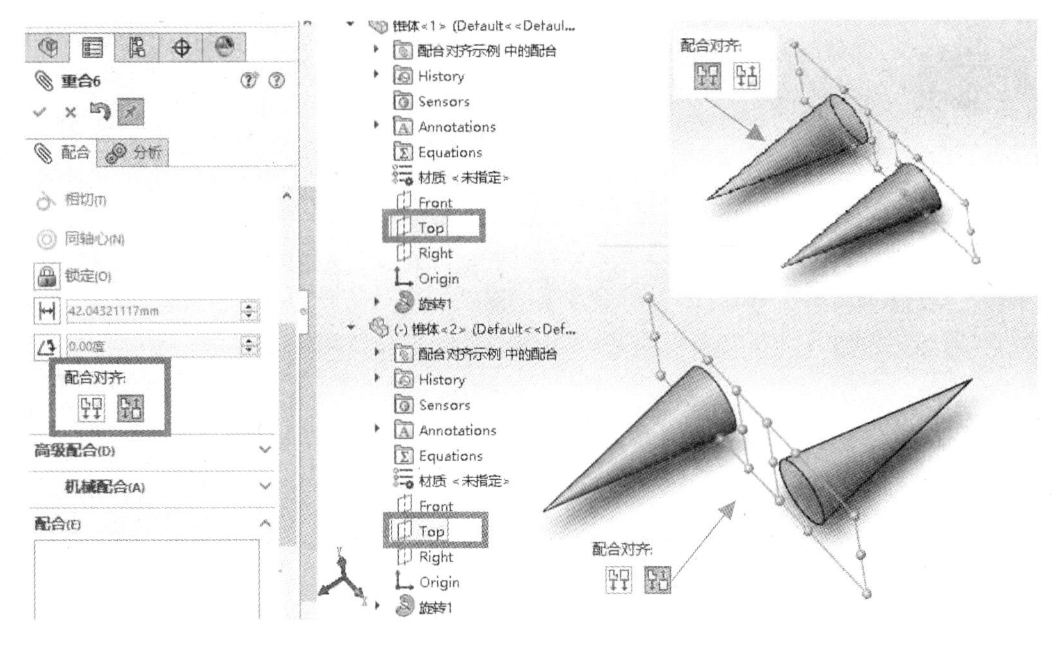

图 3-12　配合对齐

配合关系的添加与修改

3.3　实例分析：零部件的替换

如图 3-13 所示，接线板内部含有 3 种插孔基座，分别为“PlugSlotA”的五孔基座、“PlugSlotB”的两孔基座以及“PlugSlotC”的 USB 基座，现要将“PlugSlotA”的五孔基座都

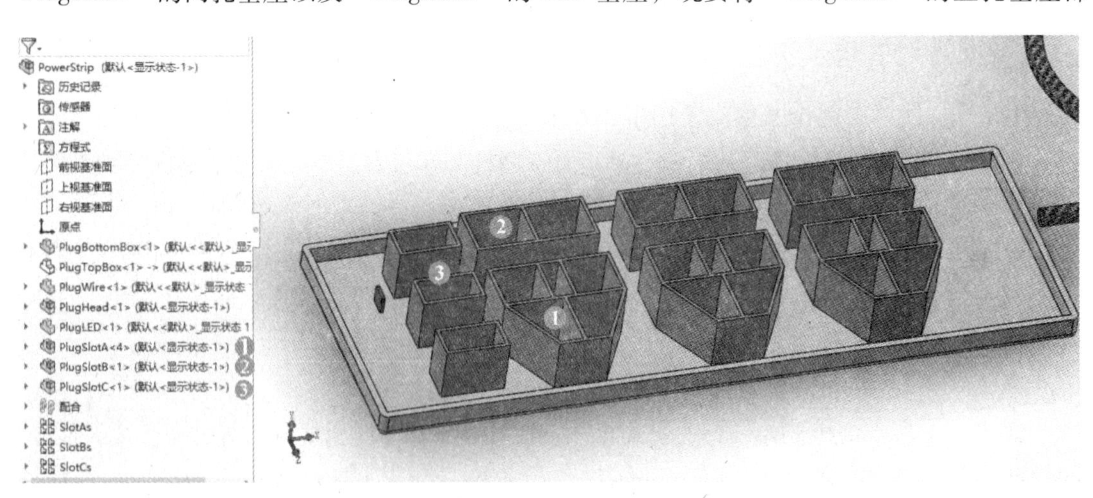

图 3-13　接线板内部简易结构

变化成“PlugSlotB”的两孔基座。要进行这一变更，可以先将五孔基座的部件全部删除，再重新装配一批两孔基座部件，但这显然需要较多的操作步骤。在 SOLIDWORKS 中提供了【替换零部件】的方案，便于此方面的操作。

如图 3-14 所示，右键单击需要被替换的部件“PlugSlotA <4 >”，在弹出的快捷菜单中单击【替换零部件】，即可进入【替换】的属性管理器界面。

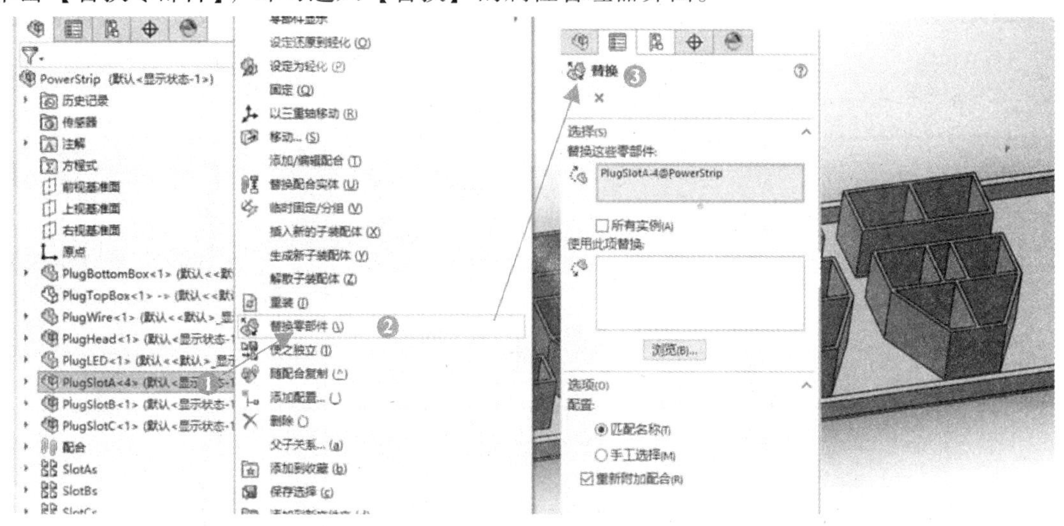

图 3-14　启动替换零部件功能

如图 3-15 所示，在【替换这些零部件】的列表中还能继续通过模型空间或标记②处的部件列表，来选择添加更多需要被替换的部件，添加完毕后用鼠标单击标记③处的【浏览...】按钮，系统将会弹出【打开】对话框，在对话框中选择用于替换的部件文件后单击【打开】按钮，则新部件将会被加入至标记⑤处的列表中，所有设置信息经确认无误后，即可单击标记⑥处的【确认】按钮，进入下一步的设置。

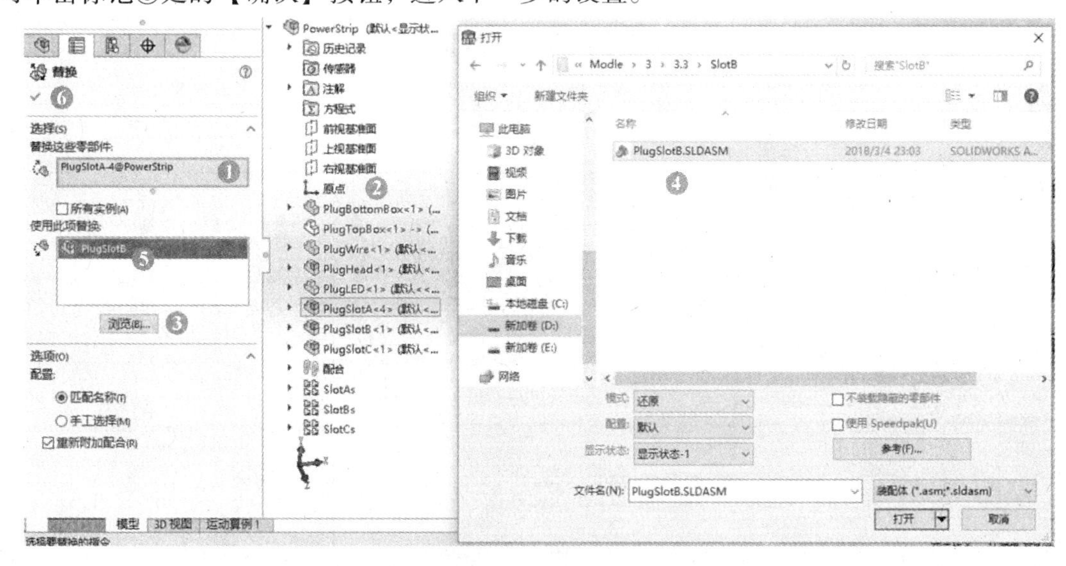

图 3-15　替换过程

如图 3-16 所示，在确定零部件替换后，进入装配基准替换界面，此时 SOLIDWORKS 会自动搜索与原始配合同名的基准，并尝试自动关联，单击【确认】图标✔，即可将 PlugSlotA 部件替换为标记②处的 PlugSlotB 部件。

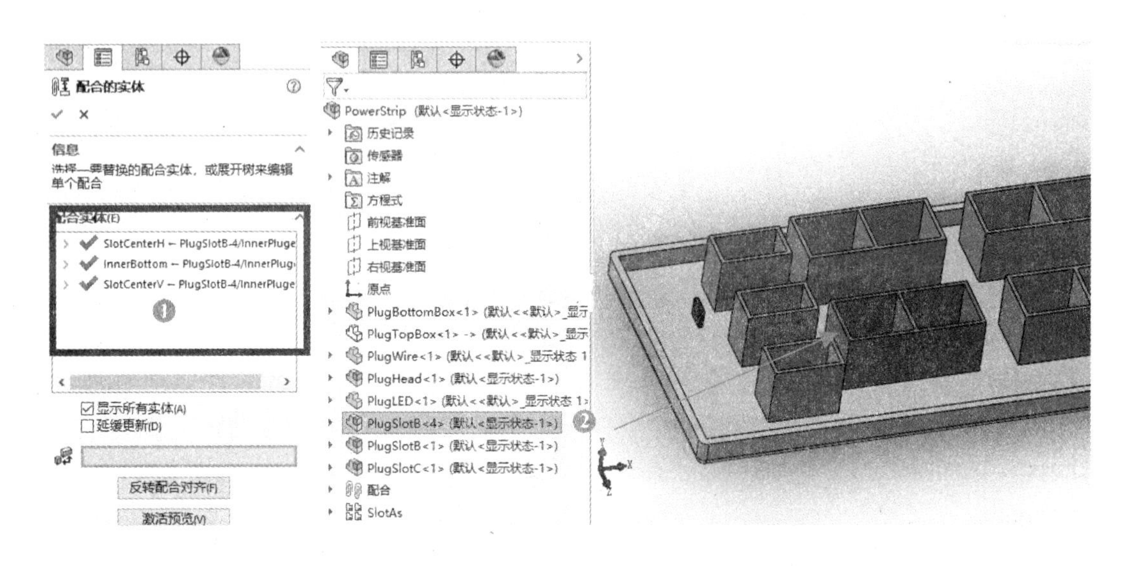

图 3-16　替换配合基准

如图 3-17 所示，若在此装配体中，使用另外一个零件“PlugButton”替换“PlugSlotA〈4〉”部件，则在标记②处的替换基准界面中无法搜索到对应的装配基准，此时 SOLIDWORKS 将弹出标记③与标记④的对话框以提醒用户错误，并指示用户选择需要替换的基准，否则此次替换零部件的操作将导致标记⑤处的错误。

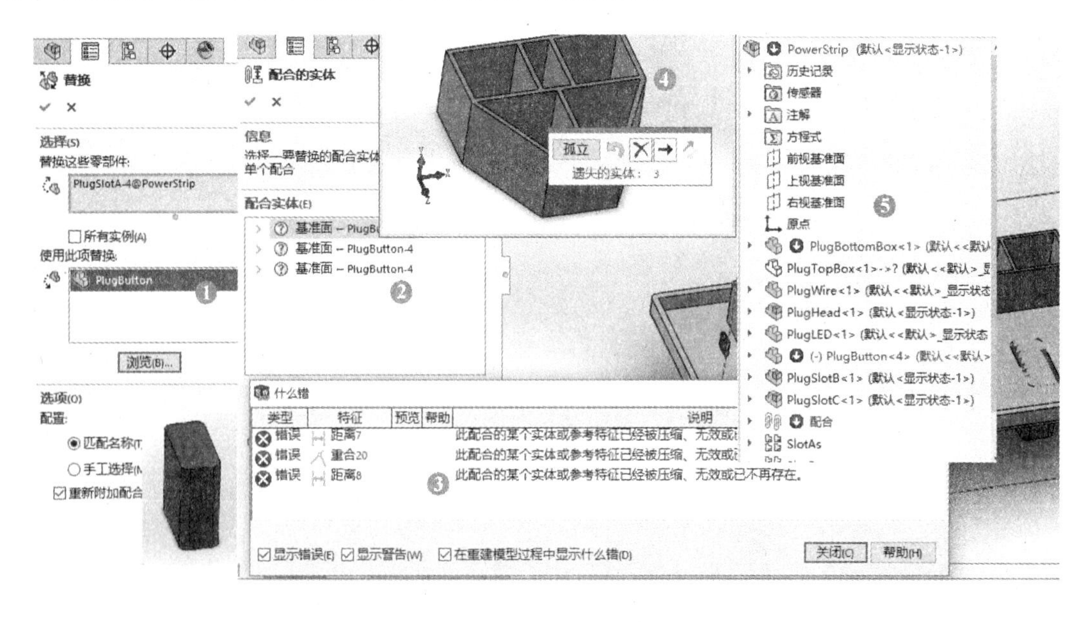

图 3-17　PlugButton 替换 PlugSlotA

提示：

同样是替换零部件，前者能够顺利无误地替换，而后者却需要人为干预替换。可以打开3.3节的模型“PlugSlotA”与“PlugSlotB”，如图3-18所示，这两个部件其实来自一个模板源，这样的好处在于替换零部件时能同时满足如下两个条件：

1）基准的名称一致。

2）基准的方向一致（因为基准是由相同的方法生成）。

通过以上两种替换结果的对比，读者需要知道，当部件需要经常替换时，应尽可能在这些互相替换的部件建模前，先建立公共的用于配合的基准，这将在使用过程中节约用户时间。尤其当需要使用二次开发方式自动替换部件时，更应该遵循该方法，从而避免程序发生错误。在本书的第10章还会系统性地讲解这一内容。

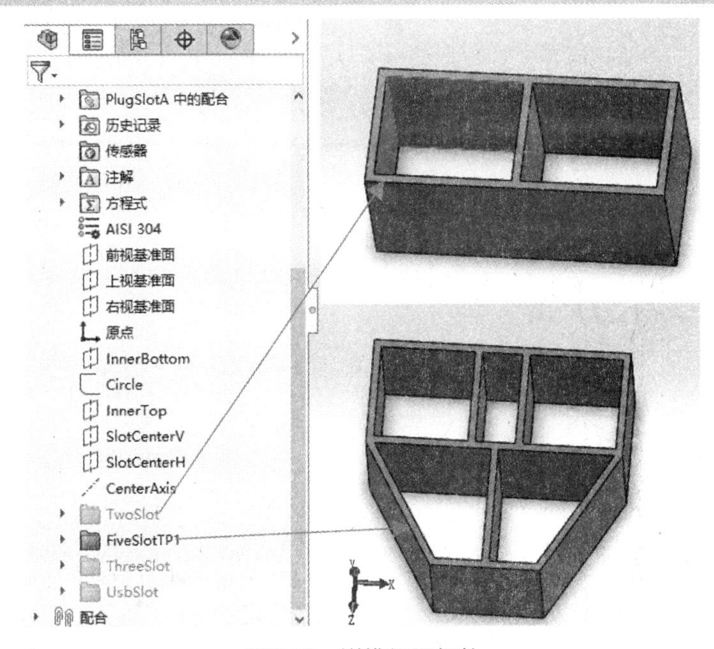

图3-18 同模板源部件

3.4 实例分析：装配体中的零部件属性

如图3-19所示，接线板装配体由各种部件组成，而在后面工程图的明细表中，SOLIDWORKS原生出明细表的依据即为图中方框所圈的部件特征树的次序和层级。

在实际生产使用中经常会遇到如下问题：

1）装配的部件只用于示意干涉等情况，无须表达在明细表中。

2）装配体具有多重规格，其中部分规格不需要某些部件，但有些规格还是需要的。删除再添加的工作比较烦琐。

3）在复杂装配体中，部分人员仅需查看装配体的总体情况，但加载过多的零部件会导致计算机运行速度变慢。

在SOLIDWORKS中，提供的【零部件的属性】功能减少了用户在这方面操作的困难。

如图 3-20 所示，右键单击“PlugButton”部件，在弹出的快捷菜单中单击【零部件属性】按钮，即可弹出该部件在当前装配体中的【零部件属性】对话框。在该对话框中，用户可以对该部件进行需要的设置。图中标记③处与标记④处有【压缩】【还原】【轻化】及【不包含在材料明细表中】的选项。

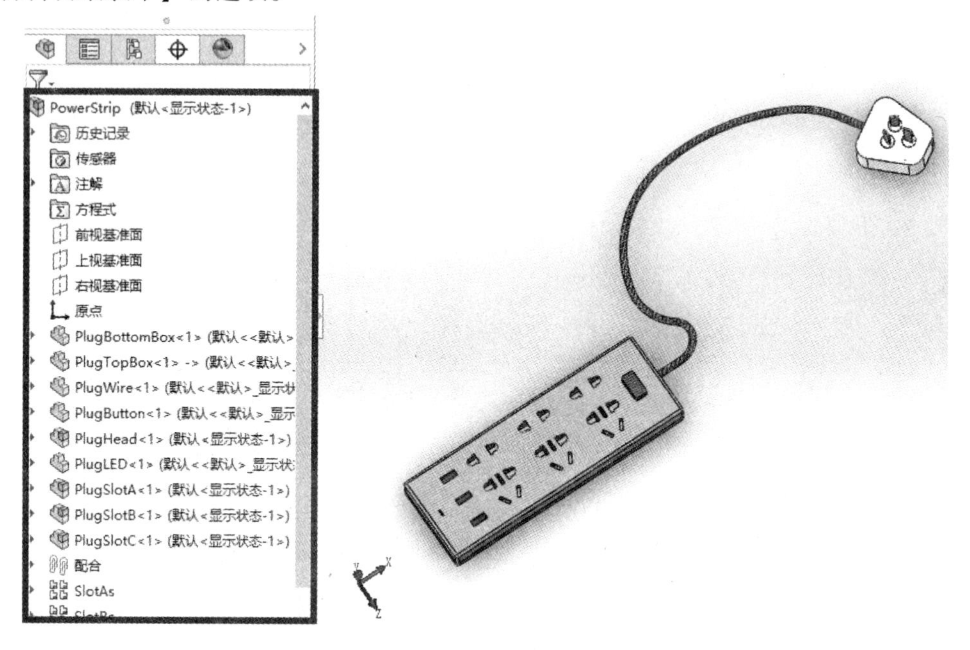

图 3-19　装配体与部件

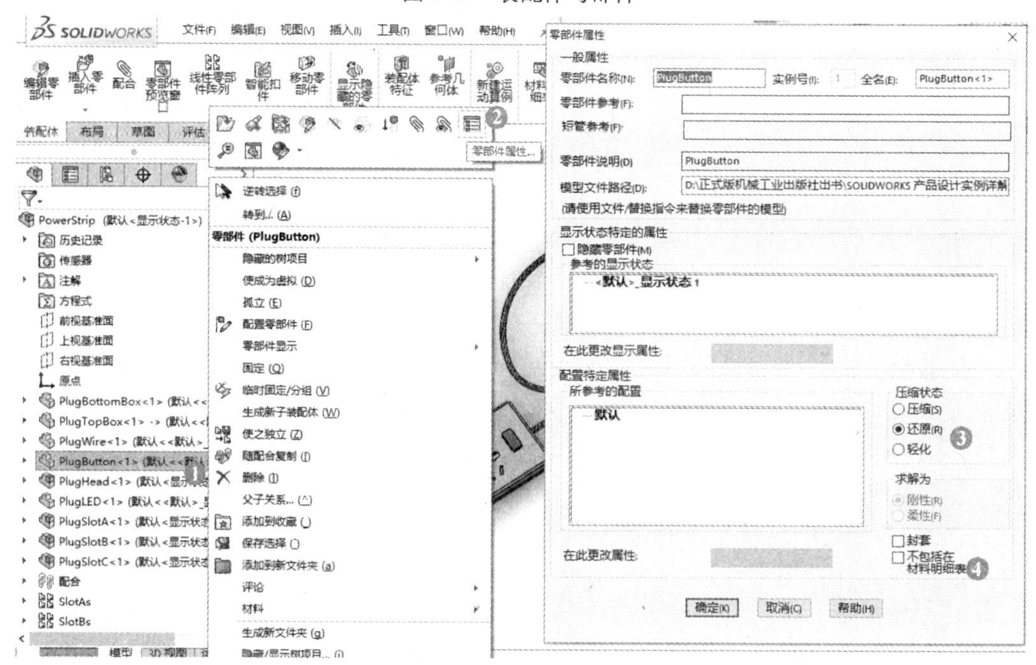

图 3-20　零部件属性设置

如图 3-21 所示，一个 SOLIDWORKS 文件可以简单地认为先由人眼看不到的数据层构成人眼可见的视图层，继而构成一个部件，即数据层与视图层相对独立。

1）【还原】选项，即同时加载部件的视图层与数据层，此时部件的数据能够完全被用户访问。

2）【轻化】选项，仅加载部件的视图层，而不加载部件的数据层数据，因此打开装配体时，若部件都处于“轻化”状态，则装配体的打开速度会快得多。但是带来的弊端就是，用户无法访问部件的内部数据，如尺寸、属性等信息，可以理解为仅仅获得的是接近一张图片的数据。若此时使用 SOLIDWORKS 二次开发程序修改部件的内部数据时，系统就会报错禁止访问。因而通过部件的轻化状态，可以加快装配体打开和使用的速度。

视图层：人眼直观看到的

数据层：人眼看不到的，构建零件属性及坐标的各类数据

图 3-21　SOLIDWORKS 文件的内部结构

如图 3-22 所示，分别为部件“PlugButton”的“还原”状态与“轻化”状态，可以看到“还原”状态比“轻化”状态多显示了实体特征数据供用户修改。

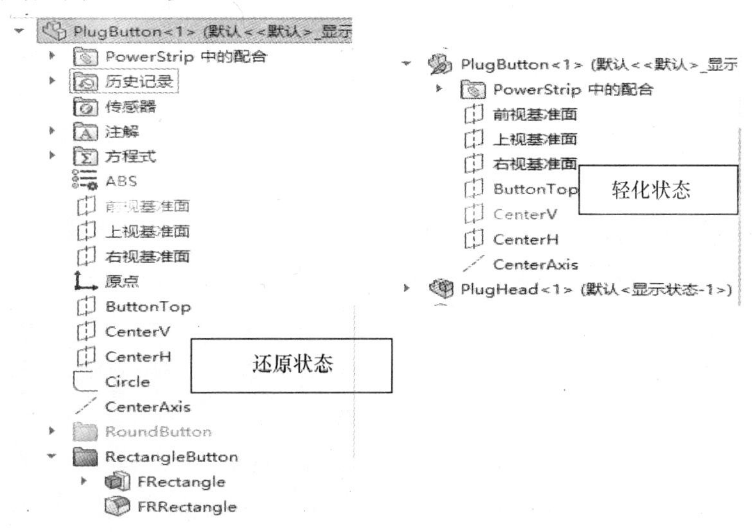

图 3-22　还原与轻化状态下特征树对比

3）【压缩】状态，根据图 3-21 的意义可以理解为视图层与数据层都不加载。如图 3-23 所示，当部件“PlugButton”处于压缩状态时，特征树上该部件为灰色，而模型空间中，该

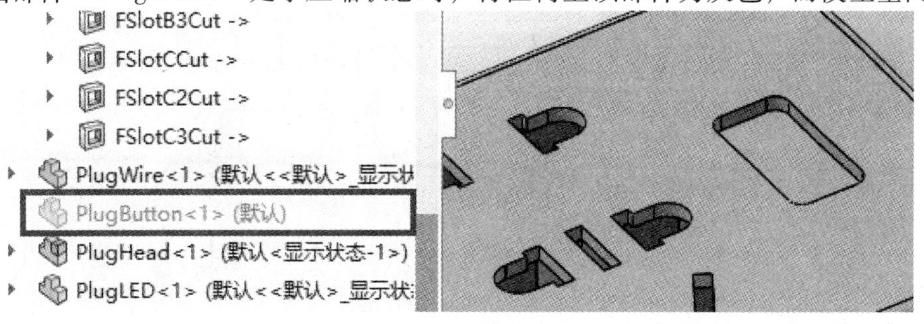

图 3-23　压缩状态

部件就像被删除了。通过部件的“压缩”与“解压缩”状态可以在不同的装配体规格中进行切换，避免了删除部件后重新装配部件的重复工作。

4）【不包含在材料明细表中】选项，使得部件在模型中显示，但不出现在工程图的明细栏中。

3.5 参考引用关系

3.5.1 图解参考引用关系

在图 3-19 中可以看到，接线板装配体中含有各种部件。但是如图 3-24 所示，在资源管理器中看一下该装配体“PowerStrip. SLDASM”及其部件的文件信息，可以看到，“PowerStrip. SLDASM”的文件并不是最大的，还有更大的接线板顶壳部件“PlugTopBox. SLDPRT”。这说明，接线板装配体“PowerStrip. SLDASM”文件并不存储相关零部件的数据，而是引用“PlugTopBox. SLDPRT”零件的数据。

此电脑 › 新加卷 (D:) › 正式版机械工业出版社出书 › SOLIDWORKS 产品设计实例详解 › Modle › 3 › 3.4 › RectanglePlug

名称	修改日期	类型	大小
PlugHead	2018/3/5 20:15	文件夹	
SlotA	2018/3/5 20:15	文件夹	
SlotB	2018/3/5 20:15	文件夹	
SlotC	2018/3/5 20:15	文件夹	
PlugBottomBox.SLDPRT	2017/8/20 21:22	SOLIDWORKS P...	95 KB
PlugButton.SLDPRT	2017/8/20 21:22	SOLIDWORKS P...	63 KB
PlugLED.SLDPRT	2017/8/20 21:22	SOLIDWORKS P...	54 KB
PlugTopBox.SLDPRT	2017/8/22 22:51	SOLIDWORKS P...	531 KB
PlugWire.SLDPRT	2017/8/20 21:22	SOLIDWORKS P...	92 KB
PowerStrip.SLDASM	2017/8/25 22:05	SOLIDWORKS A...	170 KB
PowerStrip.SLDDRW	2017/8/25 22:05	SOLIDWORKS D...	121 KB

图 3-24 装配体及其部件文件

如图 3-25 所示，在 SOLIDWORKS 打开一个包含外部参考的装配体时，系统会根据装配

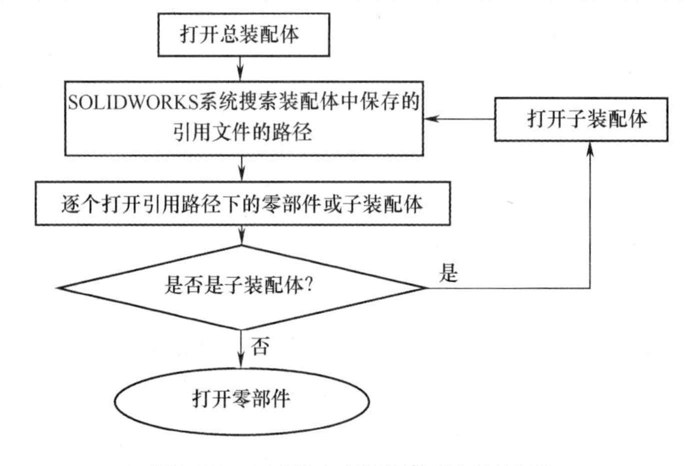

图 3-25 含外部参考装配体的打开过程

体中保存的文件路径搜索到相关的部件，将其打开。若部件也为装配体，则按照图中逻辑继续往下一层级搜索与打开部件。从这个过程中可以看到，装配体文件中主要存储的是其自身的一些信息与引用的模型文件路径信息。

3.5.2 参考引用关系的查看

如图3-26所示，通过在菜单中单击【文件】，在下拉菜单中单击【查找相关文件】，系统将弹出当前装配体的【查找参考】对话框。

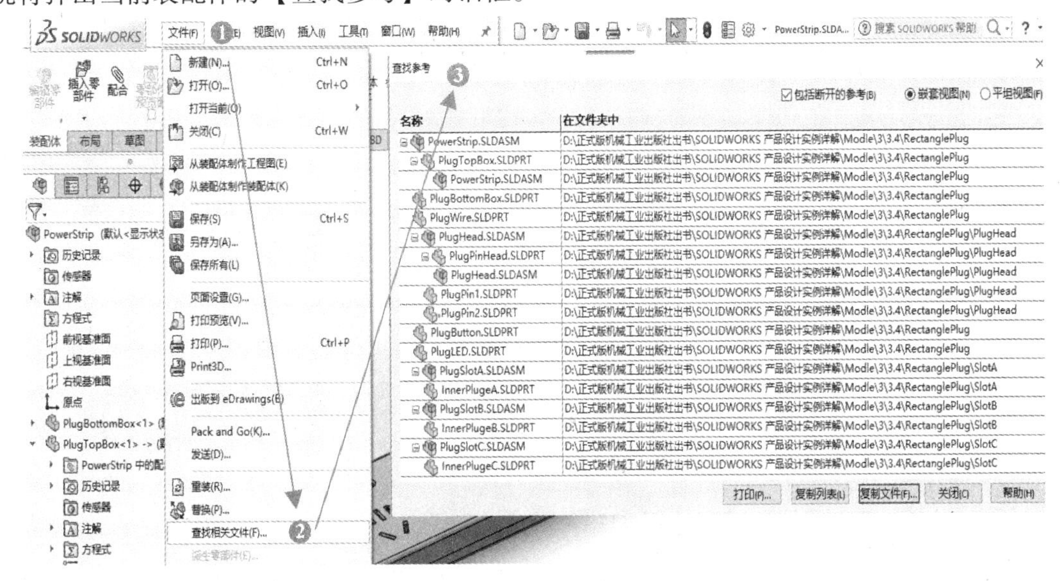

图3-26 查看参考引用关系

提示：

通过参考引用关系原理的讲解，可知当装配体打开后，装配体及其下的所有的部件都被打开在计算机内存中，读者需要明确如下几点，这几点也是生产实践时初学者往往会犯的错误：

1）在同一个SOLIDWORKS进程中，不允许同时打开两个文件名相同的文件（即便是在不同路径下的不同零件），否则将导致参考引用被替换的风险。

2）当需要把完整模型复制给其他用户时，不能仅仅复制一个装配体文件，否则其他用户打开该装配体时会被警告找不到零部件（装配体中的虚件除外）。此外，为了便于复制文件，建议将装配体及其子部件都存放在同一个根目录下，复制时即可复制整个文件夹。

3）当需要修改其他用户的装配体时，强烈建议按照图3-26所示的步骤检查所有的参考引用文件位置是否正确，避免修改完后发现文件参考不对从而导致重复工作的风险。

小技巧：

如图3-27所示，SOLIDWORKS中还存在一种装配体，其将所有部件保存在装配体文件中。在参考引用中，所有部件都保存在该装配体的内部。这种方式的建模比较适合模型不经常需要参数化驱动或装配体变化频率不高的场合，建模速度比较快，但在修改内在的装配关系与草图关系时，常常会存在相互牵连的约束。

在企业生产实践中，产品具有多样性，但是若对产品进行分解，会发现很多的结构比较相似，此时不同的产品可以看成是由相似的不同局部结构组合而成，在本书中将这些相似的局部结构分解称为“模块化”。模块化的组件可以组合成不同的产品，而这种模块化的装配体设计，推荐使用带有外部参考引用的装配体，使得产品模块的组合不仅具有多样性，又相对独立，修改任意模块所引起的连锁修改相对比较少。

本书在后面的实战篇中将着重讲解模块化建模的方案。

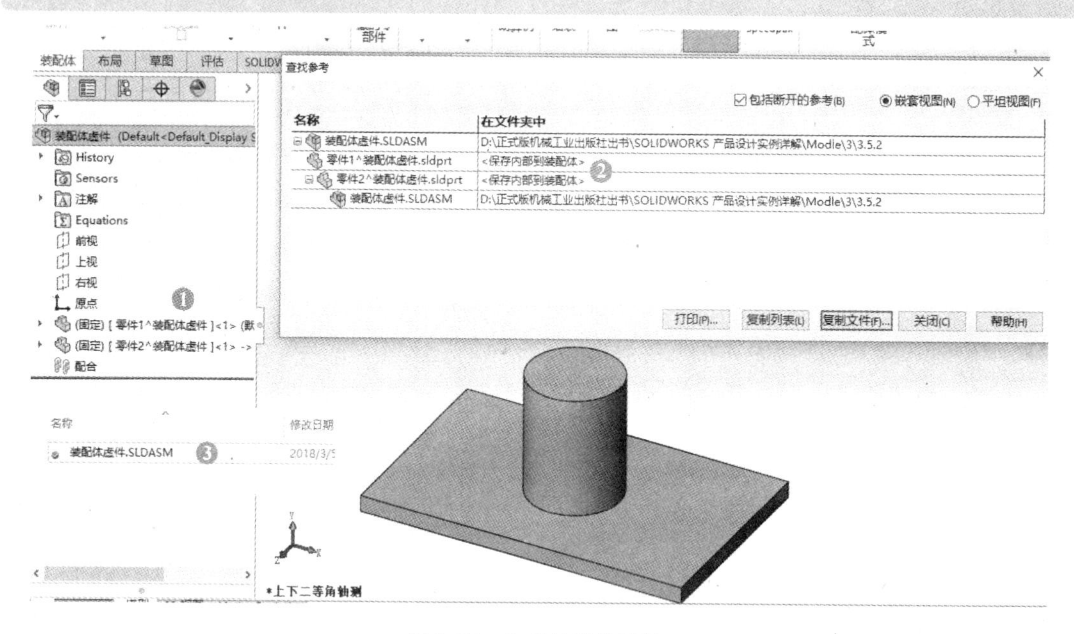

图 3-27　含虚件的装配体

参考引用讲解

3.5.3　实例分析：装配体中的文件修改与保存

如图 3-28 所示，一个简单的装配体中含有三个部件，分别为矩形板、圆柱和圆锥，并且矩形板上有一个开孔特征的草图引用了圆柱的边线。这部分将通过这个装配体深入地理解 SOLIDWORKS 中的文件存储与修改。

如图 3-29 所示，首先在资源管理器中将“装配体文件 . SLDASM”与“圆锥 . SLDPRT”两个文件都加“X”后缀的方式重命名，再用 SOLIDWORKS 打开重命名后的装配体文件“装配体文件 X. SLDASM”，系统会首先提示找不到“圆锥 . SLDPRT”，待打开完毕，在标记③处的特征树中发现“矩形板”部件后面多了个“?”，而“圆锥”部件的显示类似被压缩状态。再次查看装配体的【参考引用】可以看到，标记④处与标记⑤处的“装配体文件 . SLDASM”与“圆锥 . SLDPRT”都处于未打开状态。

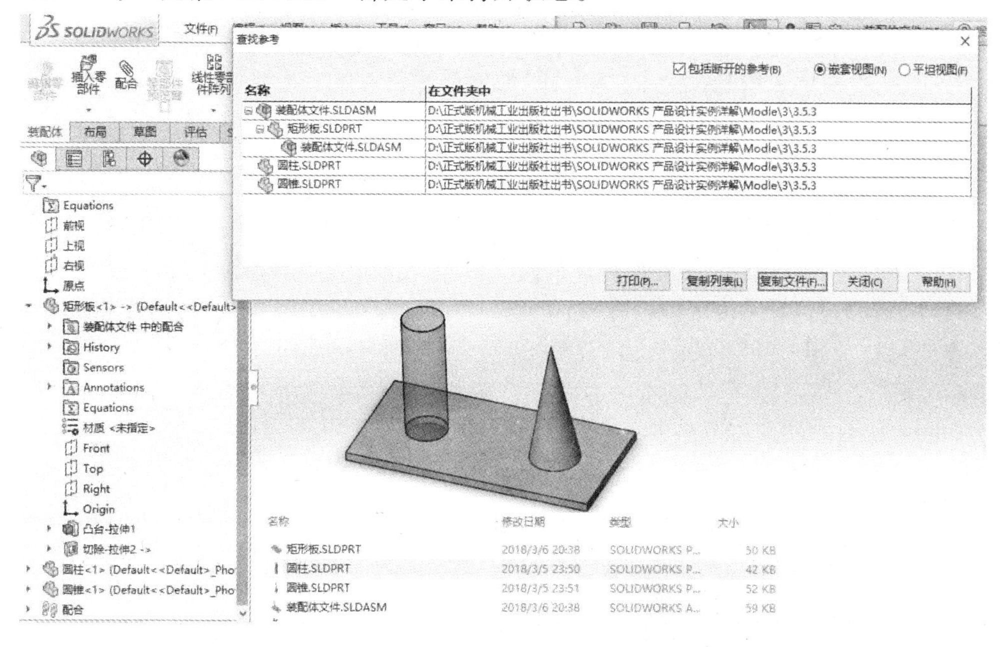

图 3-28 装配体及其部件

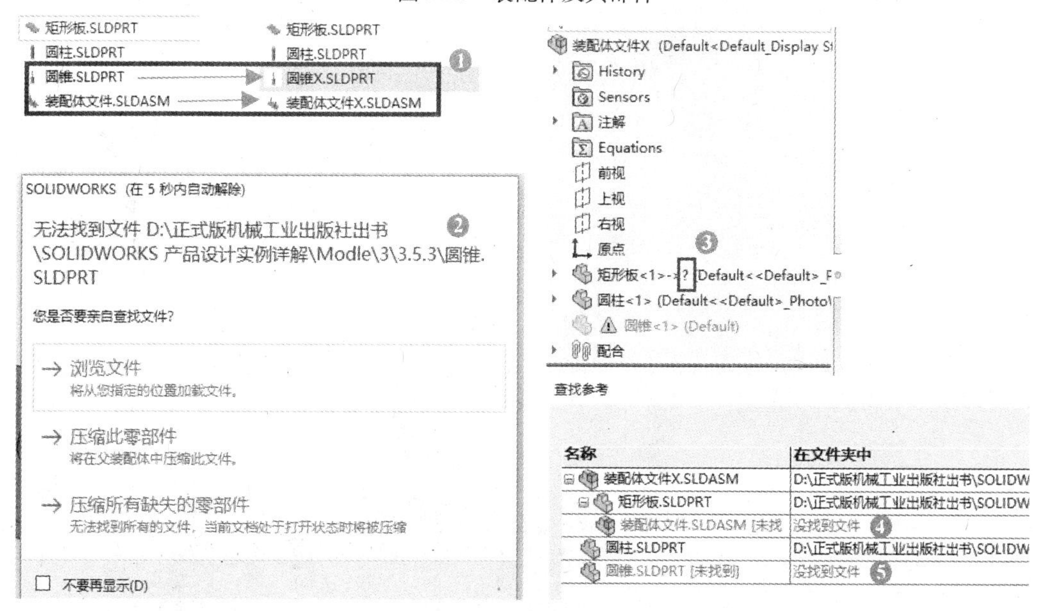

图 3-29 在资源管理器中修改文件

标记④处的“装配体文件 . SLDASM”未打开的原因在于，矩形板引用圆柱体边线开孔的操作是基于原装配体“装配体文件 . SLDASM”的环境中进行，故与原装配体存在关系。

标记⑤处的“圆锥 . SLDPRT”未打开的原因在于，装配体文件在前一次保存时，内部保存的部件引用路径为“圆锥 . SLDPRT”，而现实中该文件已经被重命名为“圆锥 X. SLDPRT”。

提示：

SOLIDWORKS 装配体中存储的参考引用记录了引用文件的物理地址及文件名，当文件的名称或路径发生变化时，会导致打开装配体时无法找到文件。而用户在使用过程中，很容易将 Windows 下资源管理器中的操作方式带入到 SOLIDWORKS 中，尤其是初学 SOLIDWORKS 的用户。

如图 3-30 所示，在“装配体文件 . SLDASM”文件打开的情况下，打开“圆柱 . SLDPRT”，并对“圆柱”部件进行另存为操作，系统将会弹出提醒对话框，并给出了三种另存方式【另存为】【另存为副本并继续】和【另存为副本并打开】。按照图中的标记号，分别存在“圆柱 1. SLDPRT”“圆柱 2. SLDPRT”和“圆柱 3. SLDPRT”。

最后如图 3-31 所示，存为副本的方式不会影响装配体中的参考引用，而直接另存为的方式会同时改变打开情况下的装配体参考引用。

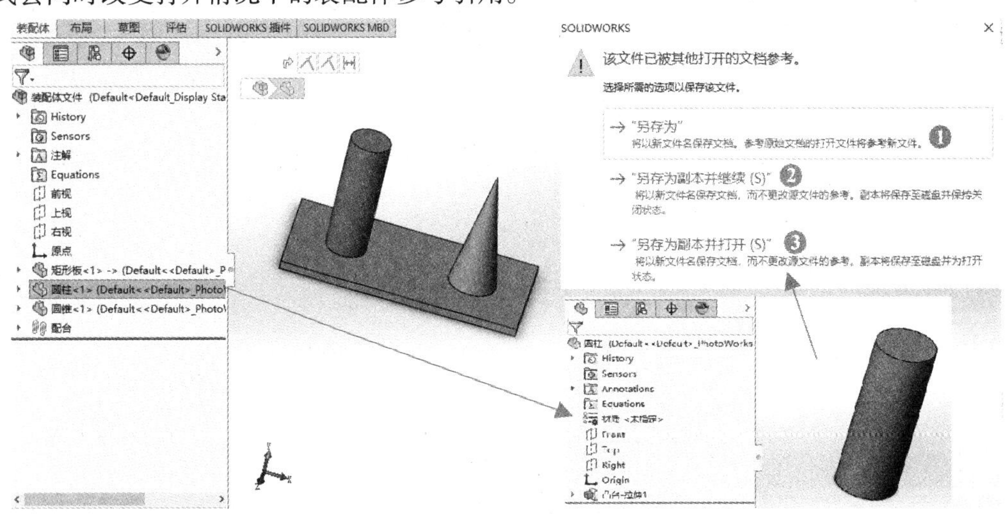

图 3-30　部件另存为

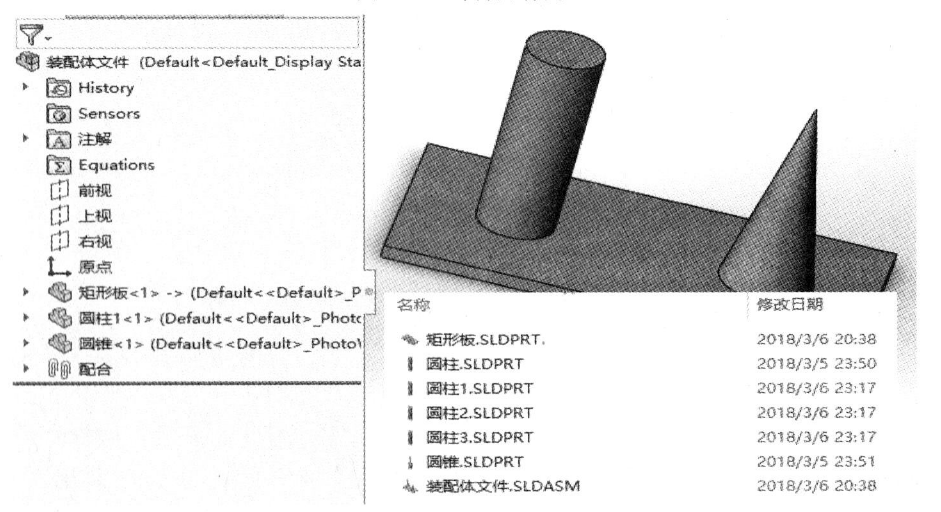

图 3-31　部件另存为结果对比

通过参考引用的介绍可以发现，SOLIDWORKS 装配体文件很多情况下不推荐简简单单地在 Windows 的资源管理器中使用复制、粘贴、重命名操作。当整个装配体及其子部件需要同时另存或重命名时，SOLIDWORKS 提供了两种方式，分别为“选择最顶层部件带参考另存”和“打包”两种方式。

如图 3-32 所示，由于“装配体文件 . SLDASM”为顶层文件，故激活该装配体后，单击【文件】菜单，在下拉菜单中单击【另存为】选项将弹出【另存为】对话框，在对话框中勾选【包括所有参考的零部件】复选框，此时图中标记②处的【高级】按钮变成可点击状态，单击【高级】按钮将会弹出【带参考另存为】对话框，在这里用户可以设置新装配体的目录，以及自定义修改新的参考文件名及文件路径，全部修改完毕后单击【保存所有】按钮，即可将整个装配体文件按照需要的新参考引用关系存储到新地址中。

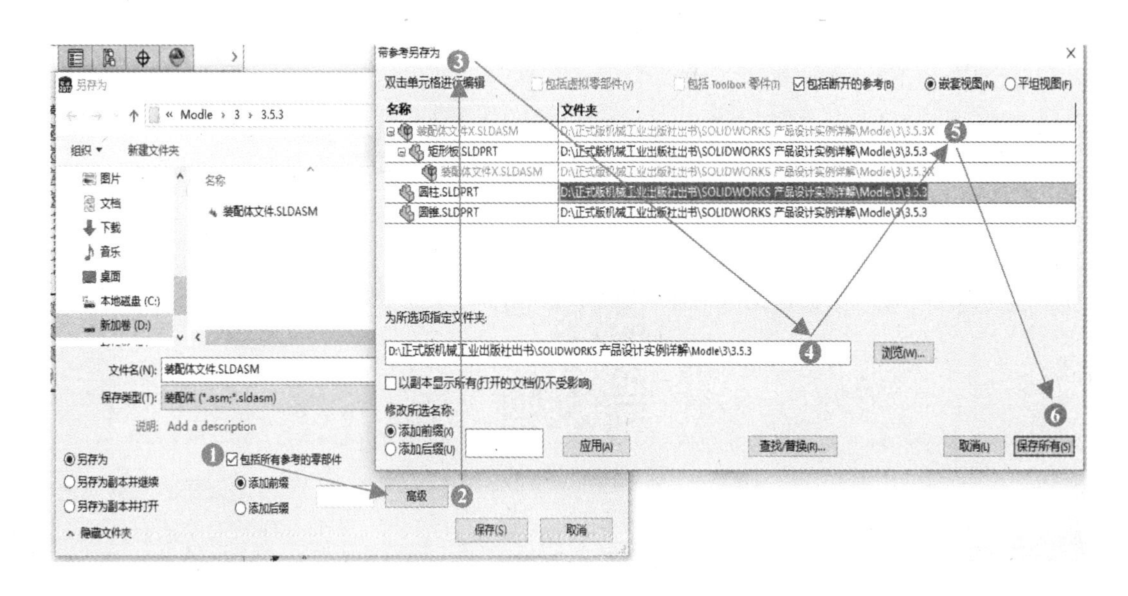

图 3-32　通过顶层部件带参考另存

如图 3-33 所示，在顶层装配体文件打开并激活的情况下，单击【文件】菜单，在下拉菜单中单击【Pack and Go】将弹出【Pack and Go】对话框，在该对话框中，通过鼠标双击标记③所在区域的单元格，将弹出标记④处的重命名对话框，用户可以按照需求进行文件的重命名，最后单击【保存】按钮，即可完成装配体的打包。

提示：

如果企业拥有 SOLIDWORKS 的 PDM 相关产品，也可以通过 PDM 的【复制树】功能实现整个装配体的另存。此外，SOLIDWORKS 也提供了关于这方面 API 接口供二次开发使用，通过二次开发进行装配体的整体另存，修改自由度更大，并且在复杂装配体中能够大大地减低人工操作的工作量。

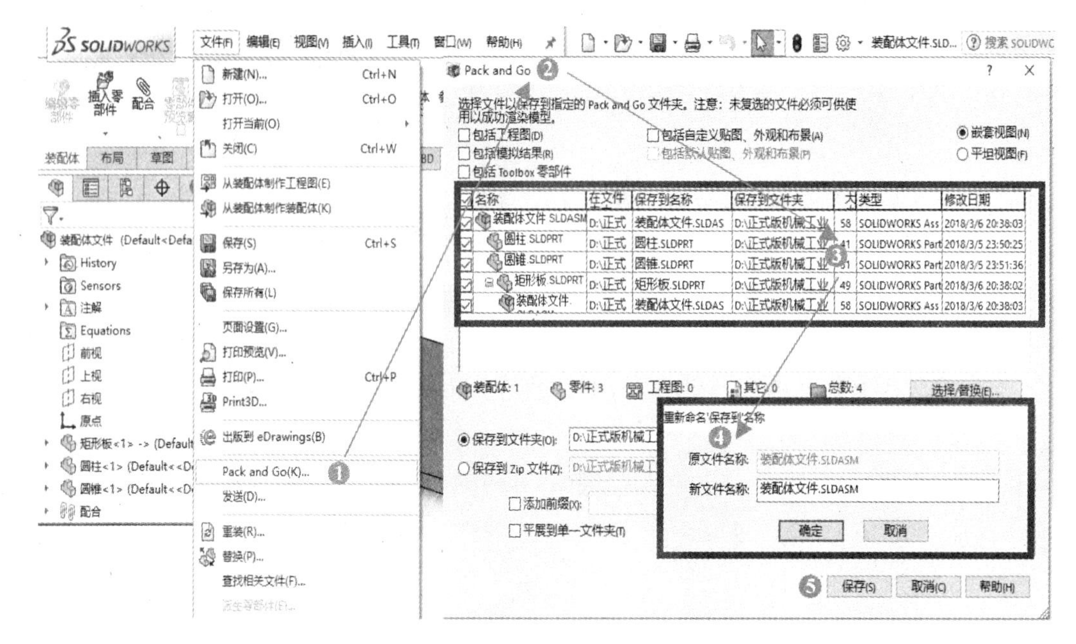

图 3-33　文件打包

装配体带参考另存

3.6　本章总结

在装配关系中，装配的类型与装配基准的选择将决定装配体变化的自由度，用户应根据产品自身的特点合理地规划零部件及用于装配的基准，在实际使用过程中，使用尽可能少的产品模型变化成各类所需的模型。关于装配体与零部件的规划，在本书的实战篇中还会进一步讲解。

SOLIDWORKS 中使用最频繁、最有效率的就是“引用”关系。在装配体中，用户应该充分了解参考引用关系，有利于规划模型以及快速替换零部件，甚至仅仅利用 Windows 自带的资源管理器即可完成文件的替换等工作。

练习

如图 3-34 所示为一条局部管线，现在需要将图中标注的零件装配成图中结构的管束，装配体需要满足如下要求：

1）任意一个零件沿管线方向的长度发生变化后，整条管线装配不被破坏。

2）仪表的安装可以绕三通的竖直轴线调整方位。

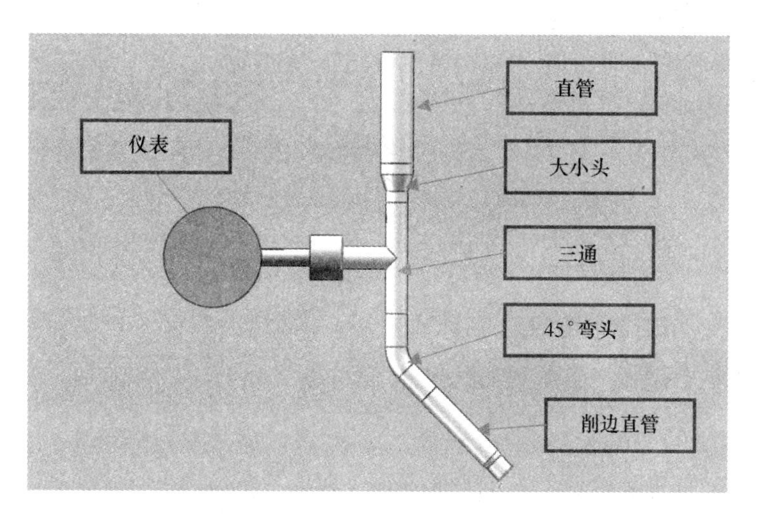

图3-34 管段装配

第4章　方　程　式

学习目标

1. 掌握各类方程式的使用方法。
2. 学会巧妙使用方程式实现各种功能。
3. 了解使用方程式与使用全局变量的好处。

当很多尺寸值相同或存在关系时,需要手工一一输入修改,这样比较费时,而且容易出错。用户可以通过使用“方程式”建立模型中尺寸之间的数学关系。

4.1　尺寸的名称

在 SOLIDWORKS 中,每个尺寸都有尺寸名,尺寸之间数学关系的建立依靠的就是尺寸名。在建模过程中,通常不显示尺寸名。如图 4-1 所示,可以通过单击菜单【视图】/【隐藏/显示】/【尺寸名称】的方式显示模型中的尺寸名称。

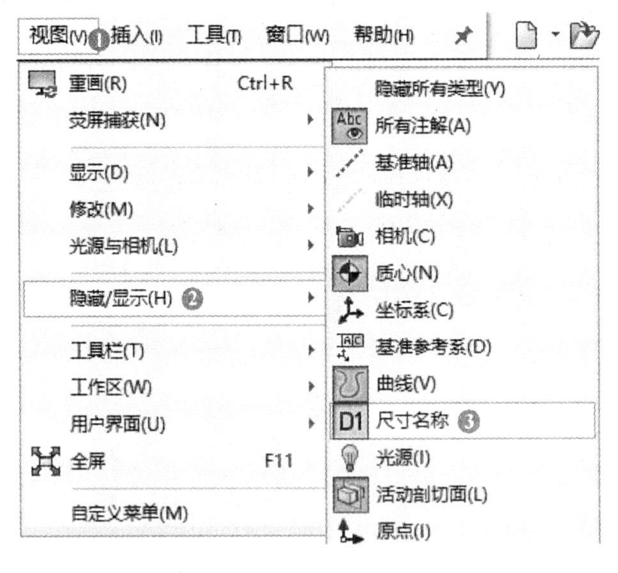

图 4-1　显示尺寸的名称

如图 4-2 中标记①处的尺寸“200”下方的“D1”即为该尺寸在当前草图中的名称，当用鼠标选中该尺寸后，在左侧【尺寸】属性的标记②处可以看到“D1@草图 1”，该名称是尺寸“200”在当前文件中的完整尺寸名称。单个文件中的完整尺寸名称一般格式为：尺寸名@所在特征名。用户可以将图 4-2 中尺寸“200”的“D1”修改成便于理解的其他名字，但是在一个文件中完整尺寸名称具有唯一性。

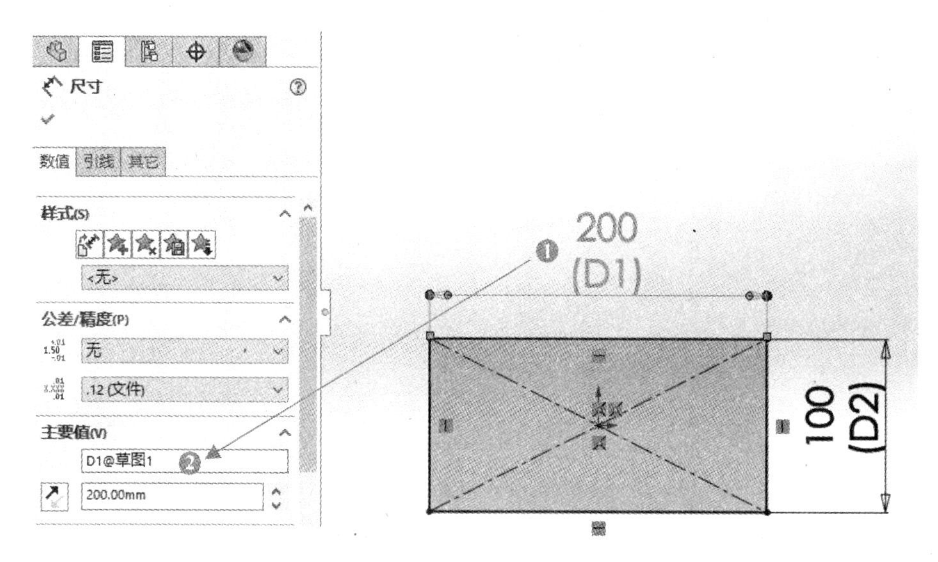

图 4-2　尺寸的名称

具有唯一性的完整尺寸名使得通过尺寸名称即可获得与修改相应的尺寸值。SOLIDWORKS 中的方程式功能即是通过尺寸名称进行关联的。

4.2　方程式介绍

如图 4-3 所示，当尺寸 D2 与尺寸 D1 存在一定关系时，可以使用方程式将尺寸 D2 与尺寸 D1 进行关联。关联后，尺寸 D2 前会出现一个“Σ”，表示尺寸 D2 通过方程式计算得到。使用方程式后，用户在修改草图尺寸时，就不需要修改 D1 和 D2 两个尺寸了，而仅仅需要修改尺寸 D1 即可。在 SOLIDWORKS 的建模过程中，合理地使用方程式会降低后期使用过程中的工作量与人工修改遗漏的风险。

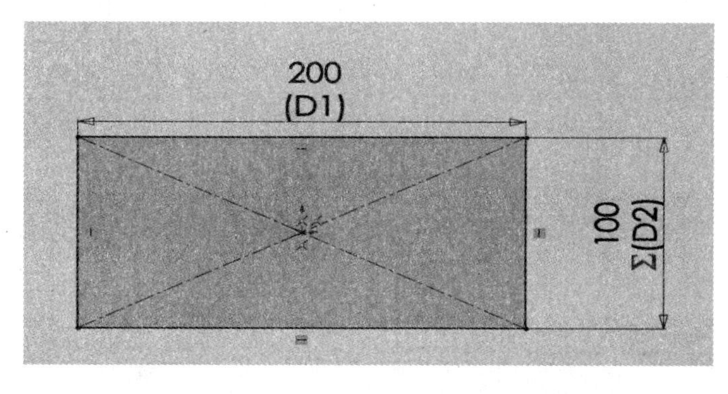

图 4-3　方程式

添加方程式的方法比较多，通常有如下方式：

1）在管理方程式中添加方程：如图 4-4 所示，在特征树中右键单击“Equations”，在弹出的快捷菜单中单击【管理方程式】将弹出【方程式、整体变量、及尺寸】对话框。在方程式列表中的【名称】列，用户可以直接选择尺寸 D2 或者直接输入“D2@草图1”，在【数值/方程式】列，则输入相应的方程“ ="D1@草图1"/2”，此时在【估算到】列中将会显示通过方程计算后的值。完成方程式的建立后，即可单击【确定】按钮关闭对话框。

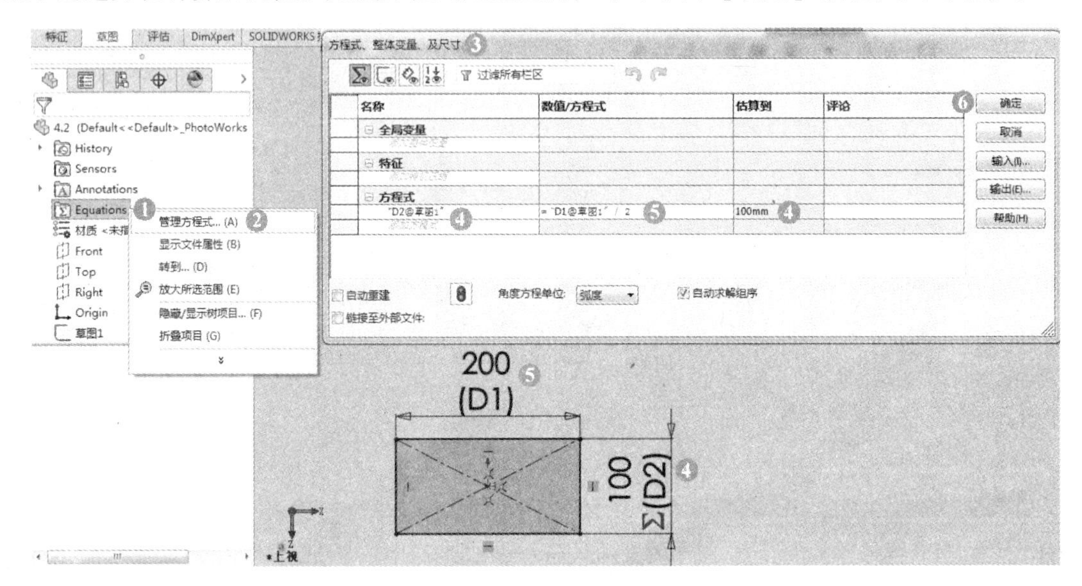

图 4-4　管理方程式中添加方程

2）用尺寸对话框添加方程：如图 4-5 所示，在标记①处双击尺寸 D2 上的数值“100”，将弹出【修改】对话框，删除数值“100”，输入“ = ”后，按需求输入参数“D1@草图1”/2，即可实现该尺寸是 D1 尺寸一半的方程关系。

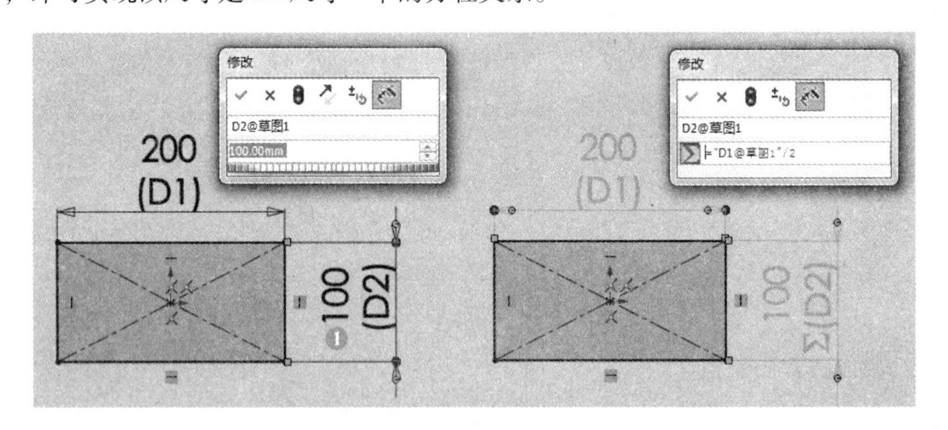

图 4-5　用尺寸对话框添加方程

3）特征对话框添加方程式：如图 4-6 所示，在新建特征时，本例中为“凸台-拉伸 1”特征，既可以在数值输入框中直接输入“10”，也可以删除数值“10”，直接输入“ = ”，按需求写入方程“D1@草图1”/20，即可实现拉伸厚度“D1@凸台-拉伸1”与“D1@草图1”的尺寸关系。

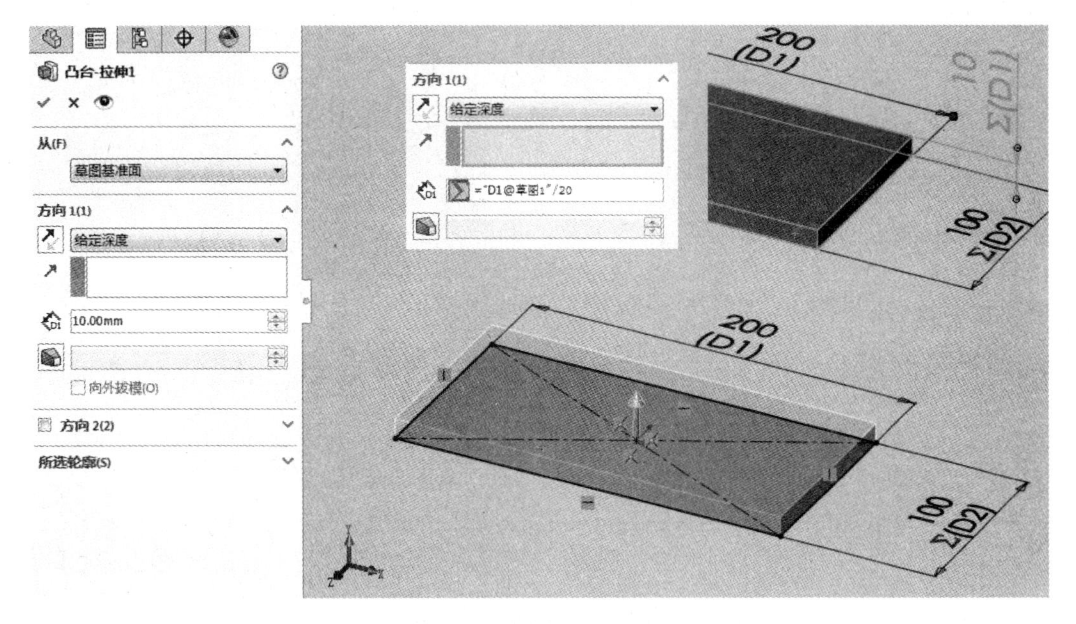

图 4-6　特征对话框添加方程式

提示：

方程式的添加不局限于同一个特征内的尺寸互相关联，也可以跨特征甚至跨部件进行关联。在上述三种添加方程式的方法中，方法 2 与方法 3 因操作步骤比较少，一般比较常用，而方法 1 则更适合做一些复杂的方程式时调用。

4.3　方程式—函数的使用

SOLIDWORKS 中提供了一些函数，便于用户建立一些复杂关系的方程，见表 4-1。

表 4-1　函数的名称及用途

函数名	用途	函数名	用途	函数名	用途
sin( )	正弦	arcsin( )	反正弦,返回角度	exp( )	e 为底的指数函数
cos( )	余弦	arccos( )	反余弦,返回角度	log( )	对数函数
tan( )	正切	atn( )	反正切,返回角度	sqr( )	平方根
sec( )	正割	arcsec( )	反正割,返回角度	sgn( )	符号函数
cosec( )	余割	arccotan( )	反余切,返回角度	if( )	逻辑运算
cotan( )	余切	abs( )	取绝对值		

这里仅对 if 语句进行介绍，目前 SOLIDWORKS 中 if 函数不支持嵌套。if 语法如下：

If（表达式，真值，假值）

如图 4-7 所示，通过方程式 if（“D1@ 草图 1” <=200，10，20）控制长方体的厚度变化。若长方体的长度尺寸“D1@ 草图 1” ≤200，则厚度为“10”，否则厚度为“20”。

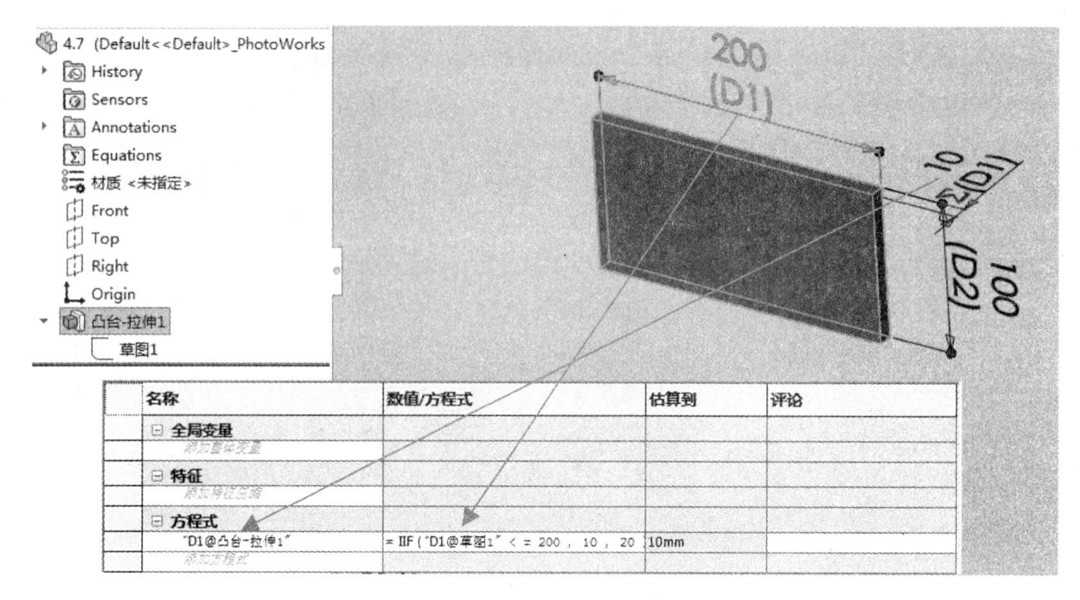

图 4-7　添加 if 函数方程

4.4　实例分析：特征方程式的使用

在 SOLIDWORKS 中，特征有压缩与解压缩两种状态。在方程式中，分别以 suppressed、unsuppressed 作为压缩与解压缩的全局变量，通常情况下特征方程式会配合第 4.3 节中的函数，尤其与 if 函数一同使用。在变化不是很大的模型中，可以利用特征方程式配合函数，达到配置的作用。

如图 4-8 所示，通过 if 函数根据“D1@ 草图 1”值，动态地控制切除特征“切除-拉伸 1”的压缩与解压缩状态：if（"D1@ 草图 1"<200，"suppressed"，"unsuppressed"），表示当

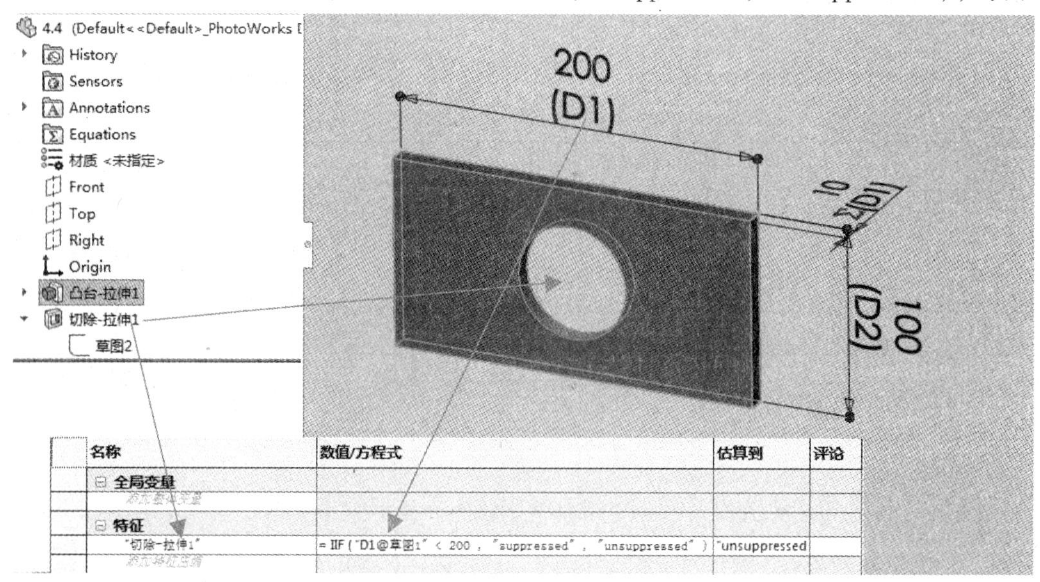

图 4-8　特征方程式

尺寸 D1 的值小于 200 时，“切除-拉伸 1”特征将会被压缩。而当图 4-8 中尺寸“D1@ 草图 1”的值为 300 时，大于 200，故“切除-拉伸 1”特征将处于解压缩状态。

4.5 实例分析：全局变量与链接数值

很多时候，模型上的不同特征中有很多尺寸的值都是相等的，如果需要修改，将会是一件重复工作，如果使用方程式，就需要创建很多方程式。这时最好的解决办法就是使用全局变量以及链接数值的方法，达到只需要修改全局变量值，即可完成所有相关尺寸的修改。

1. 全局变量的创建

用户可以通过直接给定名称与数值创建全局变量，也可以通过给定名称与驱动尺寸创建全局变量。如图 4-9 所示，有两个全局变量，其名称分别为“holevalue”和“KD”。其中“holevalue”数值等于用户输入的固定值“30”，KD 数值来自一个驱动尺寸“D2@ 草图 1”。

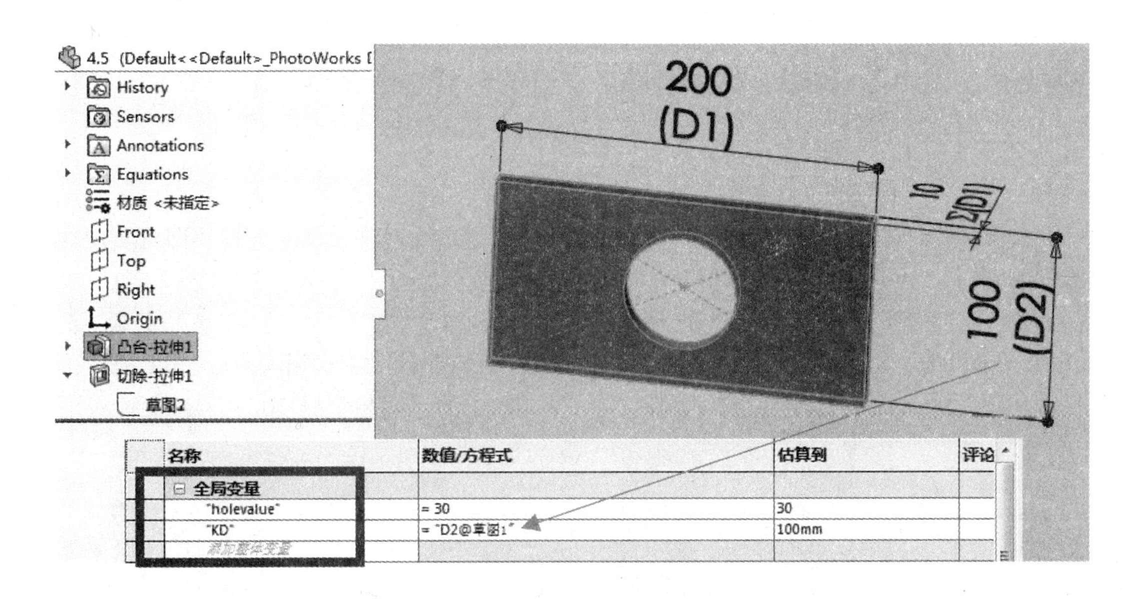

图 4-9 全局变量的建立

全局变量创建完毕后，将可用于方程式及尺寸的链接数值。在方程式中的使用方法等同于尺寸全名，即将尺寸全名替换成全局变量名即可。即可以将图 4-4 中的“D1@ 草图 1”替换成全局变量“holevalue”和“KD”。

2. 链接数值

如图 4-10 所示，选择需要关联的孔特征草图尺寸“60”，右键单击【菜单】，在下拉菜单中选择【链接数值】，在弹出的【共享数值】对话框中，选择要关联的全局变量名称 $ VAR：holevalue，单击【确定】按钮，完成链接数值。此时，该尺寸的数值变为“ϕ30”，并在数值下方“∞ （holevalue）”，表示该尺寸数值来自全局变量“holevalue”。

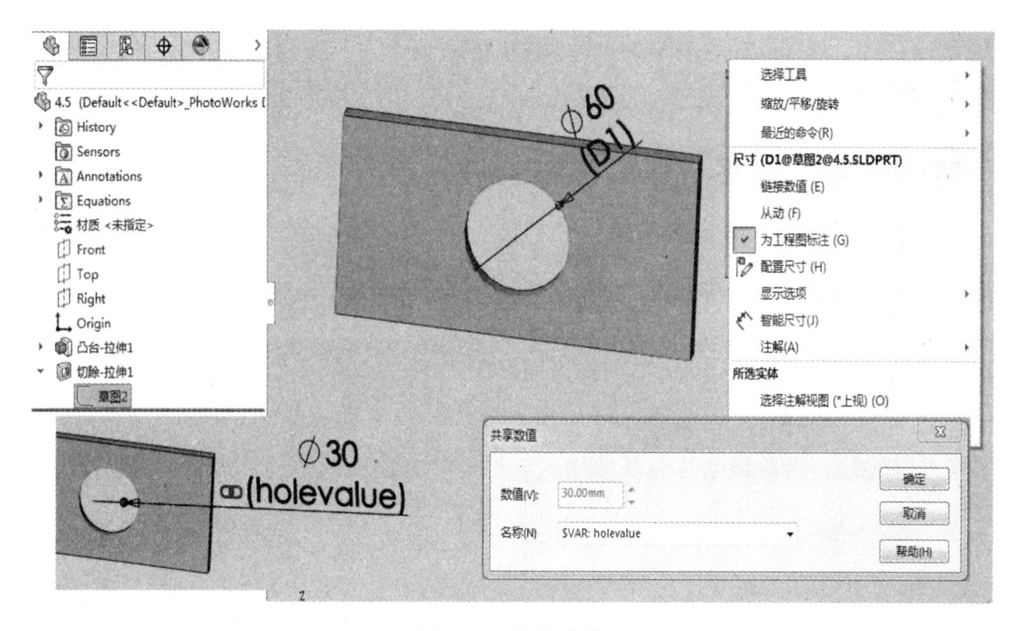

图 4-10　链接数值

4.6　实例分析：跨零部件方程式

在装配体中，有时需要引用其中部件里的某个数值，采用跨零部件方程式即可实现在修改零件的同时，更新装配体中与之相关的参数。

如图 4-11 所示，装配体文件“4.6Assem.SLDASM”中含有矩形板部件“4.6P1.SLDPRT”、圆柱部件“4.6P2. SLDPRT”、子装配体“4.6SubAssem. SLDASM”以及自带草图“Assem”。这四个文件分别包含了表 4-2 中的尺寸与全局变量。

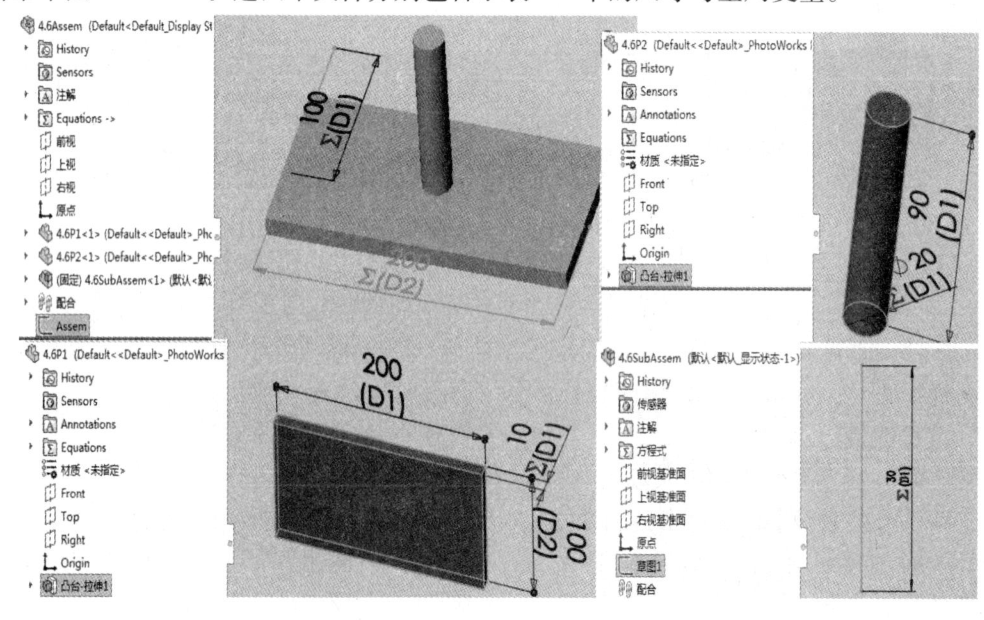

图 4-11　示例模型

表 4-2 文件的尺寸与全局变量

所在文件	类 型	尺寸名称/全局变量	作 用
4. 6Assem. SLDASM	全局变量	PlateKD	
4. 6Assem. SLDASM	尺寸	D1@ Assem	
4. 6Assem. SLDASM	尺寸	D2@ Assem	
4. 6P1. SLDPRT	全局变量	holevalue	
4. 6P1. SLDPRT	全局变量	KD	
4. 6P1. SLDPRT	尺寸	D1@ 草图 1	矩形板长
4. 6P1. SLDPRT	尺寸	D2@ 草图 1	矩形板宽
4. 6P1. SLDPRT	尺寸	D1@ 凸台-拉伸 1	矩形板厚
4. 6P2. SLDPRT	尺寸	D1@ 草图 1	圆柱直径
4. 6P2. SLDPRT	尺寸	D1@ 凸台-拉伸 1	圆柱长
4. 6SubAssem. SLDASM	尺寸	D1@ 草图 1	

如图 4-12 所示，在装配体“4. 6Assem. SLDASM”所在的环境，对表 4-2 中的全局变量及尺寸添加如下方程式：

1）“PlateKD” = “KD@ 4. 6P1〈1〉. Part”，通过该方程将部件“4. 6P1”的全局变量“KD”赋值给了装配体“4. 6Assem. SLDASM”的全局变量“PlateKD”，实现了跨文件的参数传递。

2）“D1@ Assem” = “KD@ 4. 6P1〈1〉. Part”，通过该方程将部件“4. 6P1”的全局变量“KD”赋值给了装配体“4. 6Assem. SLDASM”的尺寸“D1@ Assem”。

3）“D2@ Assem” = “D1@ 草图 1@ 4. 6P1〈1〉. Part”，通过该方程将部件“4. 6P1”矩形板的长度尺寸“D1@ 草图 1”赋值给了装配体“4. 6Assem. SLDASM”的尺寸“D2@ Assem”。

4）“D1@ 草图 1@ 4. 6P2〈1〉. Part” = “D1@ 草图 1@ 4. 6P1〈1〉. Part”/10，通过该方程将部件“4. 6P1”矩形板的长度尺寸“D1@ 草图 1”值的 1/10 赋值给了部件“4. 6P2”圆柱的“D1@ 草图 1”。

5）“D1@ 草图 1@ 4. 6SubAssem〈1〉. Assembly” = 30，通过该方程给子装配体部件“4. 6SubAssem. SLDASM”的尺寸“D1@ 草图 1”赋值 30。

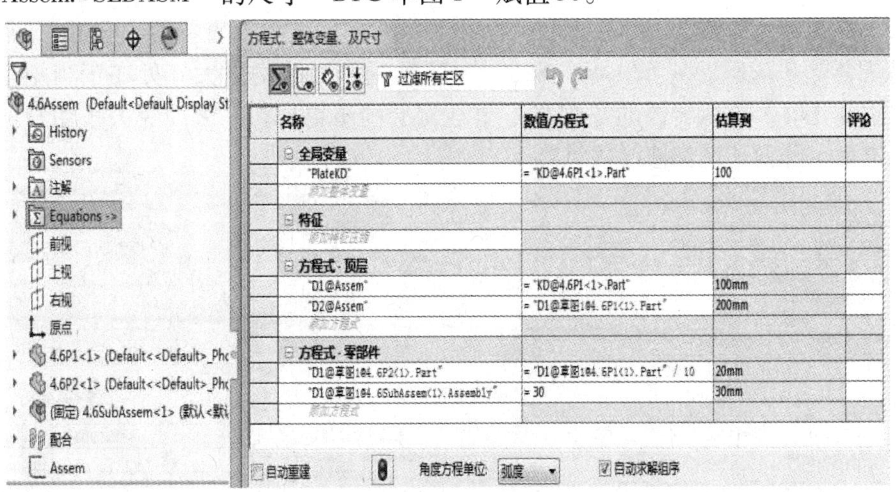

图 4-12 跨部件方程

可见在书写方程的过程中，当需要引用装配体下层部件中的尺寸名或全局变量时，在SOLIDWORKS 2017版本中的通用拼接格式可见图4-13，即尺寸名称或全局变量+“@”+带实例号的部件名称+“.”+部件类型，其中部件类型为Part或Assembly。

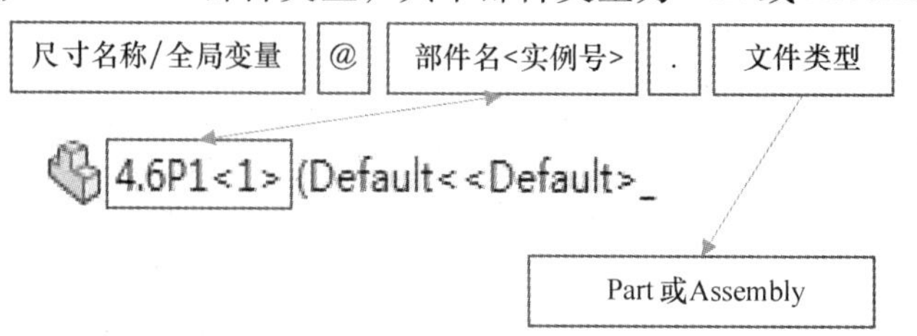

图4-13　部件尺寸名称书写格式

提示：

跨模型添加方程必须“自顶向下”引用，本例中装配体“4.6Assem. SLDASM”的参考引用中存在各个部件，故可以将所有部件内的尺寸与全局变量进行互相关联。

各类方程式的添加

4.7　方程式的应用

在现实产品生产中，一个装配体的名称需要包含其下子部件的尺寸信息，作为装配体的规格。用户可以直接在装配体的属性中添加“规格”属性，使其值为“装配体100”，但是当装配体中的部件尺寸发生变化时，需要再次修改“规格”属性，也容易造成修改遗漏。

如图4-14所示，由于装配体“4.6Assem. SLDASM”中已经存在全局变量“PlateKD”与矩形板部件的宽度关联，因而在书写“规格”属性时，建议不直接写数字100，而写成表达式“装配体“PlateKD@4.6Assem. SLDASM””，这样写法的最大好处在于当矩形板部件的宽度发生变化时，该装配体的“规格”属性将会同步更新，一方面免去了用户的修改工作，另一方面也降低了遗漏修改的风险。

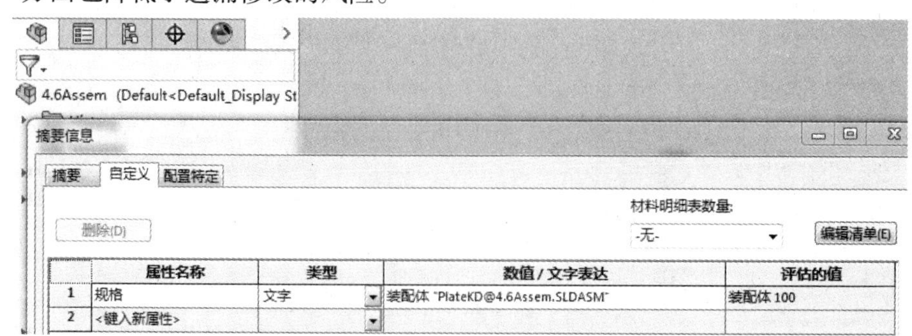

图4-14　部件尺寸联动装配体属性

如图 4-15 所示，一条复杂的曲线可以通过建立一个全局变量“TotalL”，并建立方程，使其值等于尺寸 D1、D5、D6、D7 尺寸值之和，即可得到该曲线的总长，利用这个思路可以实现现实生产中复杂弯管的长度计算等，并且用户仅需将注意力集中在模型尺寸的修改上即可，总长将会根据模型尺寸进行实时更新。

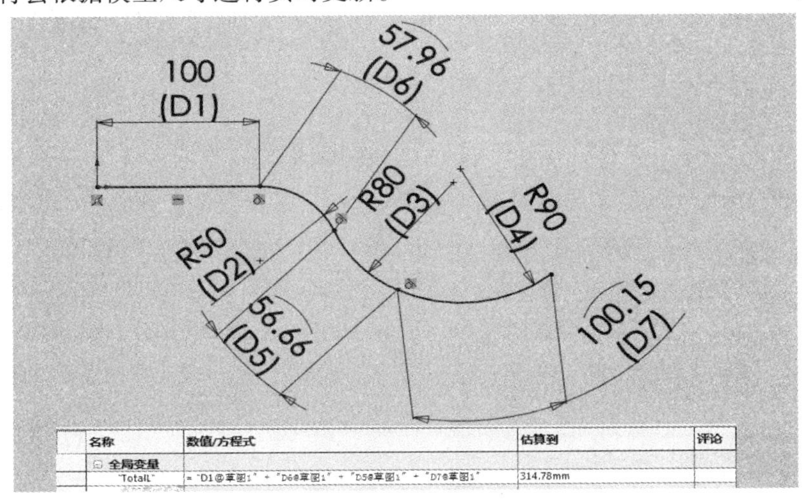

图 4-15　利用方程得到曲线总长

4.8　本章总结

方程式与全局变量的使用能减少尺寸的输入工作量以及变更后的修改工作量，SOLIDWORKS 提供了普通方程、函数、特征方程式和全局变量，并且还允许跨零部件进行方程式引用。

此外，还可以利用方程式对一些数据进行计算，如曲线长度的总和等，以便通过属性被其他文件或数据引用。

练习

如图 4-16 所示，在花灯组件中完成如下方程式的应用：

1）建立一个全局变量 Count，其值为花灯灯束的数量。

2）将花灯灯束圆周阵列的个数与全局变量 Count 进行关联。

3）建立“安装草图”中的方位尺寸“ang”与花灯灯束圆周阵列的个数尺寸的关系，使得花灯灯束在圆周方向上均匀分布。

4）在部件“花灯连接杆”中标注一个尺寸，并建立方程式，使得该尺寸的值等于连接杆的曲线总长。

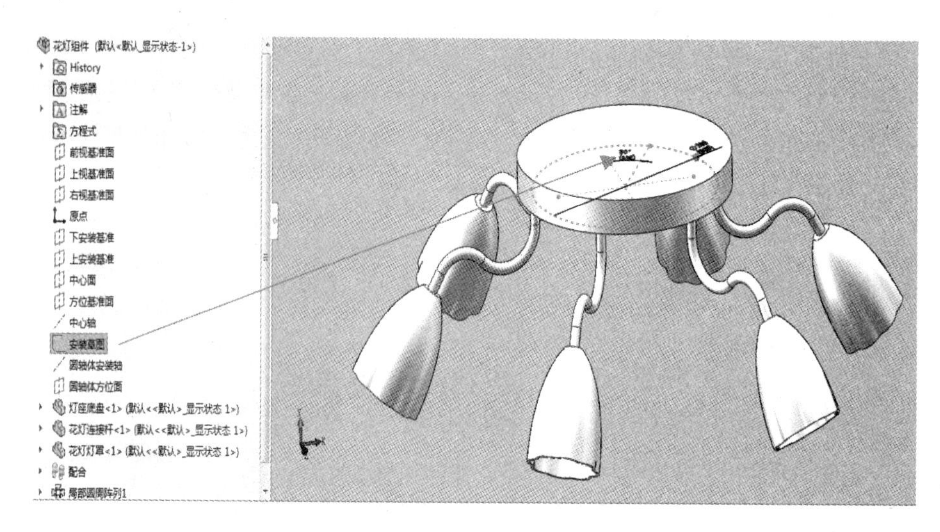

图 4-16　花灯组件中的方程式

第 5 章　配　　置

学习目标

1. 掌握添加配置的方法。
2. 掌握配置的数据管理。
3. 了解配置的特点及适用情况。

5.1　配置概述

如图 5-1 所示，储物盒可以不进行分割或进行二分、三分、四分等处理，如果每种状态的储物盒都分别建模，那么不仅产生重复的工作量，同时也将增加后期模型的维护成本。在 SOLIDWORKS 中提供了配置方案，可以理解为配置使得一个模型可以同时呈现不同的形态。图 5-1 中的四种储物盒可以通过配置建立在一个模型文件下。

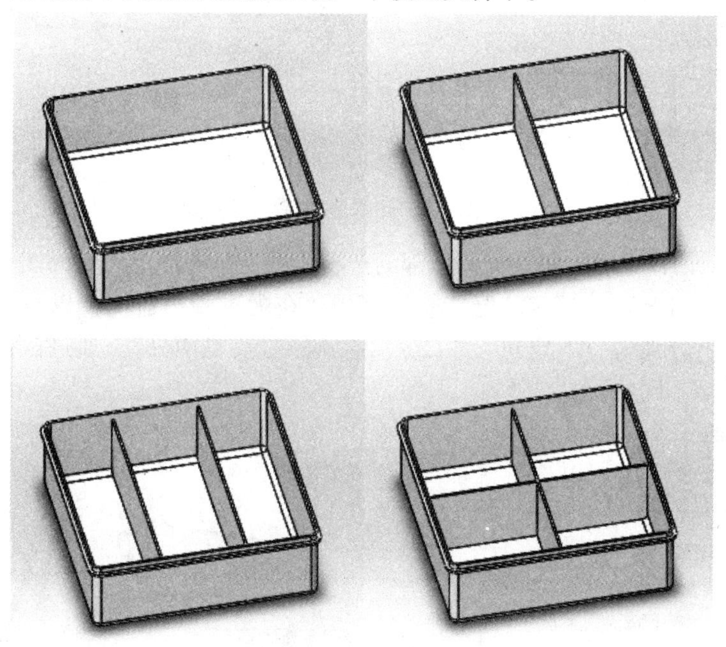

图 5-1　储物盒的四种形态

如图 5-2 所示，通过对储物盒模型的“二分板”“三分板”及“四分板”三个特征进行压缩与解压缩切换，即可实现图 5-1 中四种储物盒的形态。这里就可以通过建立不同的配置来保存储物盒的不同状态。

提示：

除了特征，在SOLIDWORKS中的方程式、草图几何关系、外部草图几何关系、草图尺寸、草图基准面等都可以通过配置进行压缩和解压缩。其中，尺寸数值还可以根据不同的配置设置不同的值。

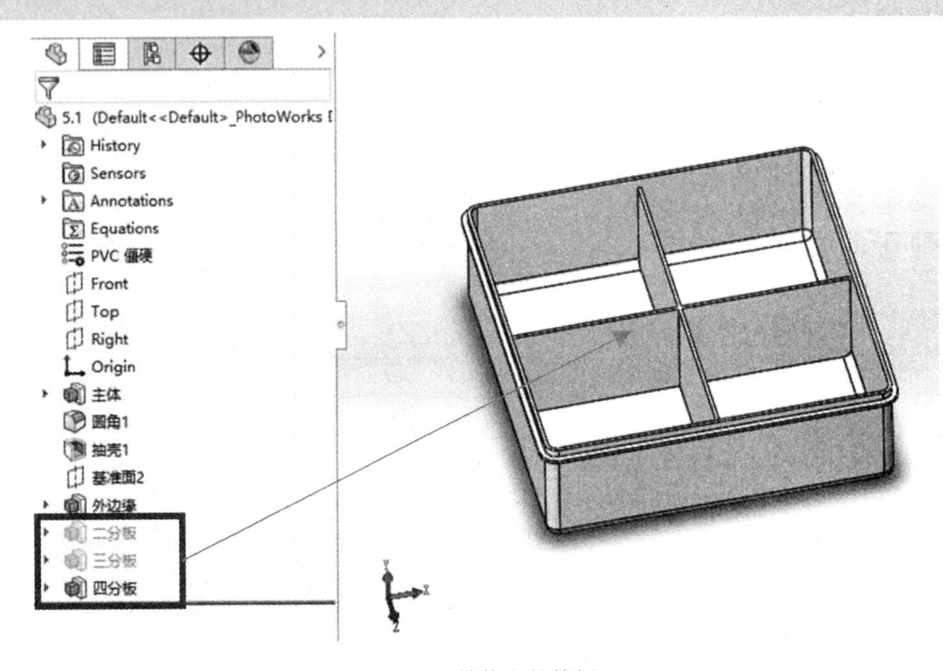

图5-2　储物盒的特征

如图5-3所示，在界面左侧特征树顶部的选项卡中，单击标记①处的图标即可切换到模型“5.1配置.SLDPRT”相应的配置管理器中。在配置管理器中可以看到，该模型存在四种配置，其名称分别为“不分割”“二分”“三分”及“四分”。通过鼠标双击不同的配置名称，即可激活不同的配置。

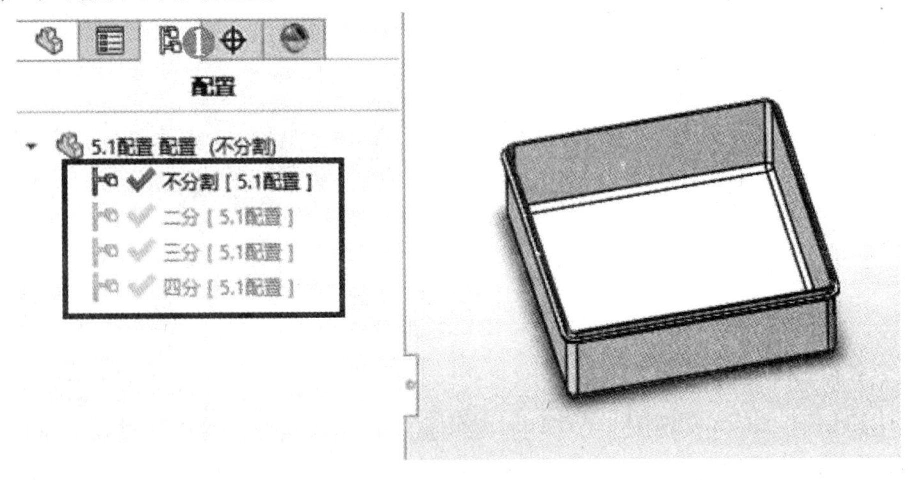

图5-3　特征管理器

5.2 配置的添加

如图5-4所示，添加一个新配置常规的方法为，单击【配置管理器】，在顶层标题“5.2 配置”处右键单击，在弹出的快捷菜单中单击【添加配置...】，即会从【配置管理器】界面切换至【添加配置】的设置界面，在设置界面中给新增的配置进行命名（此处命名为“二分”）。此外，在该界面还可对该配置的材料明细表、颜色等内容进行设置，设置完毕后单击标记⑥处的✓，即可完成名称为“二分”的新配置。通过相同的方式，可以继续添加更多的方式。

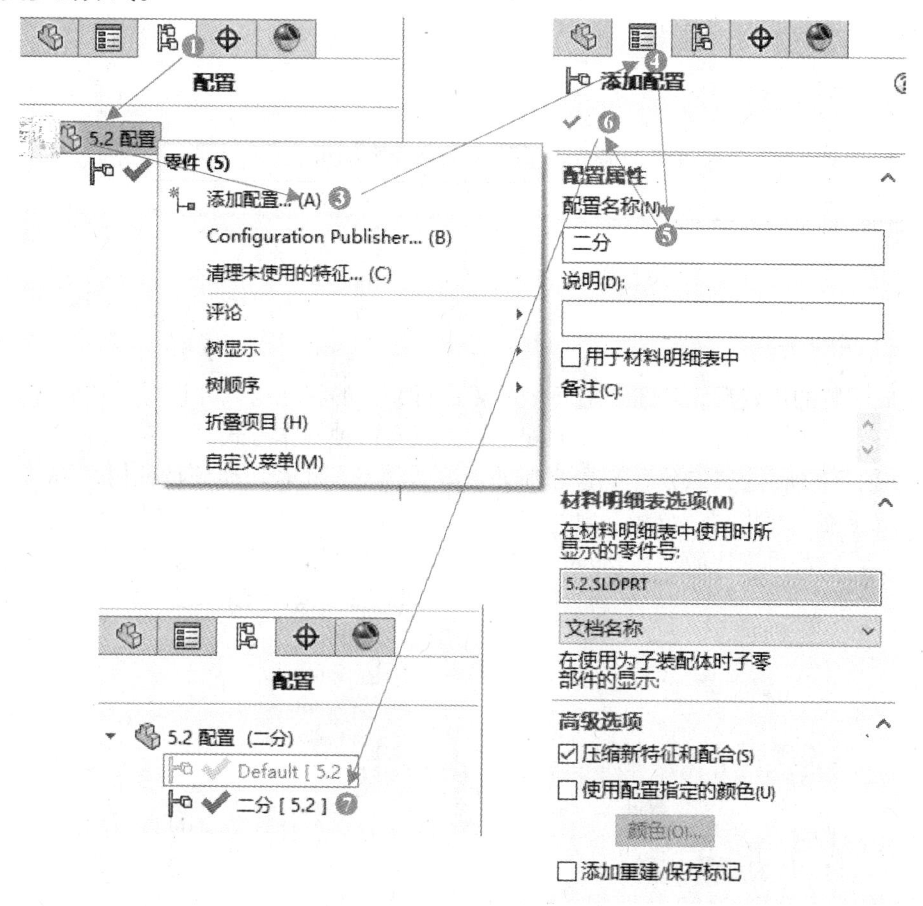

图5-4 添加配置的常规方法

每个模型在没有添加任何配置的情况下，都存在一个默认配置。若对配置的设置无特殊要求，仅仅是配置的名称不同，则可以通过图5-5所示的“复制配置”方式快速添加。图5-5中，“Default”配置为模型自带的默认配置，此时可以用鼠标选中“Default”配置，通过键盘组合键【Ctrl+C】复制该配置，连续使用【Ctrl+V】键复制出需要的新配置数量，如图5-5中的“Copy of Default”“Copy（2）of Default”及“Copy（3）of Default”三个配置，最后分别使用鼠标为新建的三个配置重新命名，将其命名为需要的配置名称，即可快速生成多个配置。

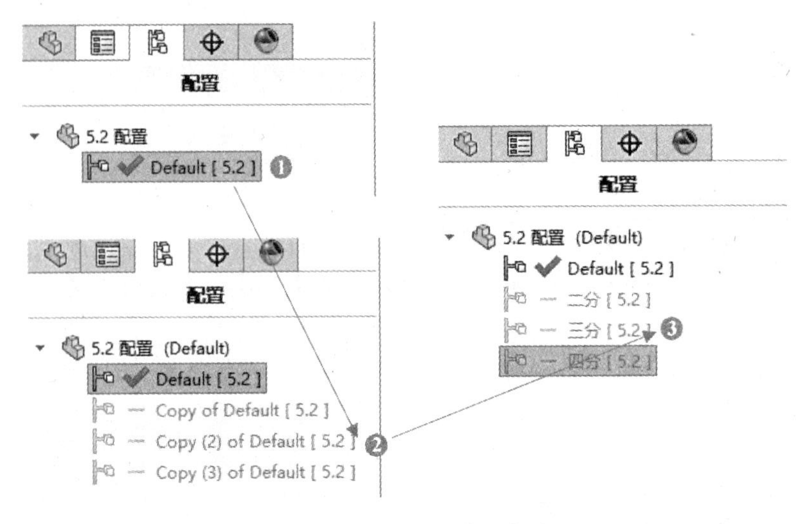

图 5-5　添加配置的快速方法

5.3　配置数据的管理

5.3.1　特征的配置

在完成配置的创建后，就需要对每个配置进行相关的特征与尺寸设置，从而达到不同的配置显示模型的不同状态。对于特征的配置，一般有两种操作方式。

1）如图 5-6 所示，“二分”配置当前处于激活状态，此时切换到特征树，将“二分板”特征进行解压缩，并将“三分板”和“四分板”特征进行压缩，即完成了“二分”配置下模型的形态设置。再依次激活“Default”“三分”及“四分”配置，按照相似的方式设置相

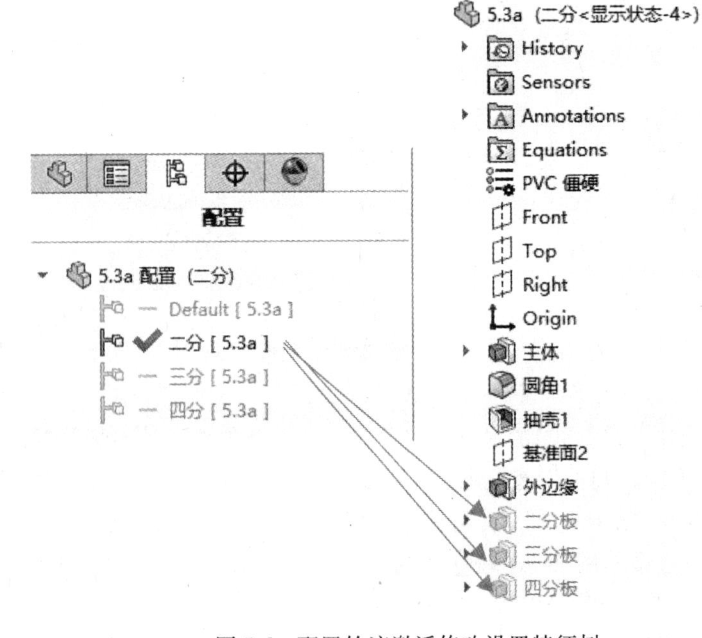

图 5-6　配置轮流激活修改设置特征树

关特征的压缩与解压缩状态即可完成配置。

提示：

在制作配置之前的建模过程中，需要注意本书第 2 章 2.2.1 中的特征父子关系，避免因父子关系导致配置无法实现需要的模型形态。

2）如图 5-7 所示，也可直接右键单击特征树中的“二分板”特征，在弹出的快捷菜单中单击【配置特征】选项将会弹出【修改配置】对话框，该对话框用于设置“二分板”特征在不同配置情况下的压缩与解压缩状态，此处除了“二分”配置行不勾选，其他配置行需勾选，单击【确认】按钮后，即可实现“二分板”特征仅在“二分”配置情况下才处于解压缩状态。通过相同的方式再分别设置特征“三分板”和“四分板”，即可完成所有的配置设置。

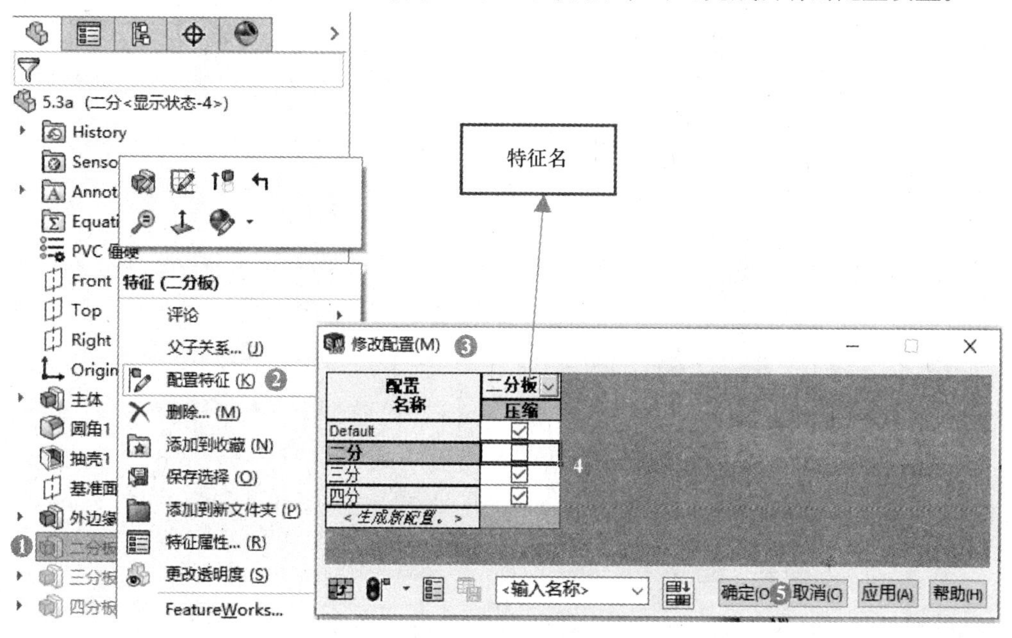

图 5-7　修改配置列方法

5.3.2　实例分析：尺寸的配置

如图 5-8 所示，通过尺寸的配置还能实现储物盒的不同形状尺寸。

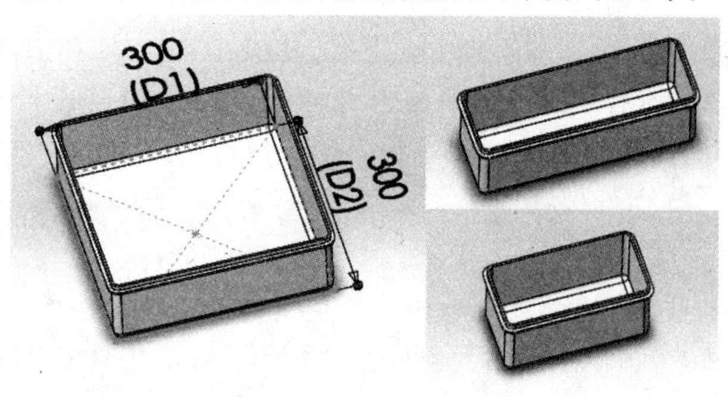

图 5-8　配置尺寸的效果

如图 5-9 所示，右键单击需要进行配置的尺寸 D2，在弹出的快捷菜单中单击【配置尺寸】，系统将会弹出【修改配置】对话框。在该对话框中依次设置 D2 尺寸在不同配置行中的尺寸数值，设置完毕后单击【确定】按钮，即可完成尺寸 D2 的配置设置，实现在“300×300”的配置中 D2 尺寸值等于“300”，而在“300×100”与“200×100”的配置中 D2 尺寸值等于“100”的效果。

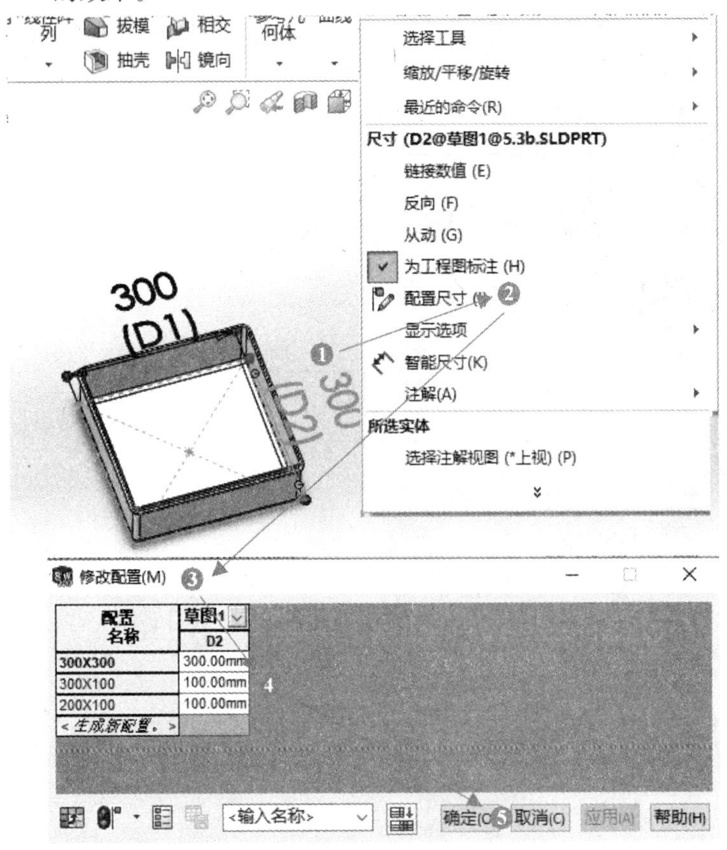

图 5-9　配置尺寸的步骤

在 SOLIDWORKS 中，配置材料也可以使用类似配置尺寸的方式进行操作。该方式比较清晰，用户在修改配置时，可以清晰地看到其他配置的数据。

5.3.3　设计表简介

除了前面所介绍配置的添加与管理方式之外，SOLIDWORKS 还提供了“设计表”的方式管理配置。如图 5-10 所示，执行菜单命令【插入】/【表格】/【设计表】，即会弹出内置 EXCEL 的表格，对不同配置下的特征、尺寸等元素进行设置。

提示：

用设计表管理配置数据的模式适合简单且使用范围较小的情况。若需建立企业模型库，并且模型的使用范围比较广，且变更修改比较多，则不建议采用设计表的方式进行配置的管理。由于系统内置了 EXCEL 表格，因而维护模型时并不方便。

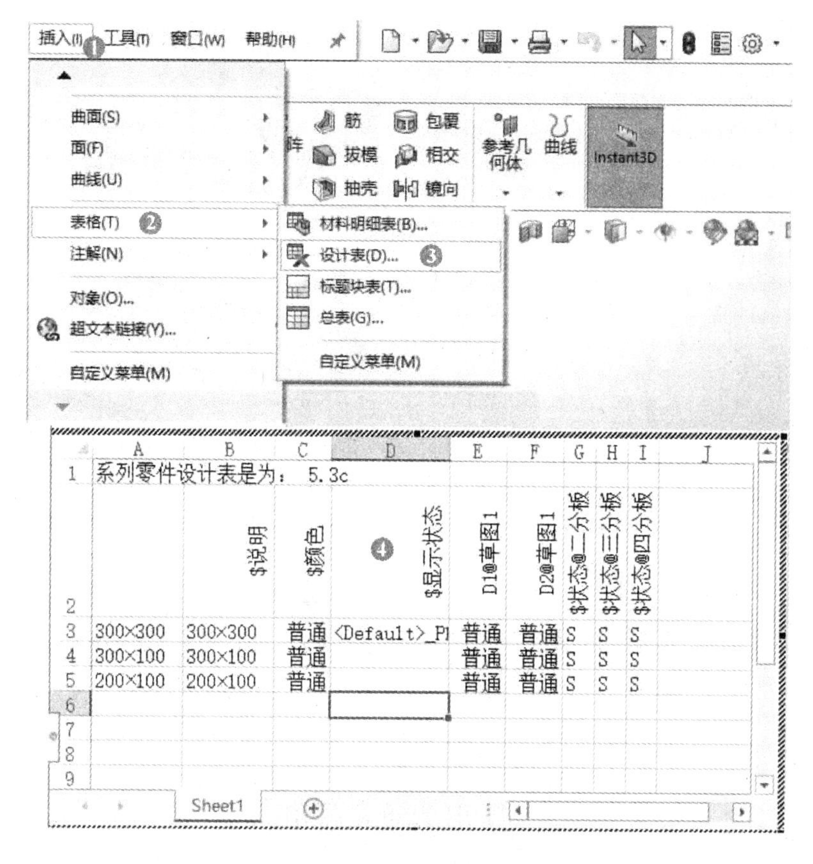

图 5-10 设计表管理配置

配置的添加与管理

5.4 实例分析：装配体中配置的使用

配置不仅存在于零部件中，也同样存在于装配体中。其中，装配体中的配置可以关联需要的部件配置以及装配尺寸。

如图 5-11 所示，储物盒装配体与其两个部件（盒体与盒盖）分别都存在三种配置“300×300”“300×100”及“200×100”。装配体的配置在这里可以理解为，储物盒装配体的配置与两个部件各自配置的对应关系。

如图 5-12 所示，在装配体中建立完需要的配置后，在特征树中右键单击需要关联配置的部件“5.4 盒体”，在弹出的快捷菜单中单击【配置零部件】，即会弹出【修改配置】对话框，在【配置】列下拉框中选择与当前单元格所在行的装配体配置关联的部件配置，设置完毕后单击【确定】按钮即可完成部件“5.4 盒体”与装配体配置的关联关系。使用相同的方法再对部件“5.4 盒盖”进行相似的配置操作即可。

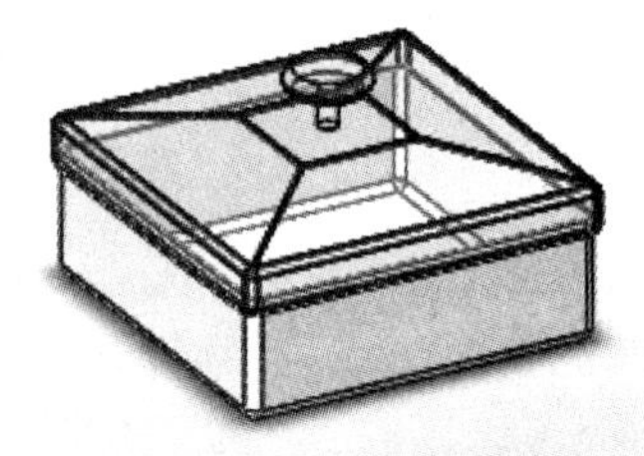

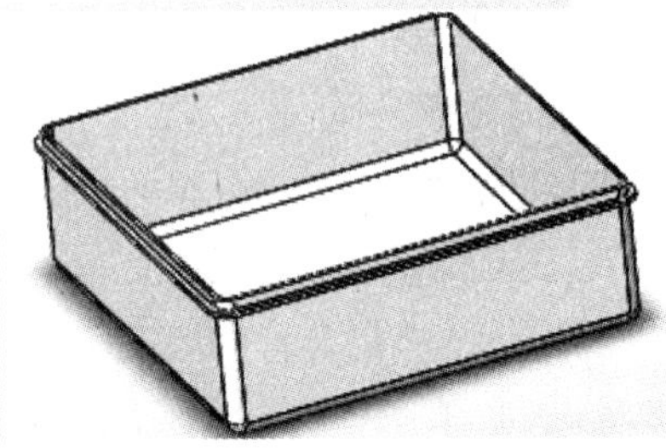

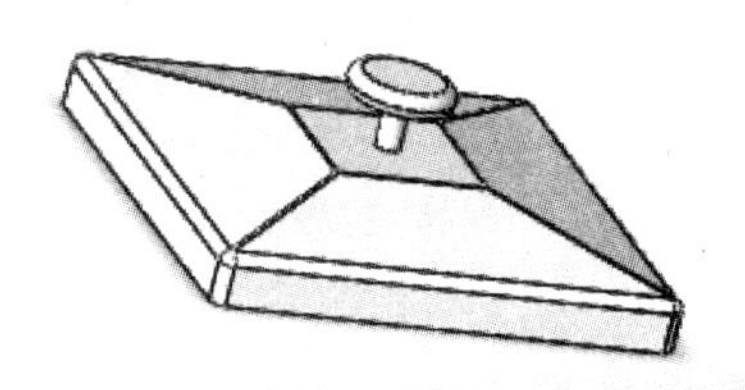

图 5-11　多配置装配体

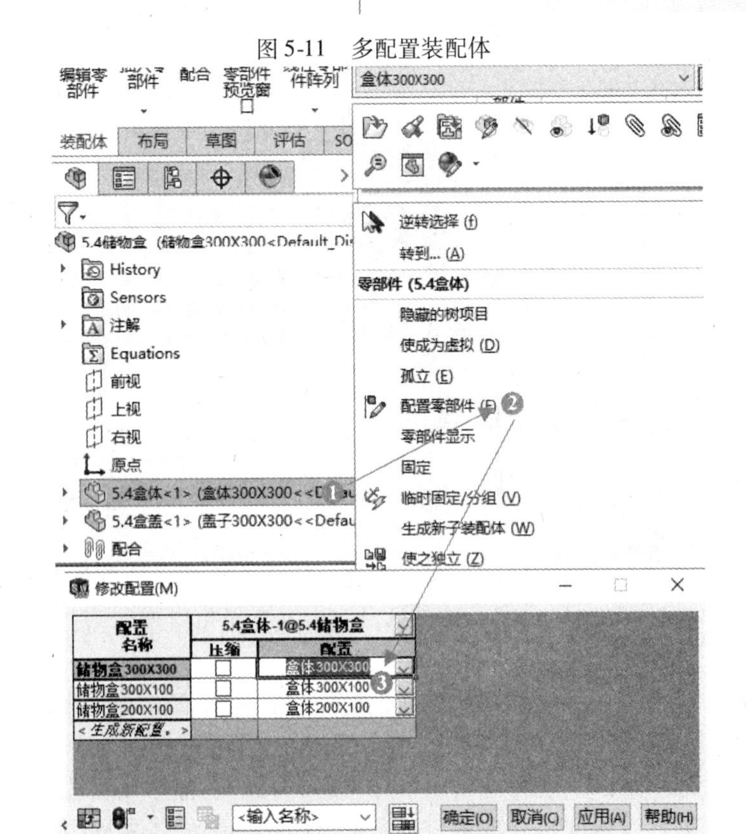

图 5-12　配置零部件

装配体中配合关系的尺寸也能进行配置，其操作方法同本章5.3.2尺寸的配置。

5.5　配置的特点与其他用途

当装配体中激活一个配置时，SOLIDWORKS中寻找下层配置的方式与打开装配体时按照参考引用寻找部件的方式相似。如图5-13所示，当激活装配体的配置A时，SOLIDWORKS将首先搜索配置A中保存的信息，包括该配置中各个部件使用的配置情况，以及此时装配体特征树中各特征的状态与尺寸值。在找到各部件所使用的配置情况后，再通过各部件的相应配置所保存的信息获得每个部件特征树中各元素的状态及尺寸值。通过所有这些特征树中元素的状态及尺寸值展现装配体配置A情况下的形态。

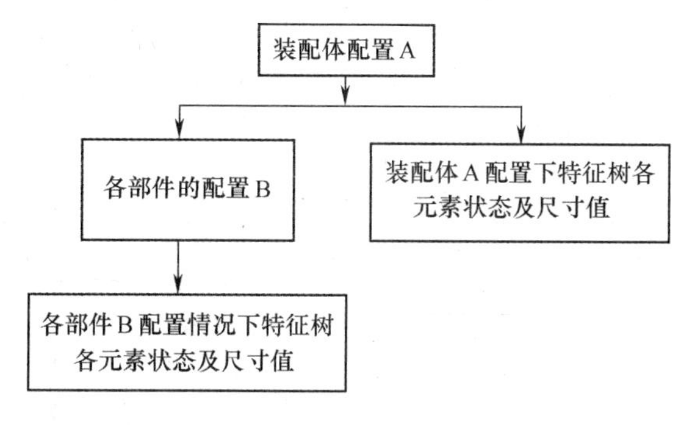

图5-13　配置显示过程

从上述过程可以看到，每个配置会存储相关特征树元素数据及尺寸数据。对于复杂的部件，每个配置所存储的信息相对比较多，随着配置的增多，整个模型文件存储的大小也会变大。如图5-14所示，一块简单的矩形板与一块含有20个配置尺寸的矩形板，可以看到仅仅对矩形板的长与宽进行了配置，但文件大小已经是无配置的矩形板的10倍。因而在建立模型库时，需要考虑这一点，否则在复杂的装配体中，庞大的配置模型将会降低用户操作速度上的体验度。

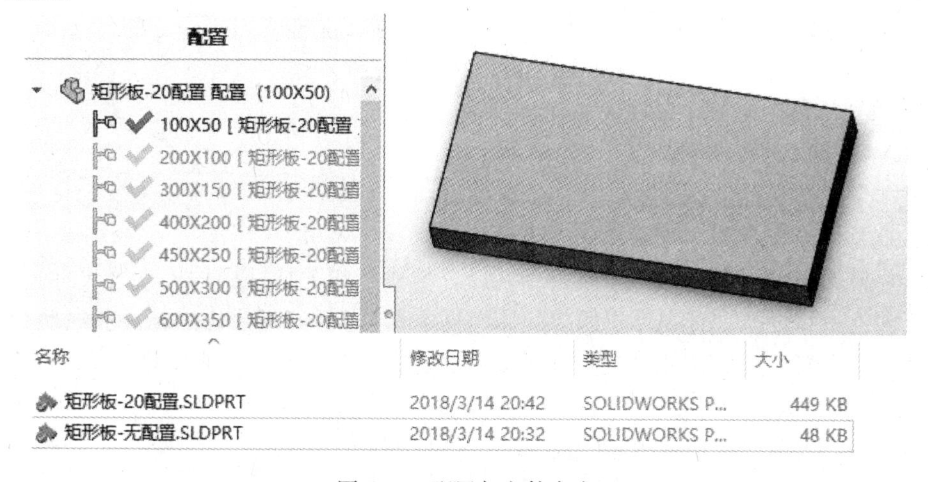

图5-14　配置与文件大小

提示：

配置与文件大小的关系在早期的SOLIDWORKS版本中尤为突出，随着近几年SOLIDWORKS版本的优化升级，已经改善不少。但是对于复杂的产品，使用配置方式前需要综合衡量配置与文件大小的关系。

对于简单的产品，使用配置可以有效地减少建模工作量，并且可以快速地得到需要的产品模型。而对于复杂多变的产品，需要先考虑配置带来的文件大小问题，若不采用配置方式，也可以采用“方程式”控制特征树元素状态及尺寸值的变化，或者可以采用“数据库+二次开发”的形式自动修改模型，从而实现快速地生成需要的产品模型。

如图5-15所示，如果尝试在激活配置“300×300”的情况下将特征“二分板”删除，就会发现激活任何一个配置时，都不会再存在“二分板”特征。所以配置也可以理解为是控制一组特征树元素及尺寸的状态的工具。

图5-15 配置与特征

配置除了能够实现模型不同状态的快速切换，也常常被应用于如下场景：

1）真实模型与需要使用有限元分析的简化模型之间的切换。

2）由于模型表面的复杂程度也会影响模型的大小，因而在复杂装配体中，可以将其部件中不需要重点表达的特征压缩，形成一组配置，以提高在装配中操作的效率。

5.6 本章总结

通过本章的学习，建立配置的基本步骤如下：

（1）在所有装配体及零部件中新建需要的配置，见本章5.2节。

（2）从底层部件开始，对每个部件的每个配置进行相关特征树的元素及尺寸进行配置，按照层级向上进行设置，直到顶层的装配体，见本章5.3及5.4节。

此外，对于复杂产品，需要先衡量配置带来的文件大小与系统消耗的情况，再决定产品建模的方案。

练习

如图5-16所示，有一个汤锅组件，将其制作为两个配置，其配置名分别为A型与B型。其中，从上视图观察汤锅组件，A型把手的角度为10°，而B型把手的角度为80°，此外A型的锅盖组件中存在透气孔，并且玻璃盖上进行了开孔，而B型的锅盖组件不存在透气孔，且玻璃盖上没有进行开孔。

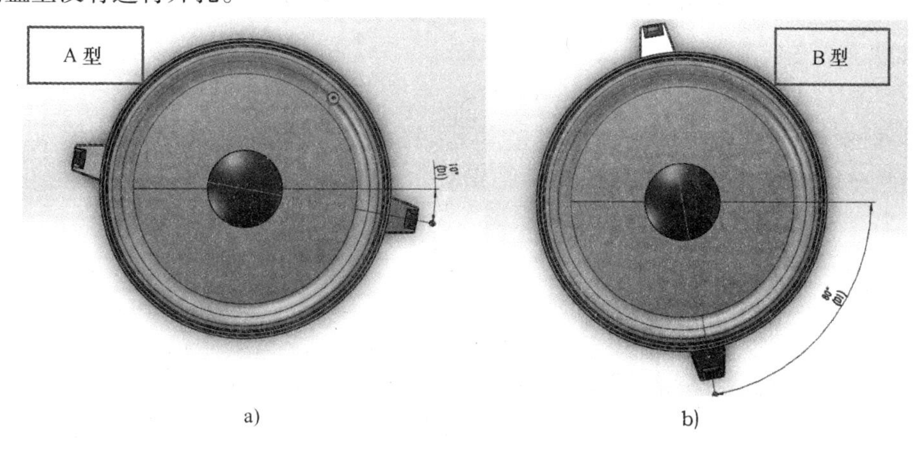

图5-16 汤锅配置效果图

第 6 章　文 件 属 性

学习目标

1. 了解文件属性的作用。
2. 掌握文件属性关联模型数据。

文件属性在 SOLIDWORKS 中具有链接模型与图纸数据传递的作用，同时也增加了模型文件的信息维度。本章将具体讲解 SOLIDWORKS 中的文件属性。

6.1　文件属性概述

如图 6-1 所示，仅仅能从图中看出是一个苹果，但事实上苹果还存在众多无法从外表看到的其他维度的信息，如“采摘日期”“产地”“价格”及“品种”等各类信息。

与苹果的信息维度相似，在 SOLIDWORKS 中无论是模型文件还是工程图文件，除了表达视觉能够看到的内容以外，还需要表达其他维度的信息。这里以模型为例，用户能够看到的是模型的结构形状、颜色等信息，但无法仅凭视觉知道模型的其他信息，如零件名称、具体材料信息和材料要求等信息。故 SOLIDWORKS 中的文件属性就提供了扩展文件信息维度的功能。

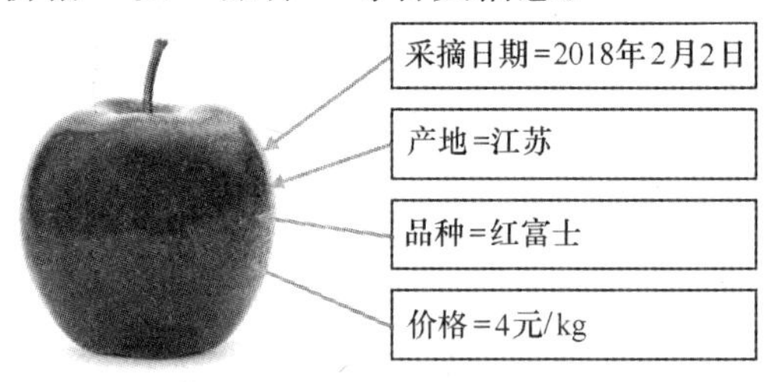

图 6-1　苹果的信息维度

如图 6-2 所示为一个接线板顶盒的模型，通过 SOLIDWORKS 的文件属性给该模型增加了名称、材料、单重、类型、供应商及设计 6 个维度的信息。

	属性名称	类型	数值 / 文字表达	评估的值
1	名称	文字	顶盒 "L@SketchRec@PlugTopBox.SL	顶盒 200X70
2	材料	文字	"SW-Material@PlugTopBox.SLDPRT"	ABS
3	单重	文字	"SW-Mass@PlugTopBox.SLDPRT"	0.04
4	类型	文字	上壳	上壳
5	供应商	文字	机械	机械
6	设计	文字	陈永康	陈永康
7	<键入新属性>			

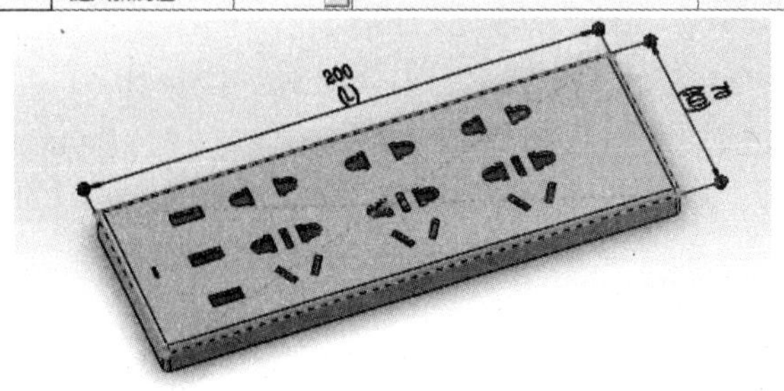

图 6-2　模型的属性

在现实生产中，若在模型的制作过程中出现了问题，可以通过该模型的文件属性“设计”找到相应的联系人。

在 SOLIDWORKS 中，文件属性几乎可以无限制添加，也就是说一个模型可以通过属性的添加拥有设计、工艺、制造等方面的信息，从而实现更多的企业业务扩展应用。

6.2　文件属性的添加

如图 6-3 所示，用鼠标左键单击菜单【文件】/【属性】，即可弹出【摘要信息】对话框，在该对话框中有 3 个选项卡，分别为【摘要】【自定义】以及【配置特定】。其中，常规用来扩充模型信息的选项卡为【自定义】与【配置特定】。图 6-3 中在【自定义】选项卡的最后一行，用户可以输入新属性，并设定该属性的类型及表达式，可以一次添加多个属性，每个属性占用一行，当所有属性添加完毕后，单击对话框中的【确定】按钮即可完成模型信息的扩充。

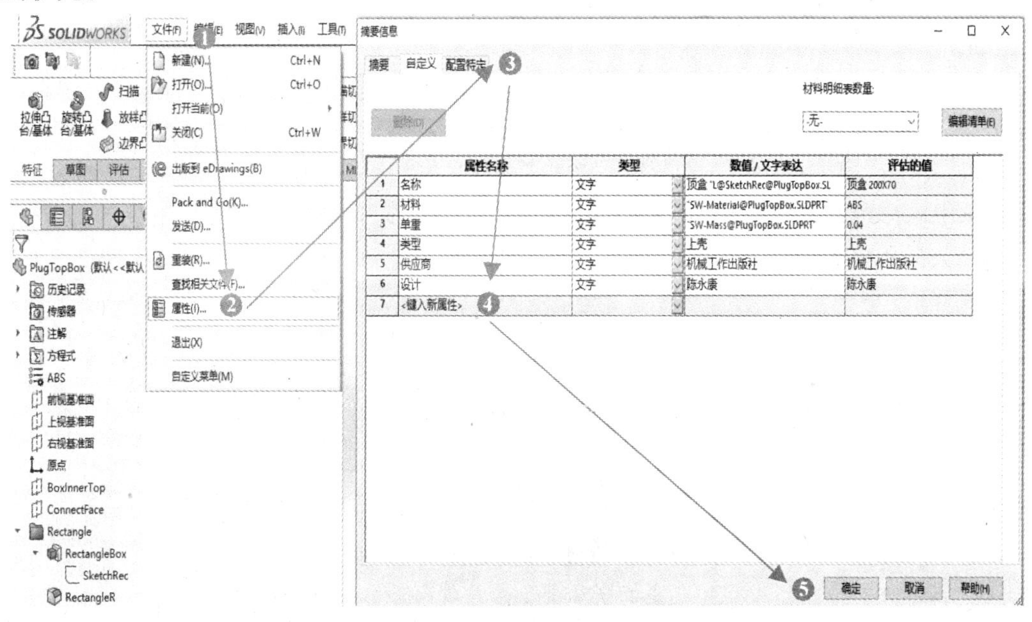

图 6-3　添加文件属性

提示：

【自定义】与【配置特定】选项卡都能添加属性，不同的是前者与模型配置无关，后者与模型配置有关。所以在添加属性时，若属性值在所有配置的情况下都相同，则将该属性添加至【自定义】选项卡，否则需要将该属性添加至【配置特定】选项卡。

6.3　实例分析：属性表的结构与使用

如图 6-4 所示，属性表中含有四列，分别为【属性名称】【类型】【数值/文字表达】以及【评估的值】。其中，【类型】列可以是文字、数字、日期和布尔中的一类；【评估的值】列用于体现相应属性的最终值，为只读列。

在这些列中，用户最常使用的列为【数值/文字表达】，合理巧妙地使用该列，能在设计文件制作过程中节省大量的工作与降低出错的风险。在该列中，用户可以输入定值、公式、SOLIDWORKS 内置参数等表达式，从而使得属性的值与模型中的尺寸等信息实现实时联动。

	属性名称	类型	数值 / 文字表达	评估的值
1	名称	文字	顶盒 "L@SketchRec@PlugTopBox.SL	顶盒 200X70
2	材料	文字	"SW-Material@PlugTopBox.SLDPRT"	ABS
3	单重	文字	"SW-Mass@PlugTopBox.SLDPRT"	0.04
4	类型	文字	上壳	上壳
5	供应商	文字	机械	机械
6	设计	文字	陈永康	陈永康
7	<键入新属性>			

图 6-4　属性表的结构

如图 6-5 所示，接线板顶盒模型中有描述盒子长宽的尺寸，名称分别为“L@ SketchRec”与“KD@ SketchRec”，在填写“名称”属性的【数值/文字表达】单元格时，用户可以在输入“顶盒 ”后，用鼠标先选中模型中的尺寸“L@ SketchRec”，再输入“X”，最后再选中模型中的尺寸“KD@ SketchRec”，完成表达式的书写。此时，相应的【评估的值】列就会显示该表达式的最终结果“顶盒 200 ×70”。

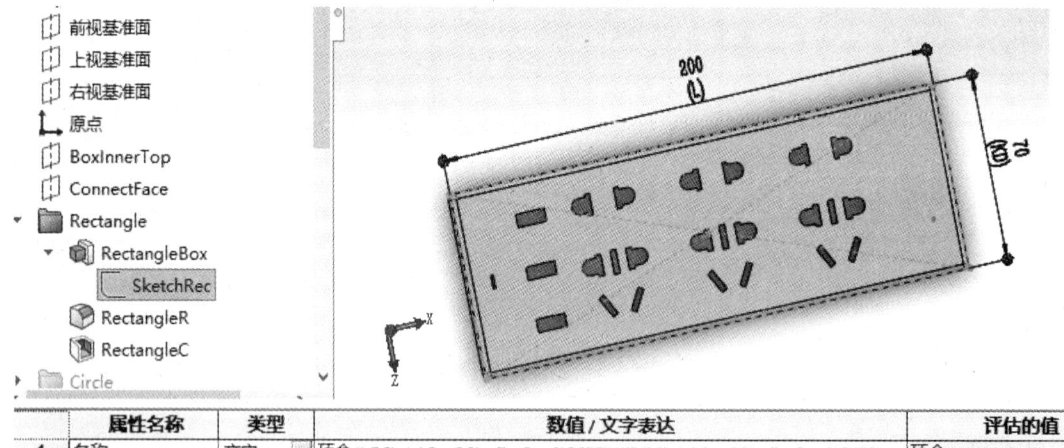

	属性名称	类型	数值 / 文字表达	评估的值
1	名称	文字	顶盒 "L@SketchRec@PlugTopBox.SLDPRT"X"KD@SketchRec@PlugTopBox.SLDPRT"	顶盒 200X70

图 6-5　属性值与模型尺寸关联

提示：

有时在填写属性与模型尺寸关联的表达式时，无法用鼠标直接选中需要的尺寸，此时也可以通过输入完整的尺寸名称来实现属性与模型尺寸的联动。

这里使用的完整的尺寸名称需要写在一对英文的双引号之间，格式为：当前文件中的尺寸名称+“@”+当前文件名称（含文件后缀名），如图6-5中的“L@ SketchRec@ PlugTopBox. SLDPRT”。其中，L @ SketchRec为当前模型中的尺寸名称，PlugTopBox. SLDPRT即为当前模型的名称。

此外，SOLIDWORKS也支持添加模型中的全局变量，若模型中存在全局变量H，则在属性中的表达式为“H@ PlugTopBox. SLDPRT”。

通过属性与模型尺寸的关联，以及本书后面工程图中明细栏、注解等关联相关属性，可以实现模型设计过程中，用户仅需将模型尺寸修改到位，无须再关注被关联的模型属性及相关工程图信息。这样在减少修改工作量的同时，也降低了修改过程中遗漏修改的风险。故建模过程中尽量用属性实现与模型尺寸的关联。

如图6-6所示，在【数值/文字表达】列中，用户还可以添加SOLIDWORKS内置的变量，单击单元格后，SOLIDWORKS会在下拉列表中给出这些变量供用户直接选择。如图6-6中的材料、质量、密度等，这些数据采用表达式后，用户也无须再关心这些属性了，它们的值会自动与模型关联。

	属性名称	类型	数值/文字表达	评估的值
1	名称	文字	顶盒 "L@SketchRec@PlugTopBox.SL	顶盒 200X70
2	材料	文字	"SW-Material@PlugTopBox.SLDPRT"	ABS
3	单重	文字	"SW-Mass@PlugTopBox.SLDPRT"	0.04
4	类型	文字	H	上壳
5	供应商	文字	Tn	机械
6	设计	文字	材料	陈永康
7	<键入新属性>			

H
Tn
材料
质量
密度
体积
表面积
成本 - 总成本
成本 - 材料成本
成本 - 制造成本
成本 - 材料名称
成本 - 模板名称
成本 - 库存类型
成本 - 库存大小

图6-6 属性关联SOLIDWORKS内置变量

如图6-7所示为接线板组合件在工程图中的明细表。该明细表中的内容与每个部件的相关属性关联，而模型属性又被链接至模型的尺寸中，从而实现修改模型时，SOLIDWORKS自动更新属性与工程图明细。

件号	图号	名称	材料	数量	单重	总重	备注
8		USB接口组件	组合件	3	0.01	0.03	
7		两眼插孔组件	组合件	3	0.01	0.03	
6		五眼插孔组件	组合件	3	0.02	0.06	
5		指示灯	ABS	1	0.00	0	
4		插头组件	组合件	1	0.05	0.05	
3		电缆	铜	1	0.01	0.01	
2		顶盒 200X70	ABS	1	0.04	0.04	
1		底盒	ABS	1	0.04	0.04	

图6-7 工程图明细表链接模型属性

从这里还可以看出，属性的作用不仅可以扩充文件的信息维度，在 SOLIDWORKS 中还能起到“承上启下”的作用，将模型与图纸的信息串联在一起，从而保证信息的一致性。

6.4 实例分析：配置属性的添加

如图 6-8 所示，接线板底盒存在两种配置，分别为矩形配置与圆形配置。现在需要在模型属性中添加一个属性“规格”，值为“底盒 200×70”或“底盒 ϕ160”，并且可以实现该属性值能与模型状态及尺寸变化实时更新。

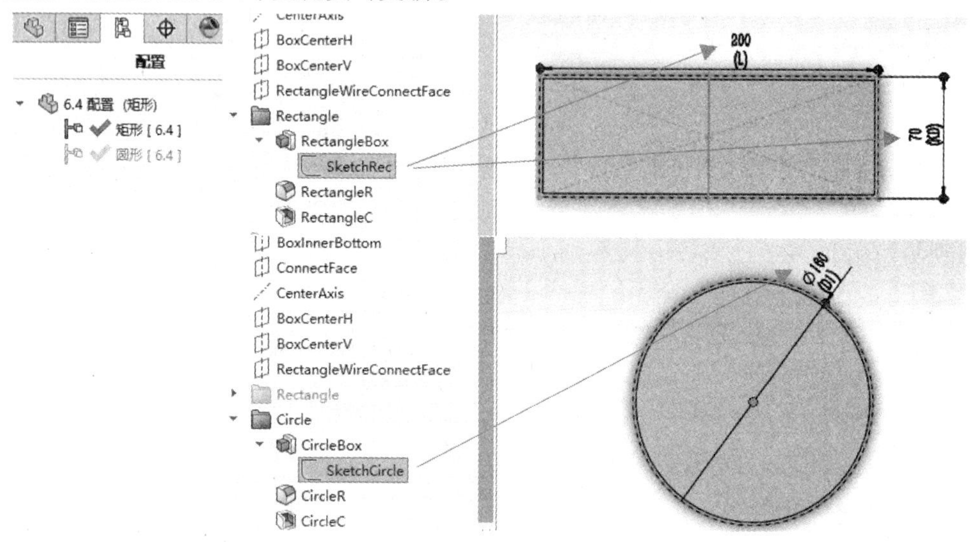

图 6-8 接线板底盒的配置

由于该文件属性的值在两种配置下的写法格式不同，并且需要与相关尺寸关联，因而应该将“规格”属性添加到【配置特定】选项卡中。

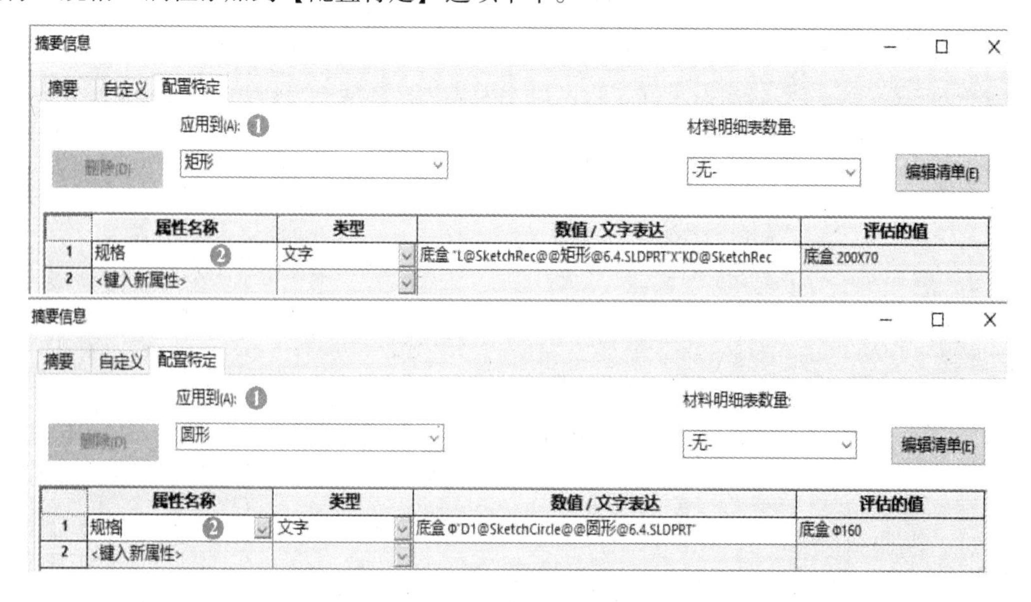

图 6-9 添加配置属性

如图 6-9 所示，打开【摘要信息】对话框后，单击【配置特定】选项卡，在标记①处【应用到】的下拉列表中任选一个配置“矩形”，然后在【属性名称】列中添加属性名“规格”，【数值/文字表达】列为“底盒“L@ SketchRec@ @ 矩形@ 6. 4. SLDPRT” X “KD@ SketchRec@ 6. 4. SLDPRT””。设置完毕后，再次单击标记①处【应用到】的下拉列表选择另一个配置“圆形”，并在【属性名称】列中再添加“规格”属性，【数值/文字表达】列为“底盒 Φ“D1@ SketchCircle@ @ 圆形@ 6. 4. SLDPRT””。至此，即完成了“规格”属性的添加，并能保持属性值随着模型的状态实时更新。

属性综合讲解

6.5　文件名称清单

在日常的产品设计中，一般都会存在一些常用的属性，如果每次都要在【属性名称】列中输入属性名称，也会比较浪费时间。如图 6-10 所示，若每次可以在【属性名称】列的单元格下拉框中直接选择需要的属性名称，就能避免每次输入。

用户可以通过在【摘要信息】/【自定义】选项卡中单击【编辑清单】按钮，系统将弹出【编辑自定义属性清单】对话框，在标记④处的文本框中输入一个常用的属性名称后单击【添加】按钮，该属性名称就会被添加到【属性名称】列的单元格下拉选项中。

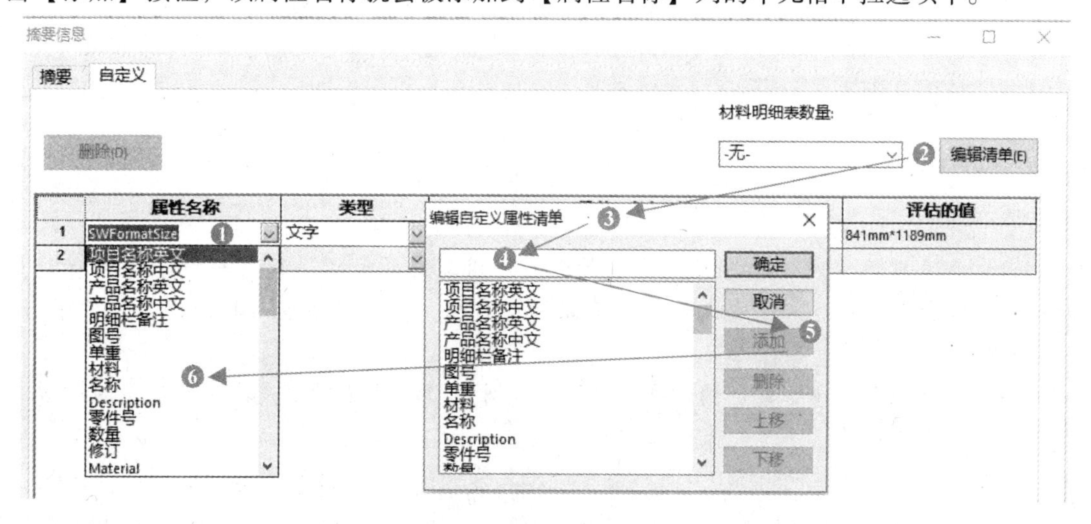

图 6-10　属性名称清单

这种添加常用属性清单的方式虽然能减少每次属性输入的工作量，但由于人为输入还是可能存在输入错误的风险，故该方法仅适用于个人。

如图 6-11 所示，以 SOLIDWORKS 2017 为例，该文件清单被 SOLIDWORKS 以文本形式保存在 C:\ProgramData\SOLIDWORKS\SOLIDWORKS 2017\lang\Chinese-Simplified\properties. txt 文件中。打开 properties. txt 文件，可以发现文件中每行都是一个属性名称。因而在企业中可以统一编辑该文件，并将该文件发布到用户的相应配置路径下，这样每个用户也不再需要编辑属性清单添加属性名称了，同时也避免了不同人员操作带来的不一致性。

此电脑 › 本地磁盘 (C:) › ProgramData › SOLIDWORKS › SOLIDWORKS 2017 › lang › Chinese-Simplified

名称	修改日期	类型	大小
Costing templates			
sheetformat			
weldments			
xmlschema			
gtol.sym			
properties.txt			

properties.txt - 记事本

文件(F) 编辑(E) 格式(O) 查看(V) 帮助(H)

项目名称英文
项目名称中文
产品名称英文
产品名称中文
明细栏备注
图号
单重
材料
名称
Description
零件号
数量
修订
Material
Weight

图 6-11　属性清单配置文件

6.6　本章总结

SOLIDWORKS 的零部件、装配体及工程图都存在文件属性。文件属性一方面扩展了文件的信息维度，增加了文件的可利用范围，另一方面也起到了“承上启下”的关键作用，是连接模型与工程图信息关联的重要桥梁之一。属性在工程图中的应用将会在第 7 章详细展开。

提示：

（1）用户在填写文件属性时，应尽量不要使用写死的方式，能够与模型数据有关，就尽可能使属性值采用“表达式”方式关联模型数据，这样能减少后期修改的工作量与降低出错率。

（2）属性虽然能增加文件的信息维度，但属性过多，将导致用户输入工作量的增多。故可以利用一些自动化方案代替人工输入。

若资源有限，可以使用 SOLIDWORKS 的宏工具，利用 SOLIDWORKS 提供的 API 工具编写一些自动写属性的小程序。

若有自动建模的二次开发能力，则可将属性添加的事务编写到自动建模过程中。这样用户就无需将大量的工作投入在属性输入操作中。

练习

如图6-12所示为一汤锅组件，现在需要对其每个部件都添加“名称”“材料”“重量”属性，具体要求如下：

1）“材料”属性，需要关联模型中的材料特征。

2）“重量”属性，其值由SOLIDWORKS自动计算。

3）汤锅本体模型的“名称”属性，需要表达汤锅的外径、总高及壁厚规格，并且当模型尺寸发生变化后，该属性的值会自动更新，无须人为干预。

4）锅盖上玻璃部件的“名称”属性，应表达玻璃的厚度，并与模型尺寸关联。

图6-12 汤锅组件

第 7 章　工　程　图

学习目标

1. 掌握工程图的基本操作方法。
2. 掌握工程图与模型数据关联的方法。
3. 了解工程图各类模板的制作方法。

7.1　工程图概述

7.1.1　工程图界面

如图 7-1 所示，SOLIDWORKS 工程图中除了工具栏外，主要的部分可以分为 3 块：特征树（标记①）、绘图区（标记②）和图纸集（标记③）。

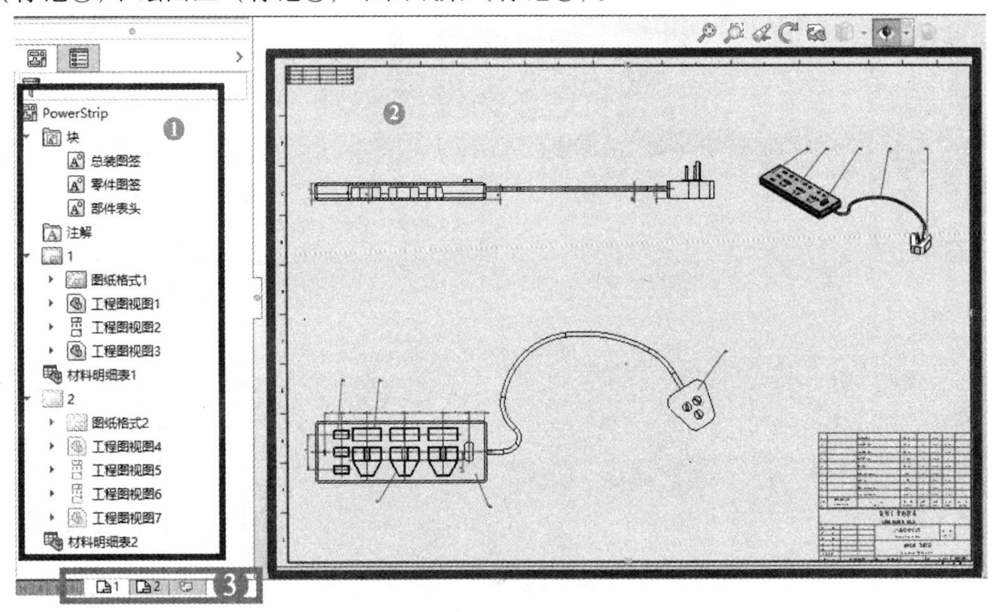

图 7-1　工程图界面

在特征树中，可以很清晰地看到工程图文件中块特征的使用情况以及每张图纸及图纸中视图的情况；绘图区是用户绘制图纸的主要交互空间；图纸集使得用户可以更加方便地切换图纸与新建图纸。

7.1.2　图纸层次

在绘图区，每张工程图又分为图纸区与图纸格式区。如图 7-2 所示，图纸区可以理解为桌子上玻璃上方的空间，一般视图、标注、注解和明细表等经常需要交互的元素会放置在图纸区，类似现实生活中桌子玻璃面上放置的碗碟、水果等。而图纸格式区一般放置图块、图签等不经常需要交互的元素，类似现实生活中桌子玻璃下方压着的照片、桌布等物品。因而用户在绘图区所看到的图形是这两个空间区域的叠加。

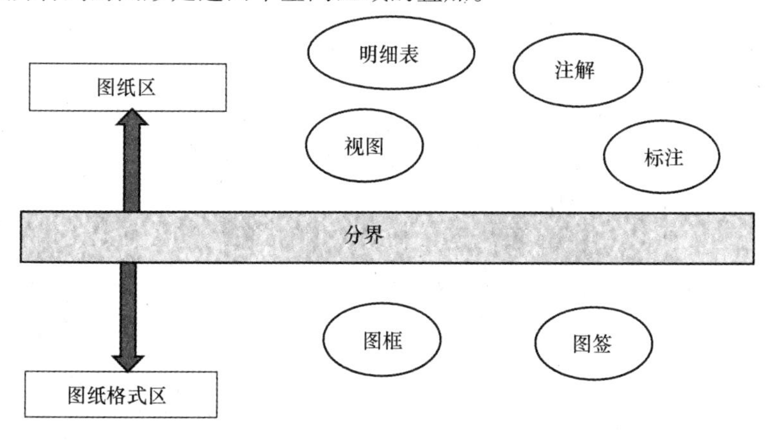

图 7-2 图纸区与图纸格式区

如图 7-3 所示，在图纸区的空白处单击鼠标右键，在弹出的快捷菜单中单击【编辑图纸格式】选项即可进入图纸格式区。在图纸格式区可以进行图框的修改和图签的替换，全部修改完成后，单击绘图区右上角的【退出】按钮，即可返回到图纸区。

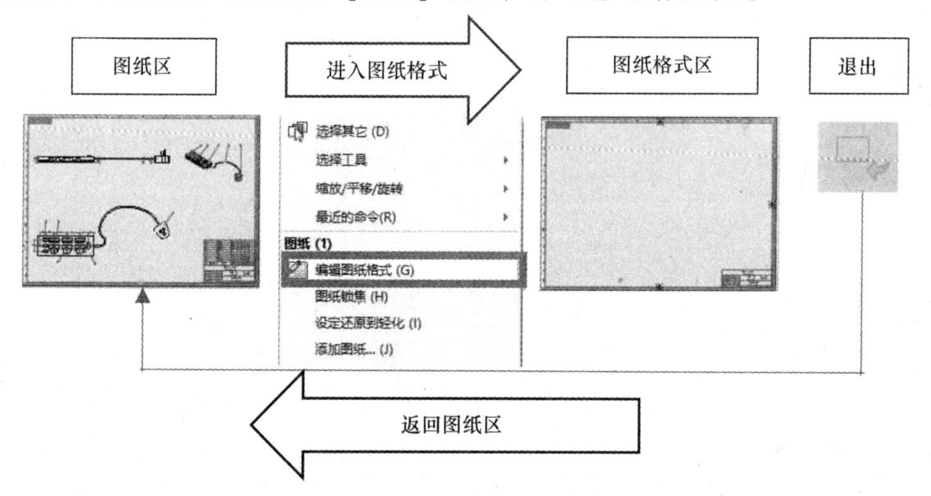

图 7-3 图纸区与图纸格式区的切换

工程图界面与层次

7.2 工程图纸

7.2.1 实例分析：新建工程图与图纸属性

如图7-4所示，在菜单中单击标记①处的【新建】图标，在弹出的【新建 SOLIDWORKS 文件】对话框中，用鼠标双击工程图模板【draw】，即可新建一个工程图文件。

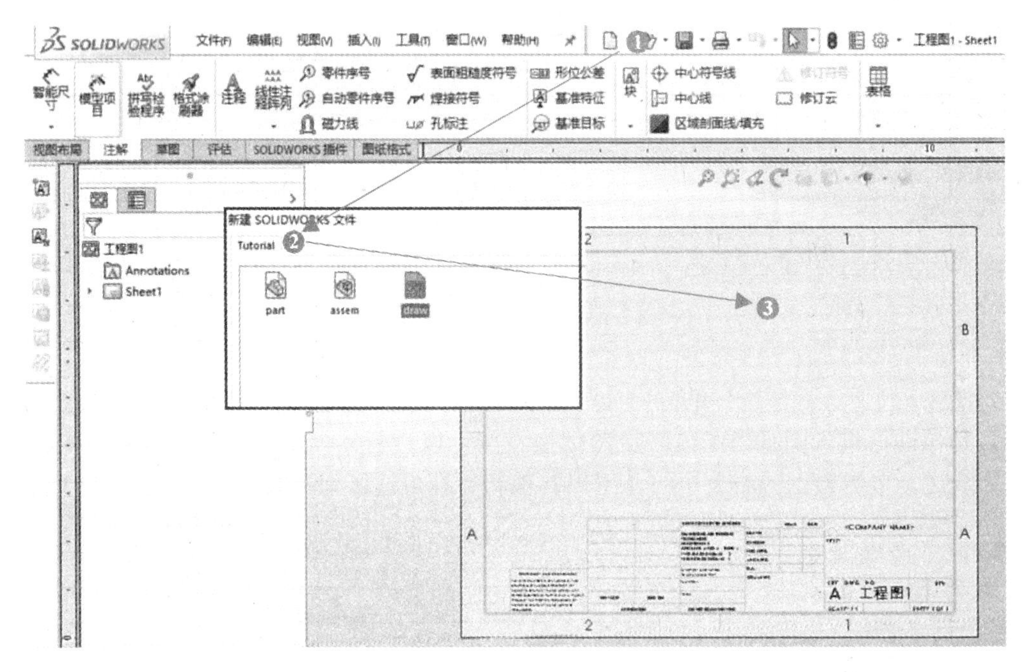

图7-4 新建工程图

每个企业都有自己的图纸格式，在新建工程图完成后，可以对图纸的属性进行修改。如图7-5所示，在图纸的空白区域右键单击，在弹出的快捷菜单中单击【属性】，即可弹出【图纸属性】对话框。在【图纸属性】选项卡中，单击【浏览】按钮，即可选择企业扩展名为“. slddrt”的图纸格式模板文件，确认无误后，即可单击【应用更改】按钮完成图纸格式的更改，即将图纸格式进行了替换。

提示：

在 SOLIDWORKS 中可以进行系统设置，将带有需要的图纸格式文件保存为工程图模板，这样即可在新建工程图时就创建需要的图纸格式文件。

在【图纸属性】对话框中，用户还可以设置当前激活图纸的名称、比例、投影类型等属性。

在第6章中讲解过文件属性，在工程图文件中每张图纸都设置了该图纸的属性来源，在图7-5所示【图纸属性】选项卡的下方，还有一个选项名为【使用模型中此处显示的自定义属性值】，在其下方的列表中即可选择当前图纸的属性来源。这部分内容的应用与对比会在本章 7.6 节注释属性联动中进行讲解。

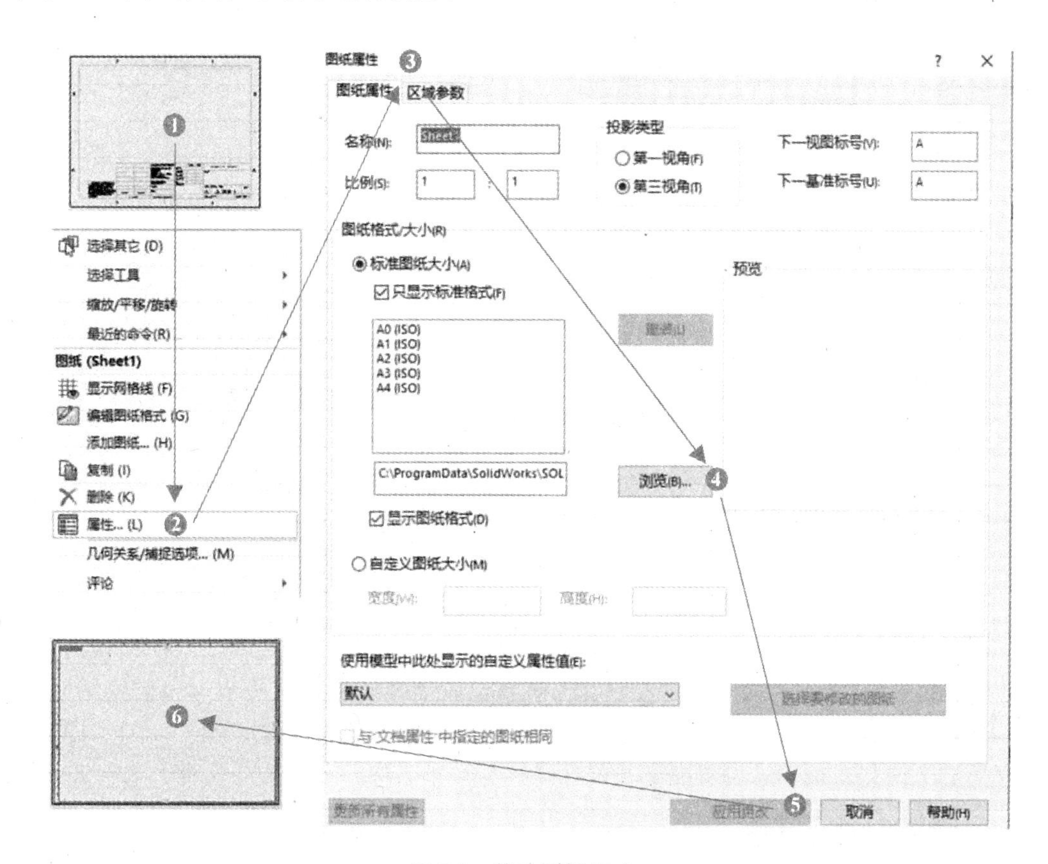

图 7-5　修改图纸格式

当需要添加图纸时，在特征树底部（图 7-6）单击标签，即可在图纸 2 的后面新建一张新的图纸，其操作方式同 EXCEL 中工作表的新建与切换。

7.2.2　实例分析：图纸格式模板的制作

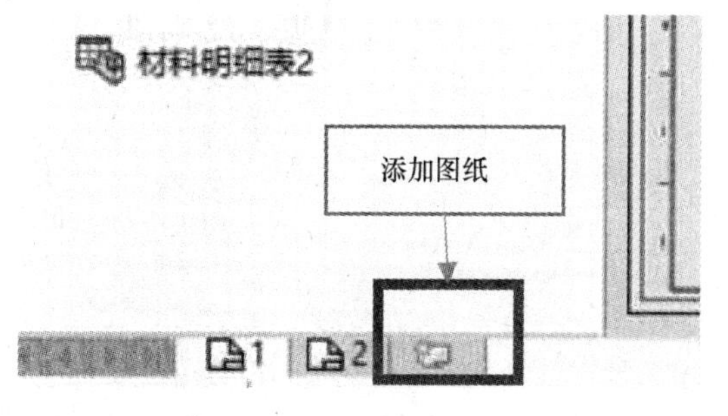

图 7-6　图纸的切换与新建

图纸格式模板可以提高企业中图纸的统一性，也减少了每个用户在这方面的工作量。图纸格式模板主要包括图纸大小及图框。

首先，按照上一节中的方式新建一个工程图文件，并打开【图纸属性】对话框，设置所要制作图纸格式模板的图纸尺寸。如图 7-7 所示，可以先在【标准图纸大小】下的列表中选择需要的图纸格式，同时在【预览】区下方会显示该图纸格式的宽度与高度尺寸。若没有所需要的尺寸，则单击【自定义图纸大小】单选按钮，用户可以自定义输入图纸的宽度与高度尺寸。设置完毕后，单击【应用更改】按钮完成图纸的新建。

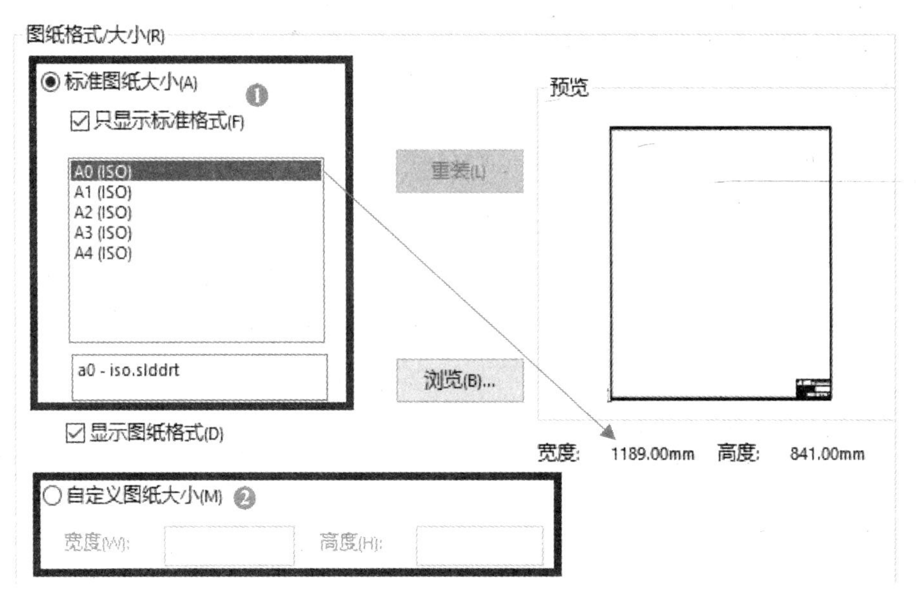

图 7-7　设置图纸的大小

在设定了图纸的大小后，按照上节内容进入【编辑图纸格式】状态，在此状态下，用户可以按照自己的需求将原来的草图删除，重新绘制需要的图框与细节。全部绘制完毕后，如图 7-8 所示，即可单击菜单【文件】，在下拉菜单中单击【保存图纸格式...】，即会弹出【保存图纸格式】对话框，设置完毕并保存路径与模板名称后，单击【保存】按钮即可完成图纸格式模板的制作。

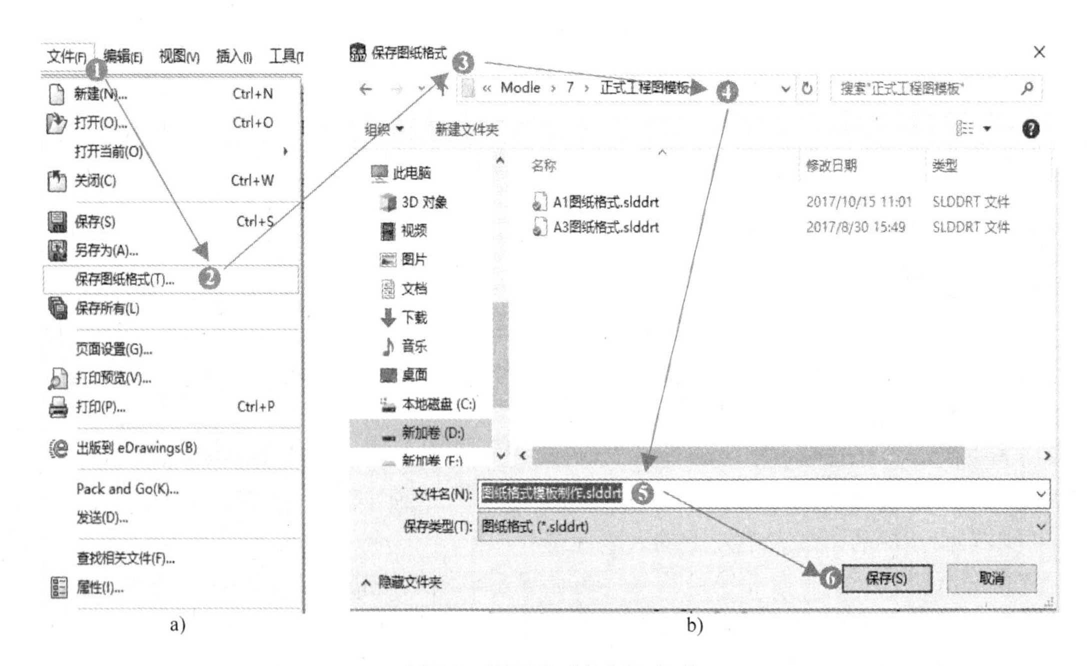

图 7-8　图纸格式绘制与保存

提示：

在制作图纸格式时，图签不建议同时绘制在图纸格式中。图纸格式中的内容应尽可能不经常变更。由于企业的产品、客户多样性，因而图签会在部分特殊项目中有特殊的要求，故图签还是会存在频繁的变更。

若企业没有 SOLIDWORKS 二次开发能力，则可以按照如下方式进行规划：

1）图签可以考虑做成“图块”形式。

2）图纸格式可以做成两种：一种自带图签，另一种不带图签。

在遇到对图签无特殊要求的项目时，用户可以直接使用带图签的图纸格式，否则可以通过将图签图块插入不带图签的图纸格式中实现。

若企业有一些 SOLIDWORKS 二次开发能力，可以统一制作图签图块与不带图签的图纸格式。通过二次开发实现程序自动组合图签与图纸格式。这样做可以简化模板的维护工作。当图签需要修改时，仅需修改图签图块即可。

图纸格式与图纸属性

7.3 工程视图

7.3.1 实例分析：模型标准视图的创建

以图 7-1 中接线板工程图为例，本节将以添加接线板俯视图为例讲解 SOLIDWORKS 中常规的模型视图的创建方法。

要创建模型视图，首先需要将该视图需要表达的模型打开，再切换至工程图界面。如图 7-9 所示，在软件的右边单击【视图调色板】选项卡，在图中标记②处的下拉列表框中选择所要添加视图的模型，此时在标记③处将会显示所有可以供用户添加的视图，用户可以用鼠标拖动需要的视图【上视】至图纸空间标记④处，即可完成一个基本的模型视图的添加。

视图调色板中提供的模型视图一般都是标准视图，若无法满足需求，可以通过在模型中添加一个新的视图方向，再回到工程图中将该视图添加到工程图中。如图 7-10 所示，切换回模型空间，按空格键打 1 个空格，将弹出标记②的【方向】对话框，单击【新视图】这个标签，在弹出的【命名视图】对话框中输入新视图的名称，这里命名为“自定义视图 A”，单击【确定】按钮。再次切换至工程图文件，在【视图调色板】的标记⑥处单击【刷新】按钮，即可在标记⑦处看到“自定义视图 A”已被选择。

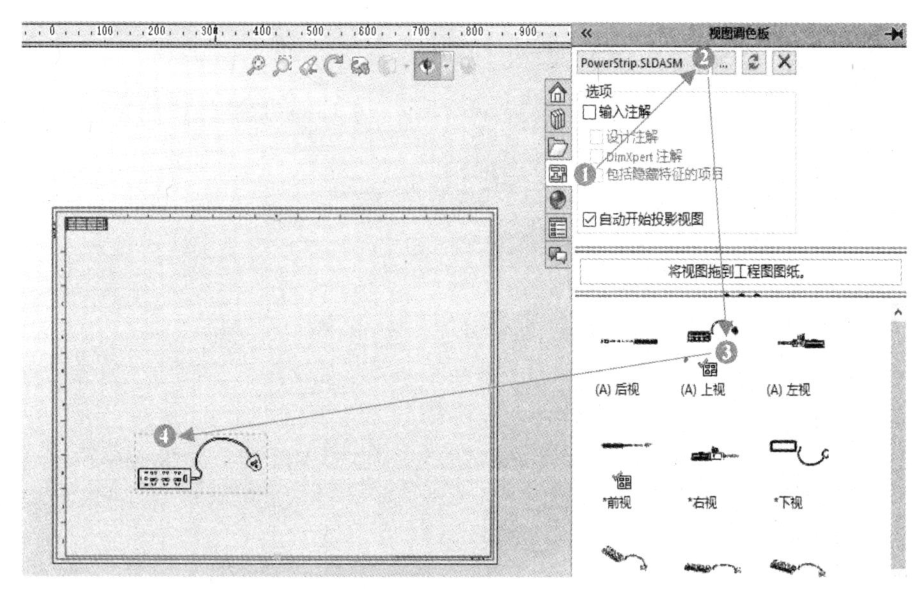

图 7-9　创建模型视图

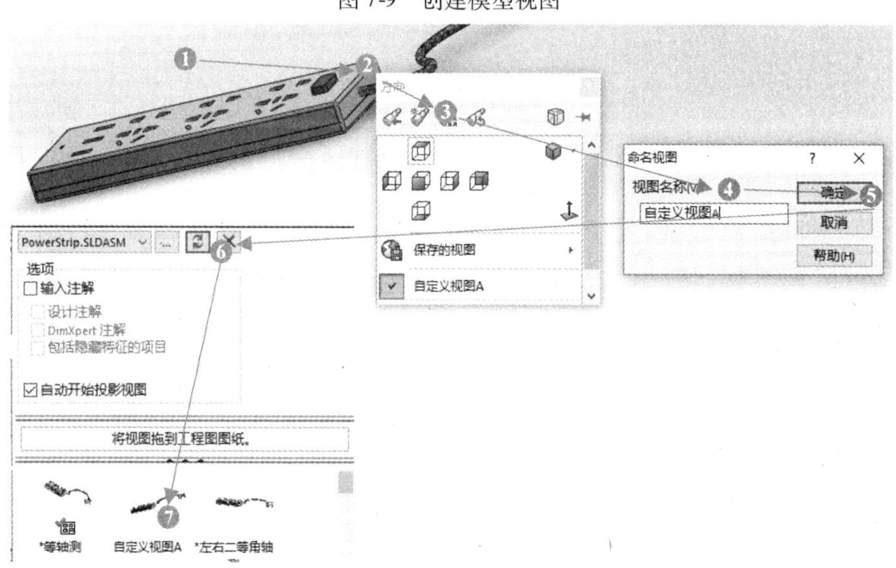

图 7-10　添加自定义模型视图

如图 7-11 所示，添加完模型视图后，在特征树的“图纸 1”节点下就存在了一个名为“工程图视图 8”的视图特征，该特征对应了该接线板的俯视图。

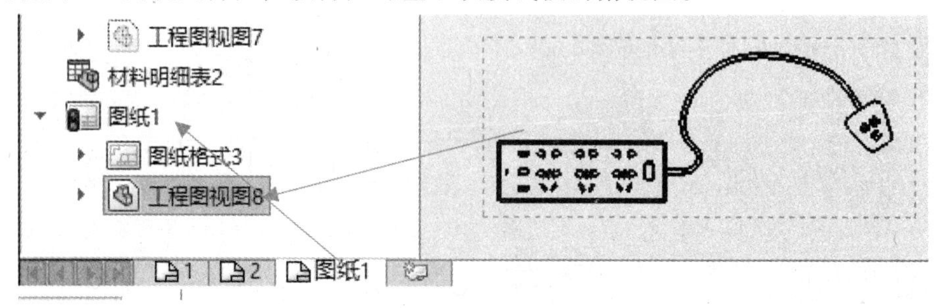

图 7-11　视图特征

提示：

在 SOLIDWORKS 中插入的常规视图，系统都会以“工程图视图”＋编号的命名方式进行命名。若最终图纸的 PDF 由 SOLIDWORKS 直接另存，则可以尝试在工程图中对视图进行重命名，这里在工程图中将该接线板模型视图重命名为“接线板俯视图”。图 7-12 所示为最终生成的 PDF 文件，可以看到 PDF 的书签会根据工程图中的特征树生成，在用户单击“图纸 1”节点下的“接线板俯视图”书签后，PDF 右侧显示区域将快速跳转到“接线板俯视图”书签对应的视图区域，这样会提高用户的体验度。

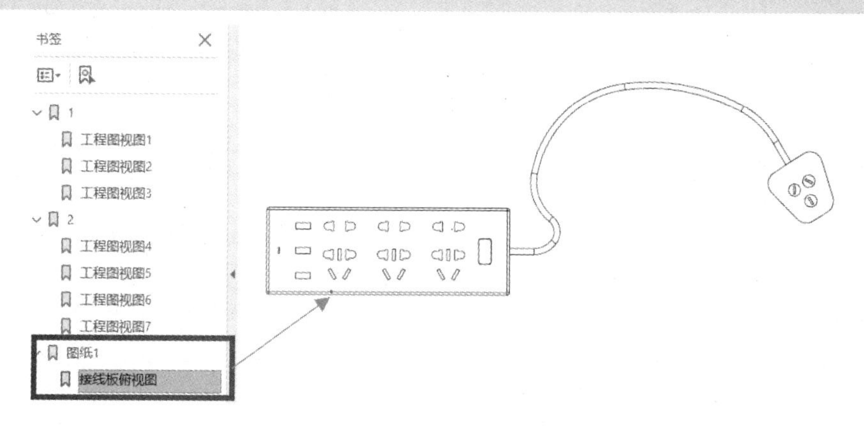

图 7-12　工程图直接另存的 PDF 文件

7.3.2　视图属性

当图 7-10 所示的接线板模型视图生成后，选中该俯视图，在 SOLIDWORKS 的属性管理器中将显示该视图的相关属性。如图 7-13 所示，若视图对应的模型有多种配置，则在标记①处可以指定该视图显示需要的模型配置状态，在标记②处可以重新调整该模型视图的方向，标记③处则可以设置视图显示着色和线框显示样式，标记④处可以设置该视图的比例。通过单击标记⑤处的【更多属性...】按钮可以进入【工程视图属性】对话框，进行更多的视图设置。

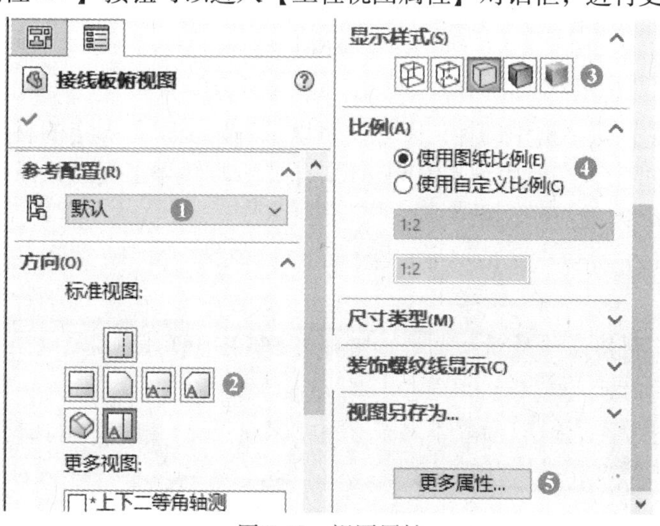

图 7-13　视图属性

如图 7-14 所示，在【工程视图属性】对话框中有四个选项卡，除了【视图属性】选项卡外，其余选项卡分别用于设置视图中边线、零部件、实体的显示隐藏状态，当用户在视图中隐藏这些元素后，隐藏的元素会根据其类型被添加到标记②处的列表中，当需要取消隐藏时，在此列表中选中需要重新在视图中显示的元素，单击鼠标右键，在弹出的快捷菜单中单击【删除】，再单击【应用】，即可完成隐藏的元素重新显示在视图中。

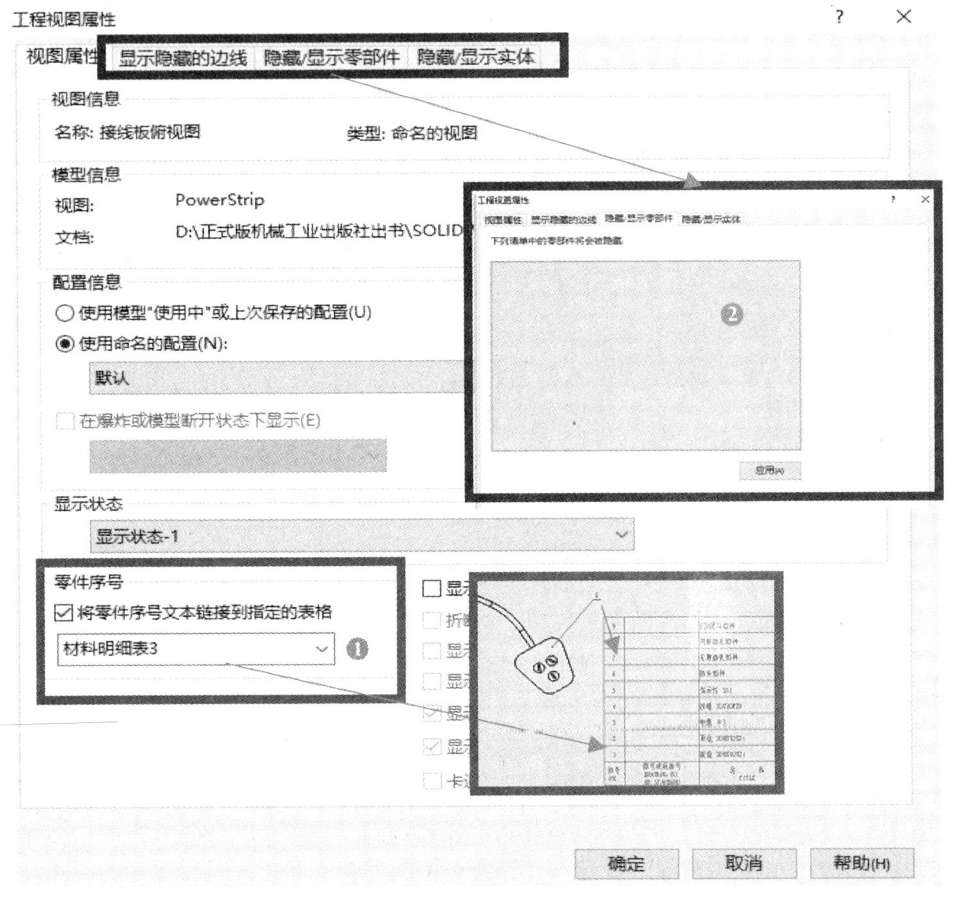

图 7-14　视图更多属性

【工程视图属性】对话框中的标记①处，可以设置该视图所绑定的材料明细表。通过视图与材料明细表的绑定，在使用 SOLIDWORKS 自带的拉件号工具时，系统将会自动关联件号与绑定的明细表之间的对应关系。

提示：

一般情况下，视图与材料明细表的绑定都由 SOLIDWORKS 在插入明细表时自动关联，所以用户不用特地打开【工程视图属性】对话框中进行绑定。部分情况下，用户会发现在视图中所拉的件号与材料明细表不对应，此时就需要检查【工程视图属性】对话框中材料明细表的绑定情况，并进行设置修正。

如图 7-15 所示，选中接线板顶盒“PlugTopBox”并右键单击，在弹出的快捷菜单中有两个比较常用的命令【显示/隐藏】和【零部件线型】。其中，【显示/隐藏】命令可以将“PlugTopBox”部件隐藏，使得接线板的内部结构显示在视图中。而【零部件线型】命令则可以将接线板的顶盒设置为双点画线等其他线型，以表达部件无须采购或仅用于模拟的情况。

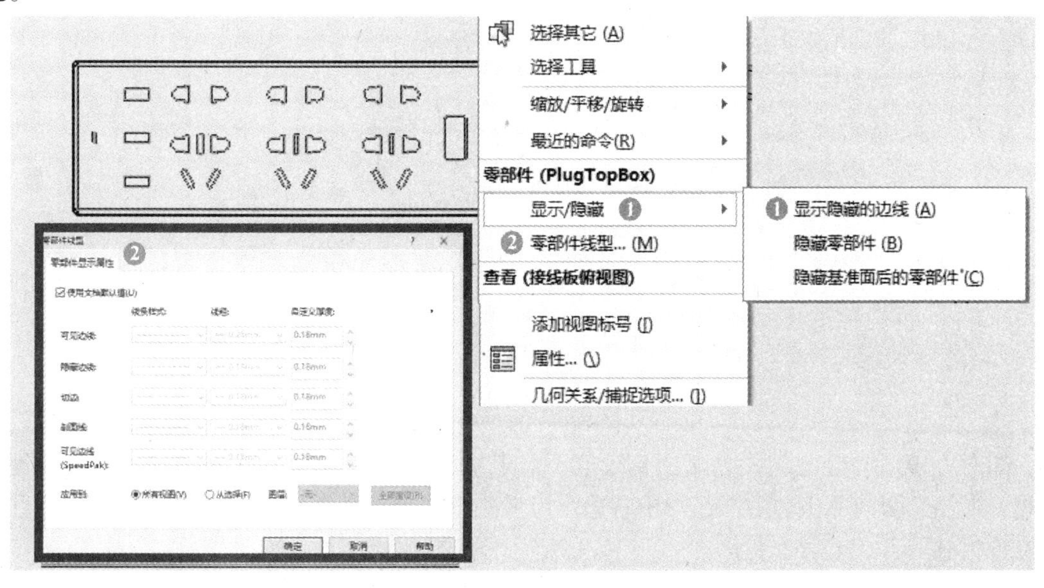

图 7-15 设置视图模型

7.3.3 视图的复制、移动与锁定

如图 7-16 所示，当“工程图视图 9”需要从“图纸 1”移动或复制到“图纸 2”时，首先需要将图纸激活至视图所在图纸“图纸 1”，然后在特征树中用鼠标将需要移动或复制的视图“工程图视图 9”拖动至目标图纸“图纸 2”中（若需复制视图，则需要在拖动视图的同时按住【Ctrl】键），即可完成视图的复制与移动。

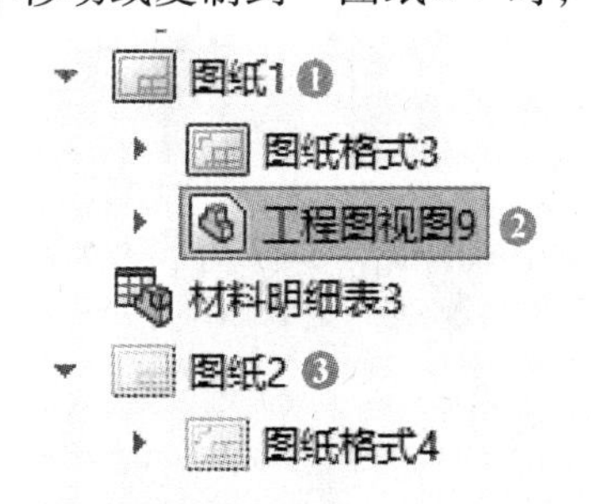

图 7-16 视图的复制与移动

如图 7-17 所示，当视图在图纸中的位置确定后，用户可以在视图上右键单击，在弹出的快捷菜单中单击【锁住视图位置】即可锁定视图位置，以避免在修改图纸的过程中挪动视图，导致视图中的注解等元素跟着被移动。

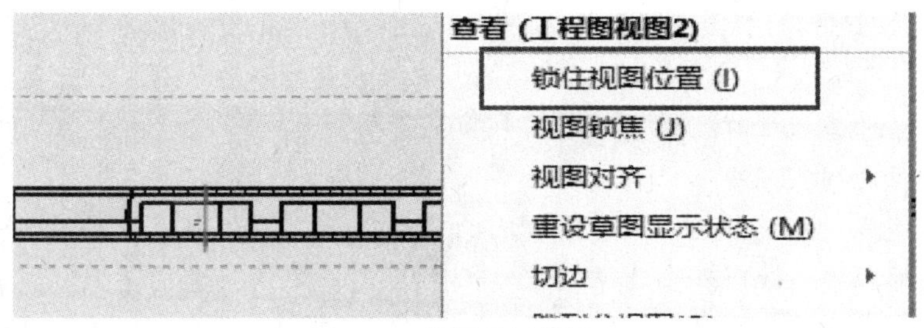

图 7-17 视图位置的锁定

7.3.4 视图空间

如图 7-18 所示，当鼠标双击视图或右键单击视图，在快捷菜单中单击【视图锁焦】后，视图矩形边界框的四个角边线会呈现粗线状态，读者可以理解为该区域内为“视图空间”。

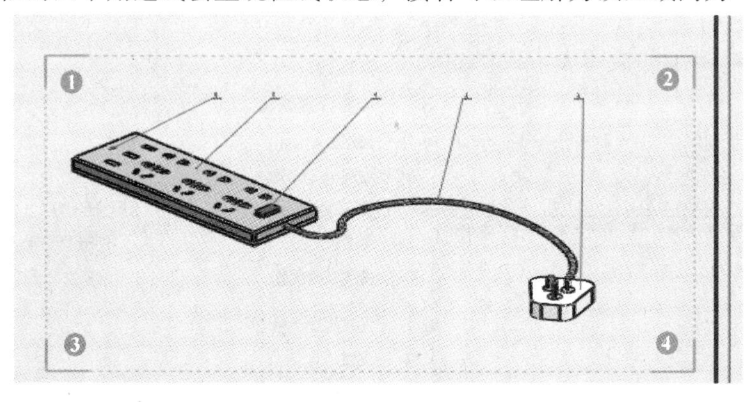

图 7-18 视图空间

如图 7-19 所示，左边两条草图直线 1、2，其中直线 1 在视图空间中，而直线 2 在图纸空间，当将视图向下移动后，在图中右边可以看到直线 1 随着视图一起向下移动，而直线 2 的位置相对图纸并未发生变化。

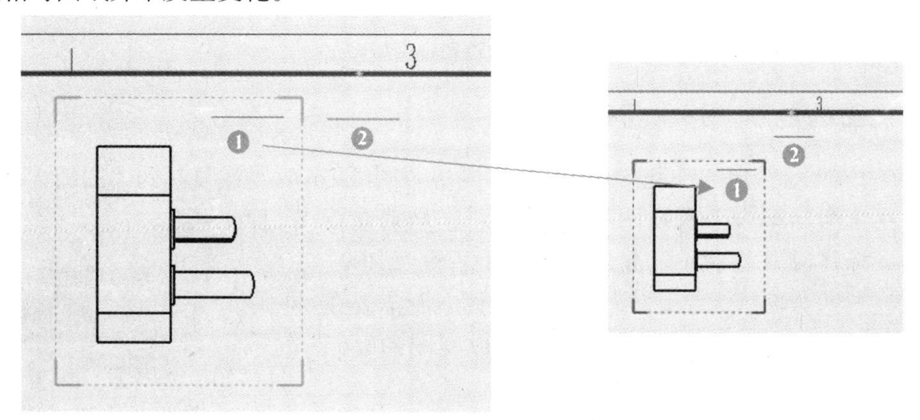

图 7-19 草图在视图空间与图纸空间对比

提示：

在绘制草图、放置注解、放置图块时，都需要注意这些元素应该放置在视图空间中还是图纸空间中，用户可以将视图空间理解为一个容器，而在视图空间内的草图、注解及图块可以看成是该容器中的元素，故这些元素的位置、比例、属性都会跟随容器一起变化。

在绘制复杂的工程图时，为了避免用户将元素画错空间，建议在复杂工程图中添加这些元素前先进行视图锁焦。

属于视图空间的元素都绘制在视图空间的好处在于，当视图发生修改或移动位置后，与该视图有关的草图、注解和图块都不需要逐个移动、修改，它们会跟随视图一起运动，便于后期的图纸修改。

7.3.5　其他视图

在 SOLIDWORKS 工程图中，除了标准的模型视图外，如图 7-20 所示，在工具栏【视图布局】选项卡中，还有基于模型视图的一些特殊视图，如【剖面视图】【局部视图】【断开的剖视图】等。这些视图都会由一个已经存在的视图和该视图中的草图共同构成。

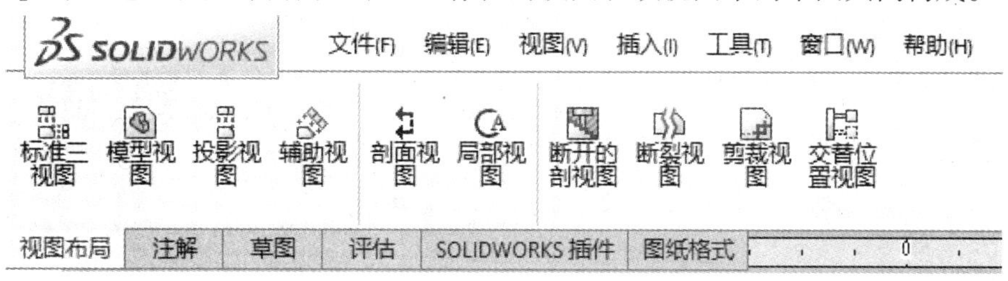

图 7-20　基于模型视图的其他视图

如图 7-21 所示为“局部视图”的创建与修改的全过程。在视图空间中，先绘制一个草图圆，并将该草图圆选中，在工具栏【视图布局】选项卡中单击【局部视图】，即可看见标记③处的局部视图属性设置与预览，确认无误后即可生成“局部视图”，同时在特征树中也会同步生成局部视图。

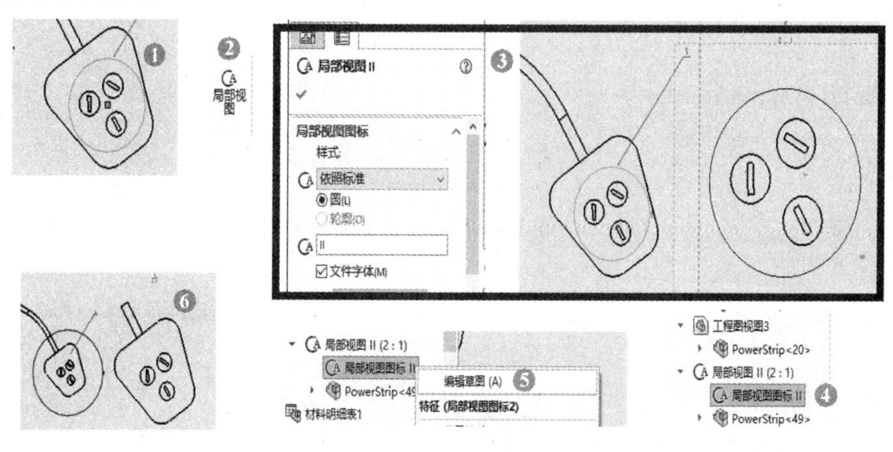

图 7-21　局部视图的创建与修改

若需要对完成的局部视图进行局部显示的范围进行修改，则可按照标记⑤处的方式，在特征树中该局部视图特征节点下的局部视图图标处右键单击，在弹出的快捷菜单中单击【编辑草图】，即可将驱动局部视图的草图设置为编辑草图模式，在修改完草图后退出编辑草图模式，SOLIDWORKS 就会自动刷新局部视图。

此外，在标记④处可以看到，由于局部视图是新建视图，因而其在特征树中的节点等级与其他模型视图（如“工程图视图 3”）相同。

如图 7-22 所示为“断开的剖视图”的创建过程。在“工程图视图 14”的视图空间中先绘制了一个样条封闭曲线草图，并将该草图选中，在工具栏【视图布局】选项卡中单击【断开的剖视图】，即可看见标记③处的断开剖视图属性设置与预览，用户可在属性设置中设置切割深度，确认无误后即可生成断开的剖视图。此时在标记④处的特征树中可以看到新建的“断开的剖视图”是原“工程图视图 14”节点的子节点，从这里可以看到“断开的剖视图 1”会覆盖原“工程图视图 14”的显示效果，并没有生成一个新的独立视图。

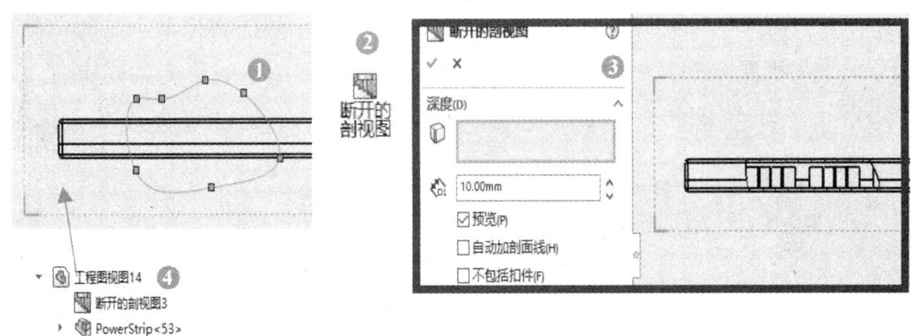

图 7-22　断开视图的创建

提示：

这些特殊的视图都会基于一个“父视图 + 草图”的方式生成，故生成的方法相似。而当这些视图需要修改时，可直接编辑这些视图的驱动草图或这些视图自身的属性即可完成更新。

7.3.6　视图特征简介

如图 7-23 所示，在特征树中展开图纸“1”，可以发现每一个顶层视图节点（图中标记①、②、④、⑤）都会带有一个该视图的关联的模型，在这里由于是装配总图，这些视图都关联了一个“PowerStrip”部件，仅仅后面“〈〉”中间的实例号不同。

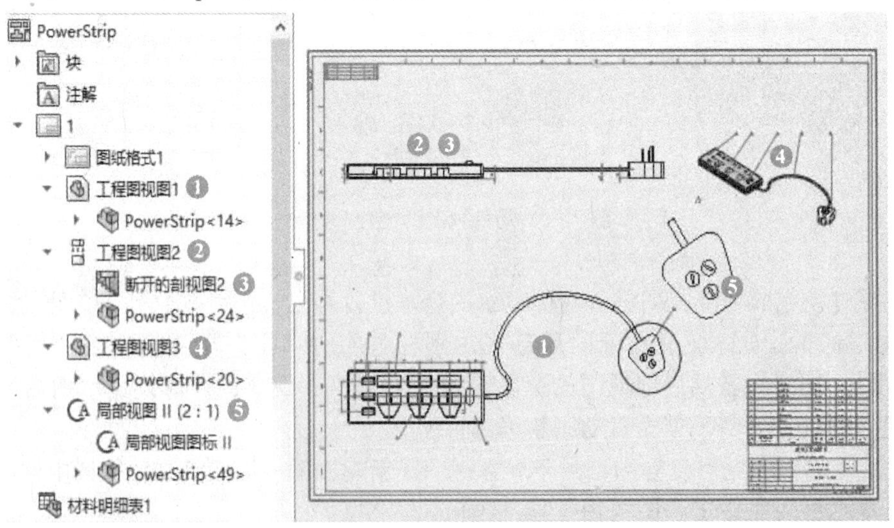

图 7-23　视图特征

通过这个树结构可以看到，若希望在工程图中表达模型中的信息，可以将这些工程图元素（如注释图块）添加到视图空间中，这样即可通过视图节点下的模型关联模型中的相关数据，使得工程图中尽可能多的信息都成为模型数据的显示。用户仅需修改模型数据，视图空间中的元素即可自动更新，以降低漏改工程图的风险。

视图讲解

此外，在图中还可以发现“工程图视图 1”中隐藏了接线板的顶盒，但不会影响“工程图视图 2”与“工程图视图 3”的接线板顶盒的显示。主要原因就在于虽然每个视图下都引用了“PowerStrip”部件，但后面“〈〉”中的实例号不同，所以又互不影响。

7.4 图层与线型

如图 7-24 所示，通过在工具栏中右键单击，在弹出的快捷菜单中，分别选择【图层】与【线型】，即可弹出标记④处的图层与线型工具条。

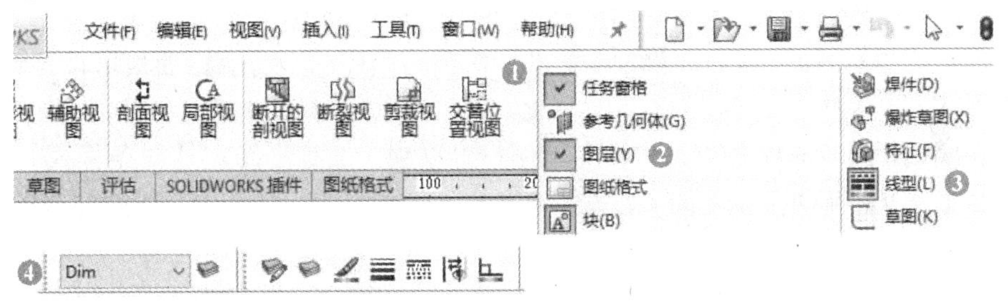

图 7-24 【图层】与【线型】工具条

7.4.1 图层的管理与使用

如图 7-25 所示，在标记①处的下拉列表中选择一个图层后，后续在图纸上绘制的元素都在该图层中。当需要修改元素的图层时，先选中需要变更的元素，再单击标记①处的下拉列表，从中选择需要变更的图层即可。

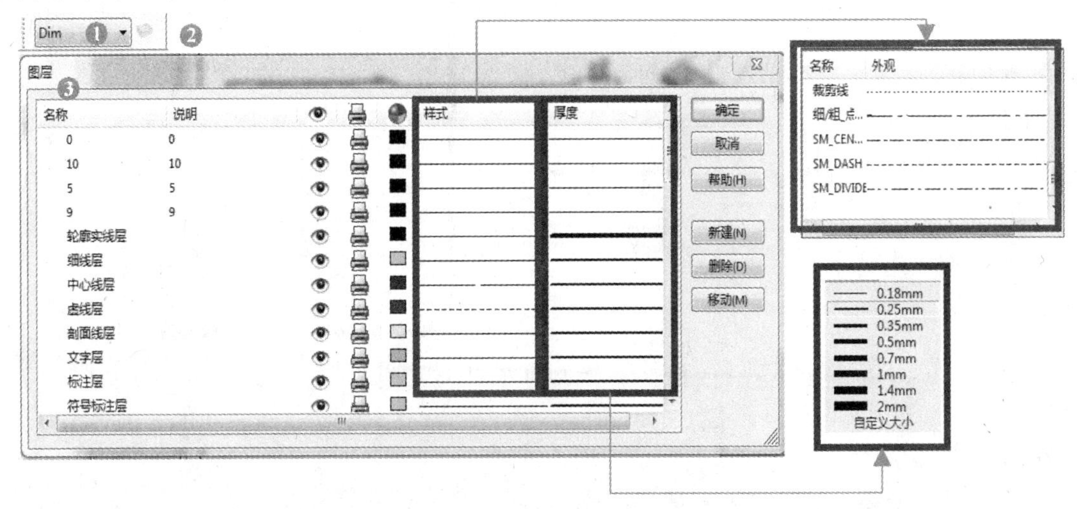

图 7-25 图层的管理与使用

单击图中标记②处的【图层属性】后，将会弹出【图层】对话框，在该对话框中用户单击图层列表中相应的单元格，可以设置每个图层的可见性、是否可打印，图层的颜色，线条的样式，线粗，同时也能新建图层。

提示：

图层的设置与新建可以随着本章 7.2.2 中介绍的图纸格式模板的制作一同保存，也可以随着工程图模板的保存一同存储，故在实际使用过程中，企业仅需在制作工程图模板或图纸格式模板时考虑图层的设置，即可统一设计文件中的图层。

7.4.2 线型的管理

元素线型的变更及使用与图层的使用相似，本节主要讲解线型的预设与定义。如图 7-26 所示，单击菜单中的【选项】，在弹出的对话框中单击【文档属性】选项卡，在列表项中的标记④与标记⑤处有【线型】与【线条样式】两项。其中，【线型】面板可以预设一些常用边线的样式，如实体中的边线等，线型的设置还可以通过图中标记⑦处的【绘图标准】一同保存在绘制标准模板文件中，以便其他用户可以快速加载。而在【线条样式】面板中，用户可以根据 SOLIDWORKS 提供的格式化键码与范例对线条的样式进行新建与修改。

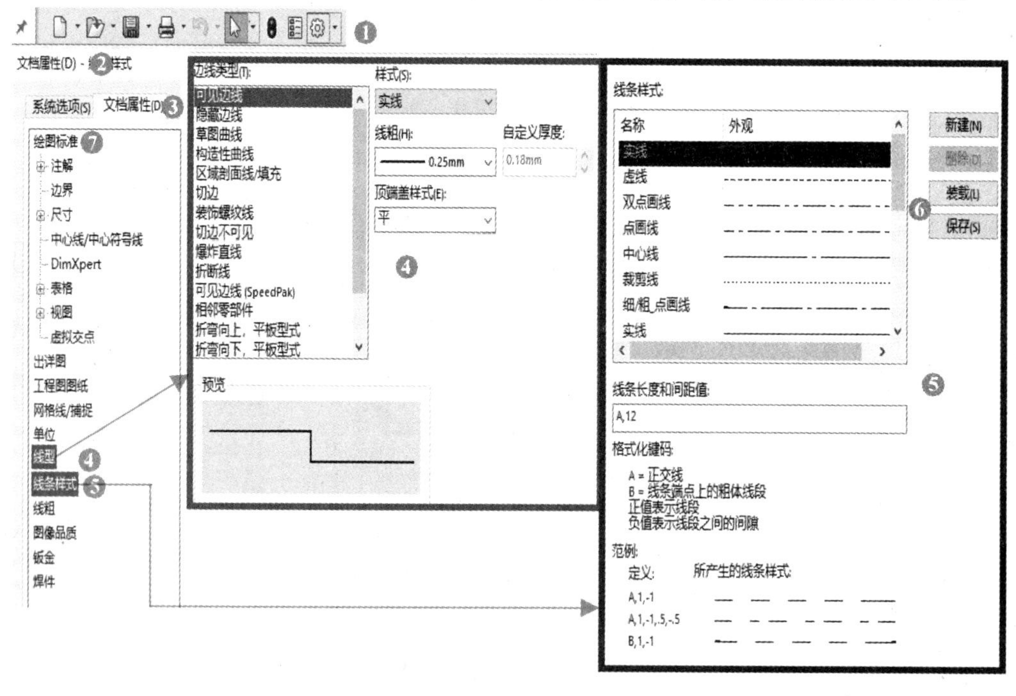

图 7-26　线型的预设与定义

提示：

修改完的线条样式可以通过图中标记⑥处的【保存】按钮，保存成外部“*.sldlin”线条样式文件，其他用户即可直接加载该文件。

7.5 尺寸标注

7.5.1 实例分析：工程图中的尺寸标注

如图7-27所示，在SOLIDWORKS工程图中，手工标注尺寸的工具依然在工具栏的【草图】选项卡中的【智能尺寸】下拉列表中，其使用方法同本书1.4节模型中尺寸的标注方法一致。

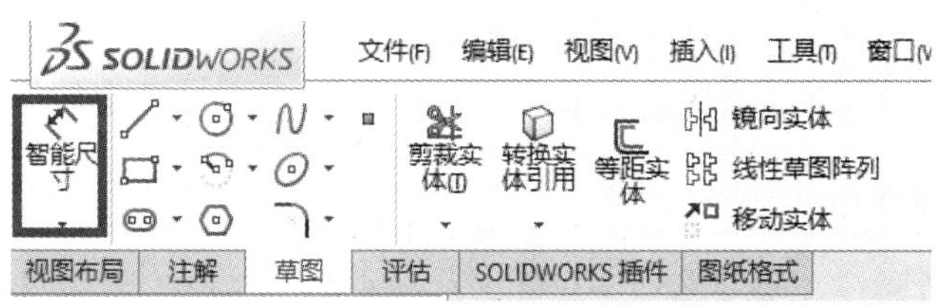

图7-27　尺寸标注工具

如图7-28所示为接线板的前视图，其中给顶盒、底盒和插座基座分别标注了对应的高度尺寸。在工程图中使用【智能尺寸】工具系列进行标注时，用户应尽可能地选择实体的边线作为尺寸标注的基准。这样可以使得工程图中标注的这些尺寸能自然地随着模型数据的变化而变化，一方面用户在修改模型时可以不用再考虑图纸的修改工作量，另一方面也降低了用户修改完模型后遗漏修改工程图相应尺寸的风险。

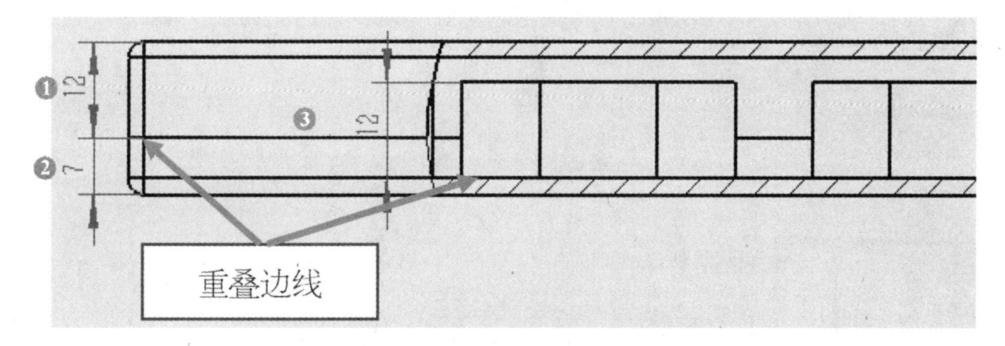

图7-28　接线板实体的尺寸标注

提示：

在实际应用过程中，图7-28中两个部件重合处会存在两个重合的实体边线，因而在复杂的装配体中选择实体边线进行标注时，有时候会出现如标记①处的尺寸12，用户本意为标注顶盒高度，但选择该尺寸的下基准时却选择了属于底盒的边线，这样在顶盒与底盒重叠的情况下该尺寸问题被忽略，但当模型中顶盒与底盒出现间隙时，该尺寸就会大于真正的顶盒高度12。如此就可能产生用户自己都不知道的错误情况。

针对此类问题，在相对复杂的装配体中，当需要标注类似本图中顶盒的高度时，可以先在视图中隐藏底盒部件，这样标注顶盒高度尺寸的基准就不存在重叠问题，即可避免此类问题的发生，在标注完顶盒高度后，可以通过本章7.3.2节中的方式再将底盒重新显示在视图中。

当所绘制的工程图作为模板被重复使用时，特别需要注意这一细节。

此外，在工程图中还有一种表示尺寸的方式：【插入模型项目】，也能实时地关联模型中的数据，但是若需要在视图中完整地表达模型中的所有信息，还需要对模型进行合理的规划，本章后面也会介绍插入模型项目。

工程图中尺寸标注注意点

7.5.2　尺寸样式的设定

如图7-29所示，单击菜单中的【选项】，在弹出的对话框中单击【文档属性】选项卡，在列表项中存在一个【尺寸】节点，并且在该【尺寸】节点下还存在角度、角度运行、弧长等子节点。单击【尺寸】节点后，在图中标记④处会显示针对尺寸的一些通用设置，这些设置对目前文档中的所有采用了文档设置的尺寸起作用。此外，针对每种特殊的尺寸如角度等，当用于单击这些子节点后，标记④处将会出现对应的设置内容。

当所有的尺寸样式设置完毕后，用户同样可以通过图中标记⑤处的【绘图标准】将这些尺寸设置保存至绘图标准文件中，并共享给其他用户直接加载。因而在企业中，尺寸的标注样式也可以先统一制作，再发布给每个用户，从而实现良好的图面统一性。

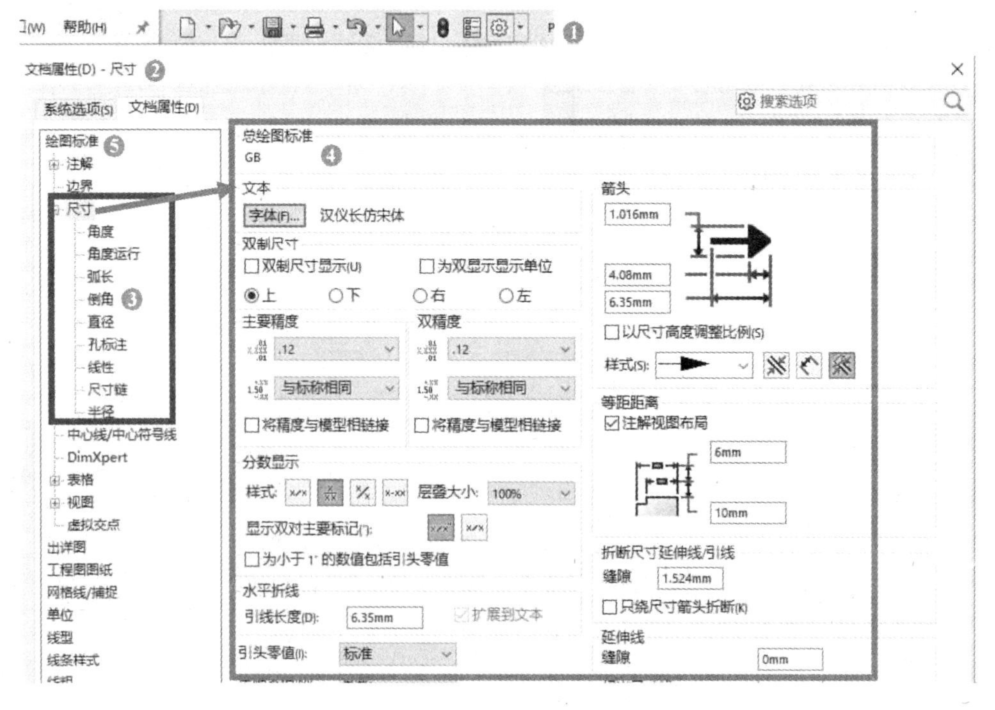

图7-29　尺寸样式设定

7.6　工程图中的注解

在 SOLIDWORKS 的工程图中，除了视图、尺寸、图块和表格以外，绝大多数的元素都属于注解大类。其中包括注释、件号、粗糙度、焊接符号、形位工差等。如图 7-30 所示，与注解有关的工具都集成在工具栏的【注解】选项卡中。用户仅需单击需要的工具，即可在 SOLIDWORKS 的帮助下完成各类注解的添加。

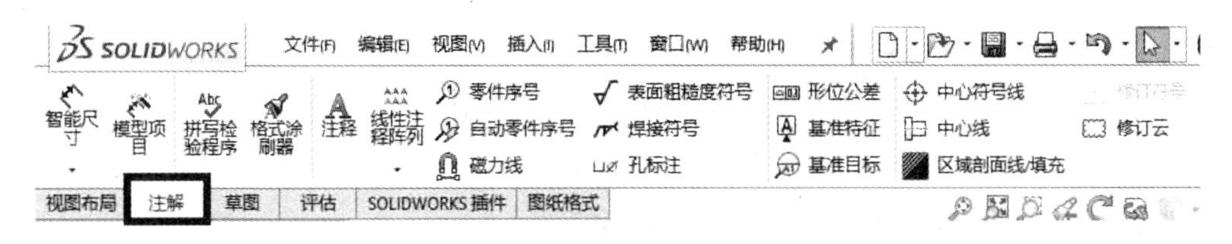

图 7-30　注解工具

提示：

在本章 7.3.4 中涉及的视图空间与图纸空间的不同之处在于，在添加注释、焊接符号、粗糙度等注解时，也需要注意放置的空间选择。

7.6.1　注解文档样式的设置

如图 7-31 所示，与 7.5.2 中设置尺寸的样式相似，单击菜单中的【选项】，在弹出的对话框中单击【文档属性】选项卡，在列表项中存在一个【注解】总节点及其各类子节点，设置完毕后，可通过标记⑥处的【绘图标准】一起保存为外部文件并发布给用户直接加载。

7.6.2　注释的插入

在 SOLIDWORKS 工程图的注解使用过程中，注释的使用频率相对较高，并且也会被用于“图块”中，其使用技巧非常丰富。对于 SOLIDWORKS 初学者来说，可以简单地将其理解为文本，只是这个文本能带上“变量”，即文本的显示内容会动态地变化。合理地使用注释使得工程图在修改环节的工作量和出错率都大大降低，从而提高了出图效率。

如图 7-32 所示，单击【注解】/【注释】，用户可以在图纸空间或视图空间的指定位置单击【确认】按钮确认当前注释的放置位置，并在标记③处的文本框中输入文本“接线板”，此时在 SOLIDWORKS 中同时会出现图中标记④处的该注释相应的【注释】属性设置界面，图中的标记⑤～⑧都为该注释的属性，用户可以根据需求进行设置，最后单击【确认】按钮即可生成图中标记⑨处的注释文本。注释的属性主要分为如下大类：

（1）【样式】　用于注释样式的保存与加载。

（2）【文字格式】　这部分内容是使用注释功能最频繁的部分之一，也是注释实现动态文本的关键部分。通过文字格式除了可以设置注释的对齐方式、旋转角度、字体以外，还能给注释的内容添加超文本链接、属性链接等。

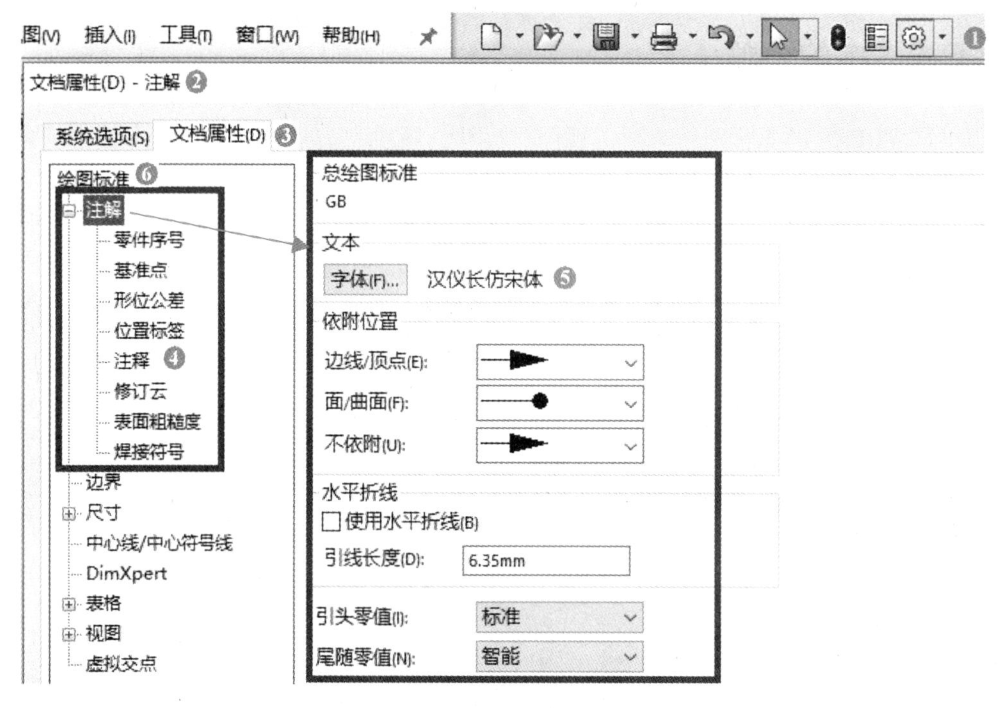

图 7-31　设定注解的样式

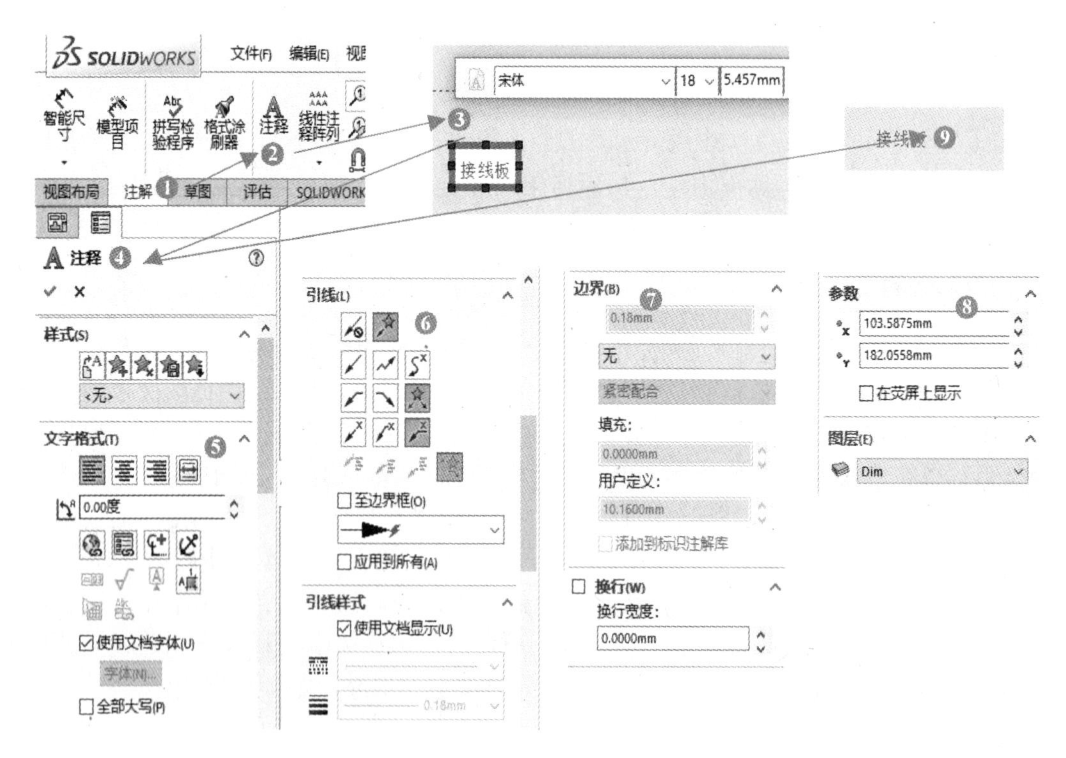

图 7-32　插入注释

（3）【引线】 这里可以设置注释是否带引线以及引线方向的各类快速设置。

（4）【引线样式】 在使用引线时，设置引线的样式。

（5）【边界】 可以对注释中选中的文本添加各种形状的外边框。

（6）【参数】 即该注释在图中的坐标位置。

（7）【图层】 设置该注释所处的图层。

7.6.3 注释链接到属性

在注释的属性中，使用频率最高的是【链接到属性】功能，这是一个链接模型以及工程图文件属性的桥梁，使得在工程图的图面上体现这些信息，并能保证随着模型数据的更新实时联动。

如图7-33所示，通过在【注释】属性界面中单击【链接到属性】图标，系统将弹出【链接到属性】对话框。在对话框中标记①处为选择属性关联的源文件，标记处②可以快速查看选定链接的文件中的现有属性，标记③处“属性名称”下拉列表中可以选择注释需要链接的属性，列表中的属性一部分来自文件属性，另一部分则来自SOLIDWORKS内置的公式函数。选择完毕后，单击【确认】按钮即可完成注释的属性链接。

提示：

一个注释中可以添加多个属性链接，并且链接的源头文件可以是不相同的，可以将每次的属性链接看成是注释中的一个变量。

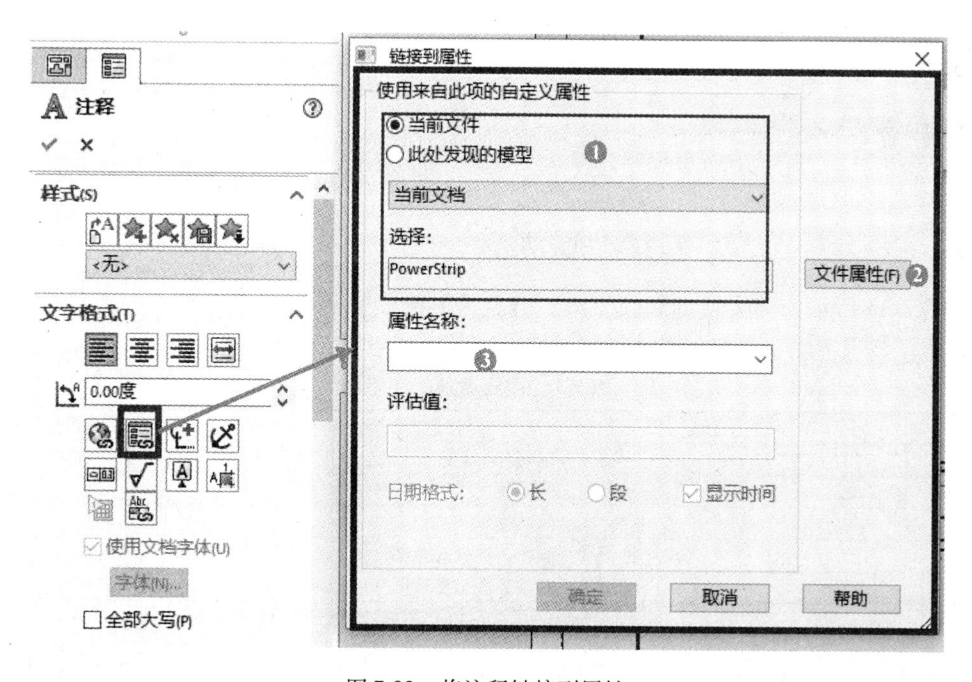

图7-33 将注释链接到属性

对于图7-33中标记①处的源文件的关联模式有4种情况。如图7-34所示，注释的属性可以关联：

1）当前工程图的文件属性。

2）注释所在视图的属性，可最终追溯到视图中引用的顶层部件所在文件的属性。

3）注释所在图纸的属性，可最终追溯到该图纸属性中绑定的工程视图中引用的顶层部件所在文件的属性。

4）关联至用户任选的部件所在文件的属性（较新版本的 SOLIDWORKS 支持该模式），用户可在拾取框中选择需要关联的部件。

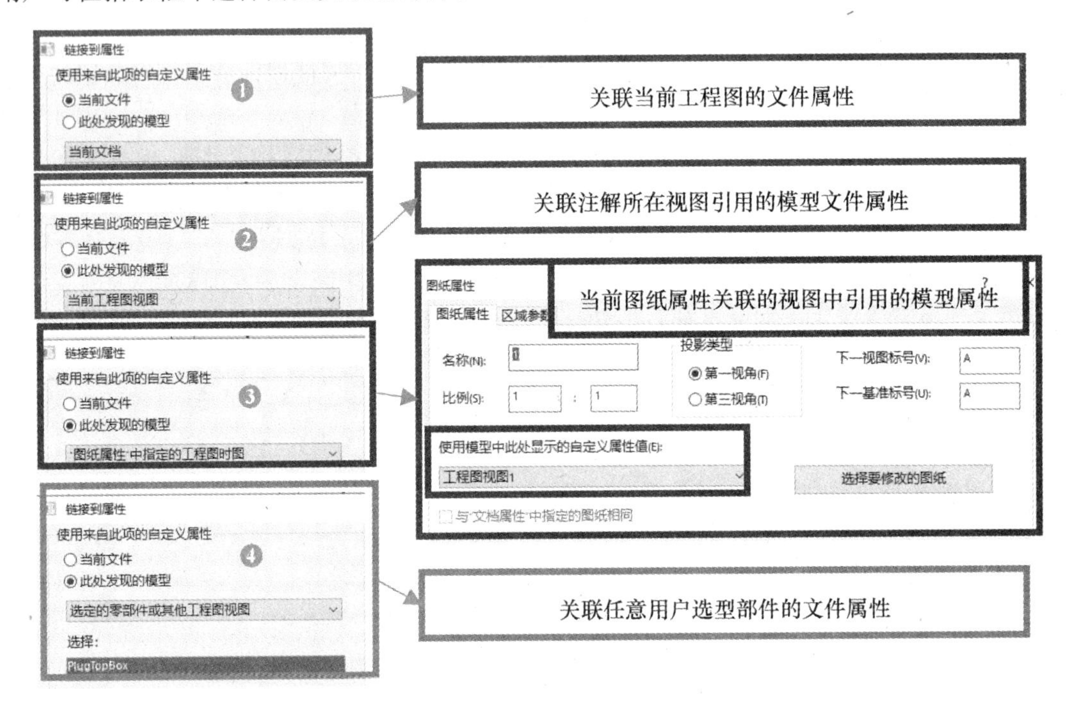

图 7-34 四种源文件关联方式

7.6.4 实例分析：注释中的属性联动

如图 7-35 所示为接线板的两张图纸，分别为装配图和零件图。

现要在该工程图文件中添加如下 5 个注释，见表 7-1。

表 7-1 需要添加的注释

注释序号	所在图纸	视图标记	链接源	需要链接的属性名称
1	1	/	当前工程图文件	文件版次
2	2	⑤	所在视图的属性	名称
3	2	/	所在图纸的属性	名称
4	1	/	标记③视图中接线板底盒部件	名称
5	1	/	标记①视图中插头金属板 1 部件	名称

注：表中的视图标记对应图 7-35 中标记对应的视图，“/”代表注释可以任意放在视图空间或图纸空间。

根据 7.6.2 中讲解的方法依次添加这些注释。如图 7-36 所示为按照表 7-1 的要求完成注释链接属性后相应注释序号对应的显示值。

注释序号 1：接线板工程图文件“PowerStrip. SLDDRW”存在属性“文件版次”，值为“REV A”，故该注释的显示值为“REV A”。

- 1
  - 图纸格式1
  - 工程图视图1 ①
  - 工程图视图2 ②
  - 工程图视图3 ③
  - 局部视图 II (2 : 1) ④
- 材料明细表1

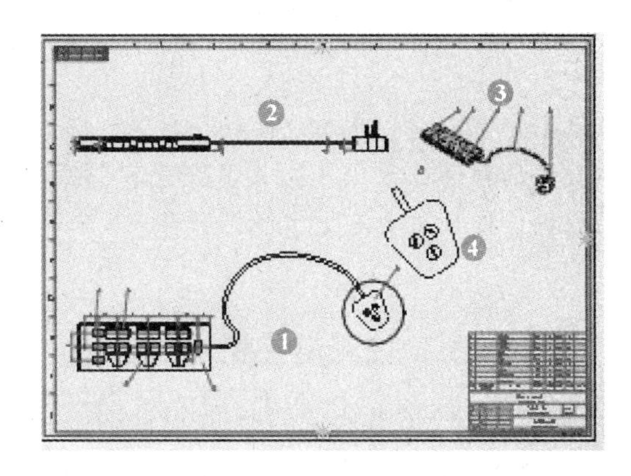

- 2
  - 图纸格式2
  - 工程图视图4 ⑤
  - 工程图视图5 ⑤
  - 工程图视图7 ⑥
  - 工程图视图11 ⑤
- 材料明细表2

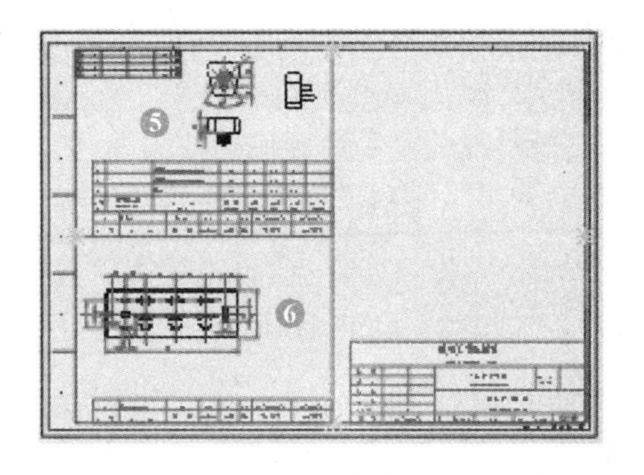

图 7-35　示例图纸

注释序号 2：该注释所在视图为插头组件视图（图 7-35 中标记⑤的视图），该视图引用了“PlugHead. SLDASM”文件，该文件中存在属性“名称”，其值为“插头组件”，故该注释的显示值为“插头组件”。

注释序号 3：该注释所在图纸的属性关联了顶盒部件视图的属性（图 7-35 中标记⑥的视图），而该视图引用了“PlugTopBox. SLDPRT”文件，该文件中存在属性“名称”，其值为“顶盒 200×70×2t”，故该注释的显示值为“顶盒 200×70×2t”。

注释序号 4：该注释指定了图 7-35 中标记③视图中的接线板底盒文件“PlugBottomBox. SLDPRT”，而该文件中存在属性“名称”，其值为“底盒 200×70×2t”，故该注释的显示值为“底盒 200×70×2t”。

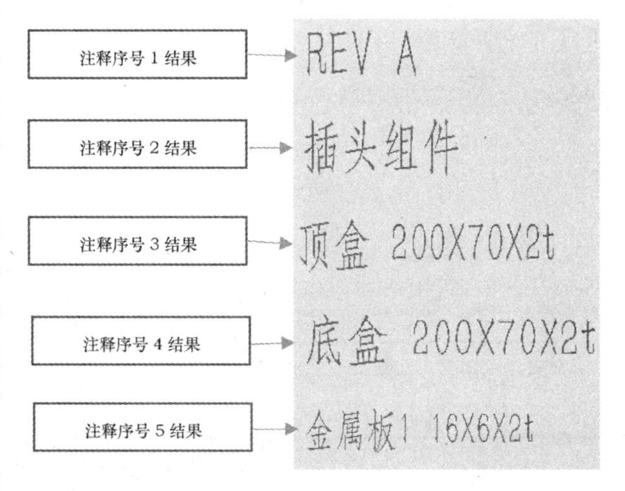

图 7-36　注释显示值

注释序号 5：该注释指定了图 7-35 中标记①视图中的插头金属板 1 “PlugPin1. SLDPRT”，而该文件中存在属性“名称”，其值为“金属板 1 16×16×2t”，故该注释的显示值为“金属板 1 16×16×2t”。

提示：

通过本例可以进一步验证四种链接源文件方式的整个参数传递过程。读者可以深刻理解这些数据的传递过程，并在工程图绘制过程中学会选择合理的源文件链接方式，有助于减少工程图中修改与输入文字的工作量。

7.6.5 实例分析：注释链接属性语法

虽然通过本章7.6.3介绍的通过交互选择的方式完成注释的属性联动，但当一个注释中集合了多个链接属性后，有时交互选择不一定方便。通过7.6.4节的实例演示，可以发现注释的链接属性一定有后台的链接方法。

在SOLIDWORKS中，这些链接源文件属性的方法是由不同的表达式构成的。如图7-37所示，通过右键单击一个带有链接属性的注释，在弹出的快捷菜单中单击【在窗口中编辑文字】，系统会弹出【编辑文字窗口】对话框，在文本区域，可以发现并没有注释显示的“REV A”文本，取而代之的则是一段表达式“$PRP：“文件版次””表示链接到当前文件的属性“文件版次”。

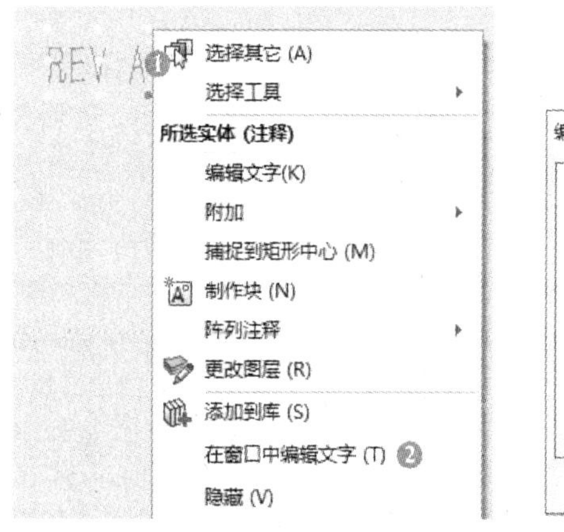

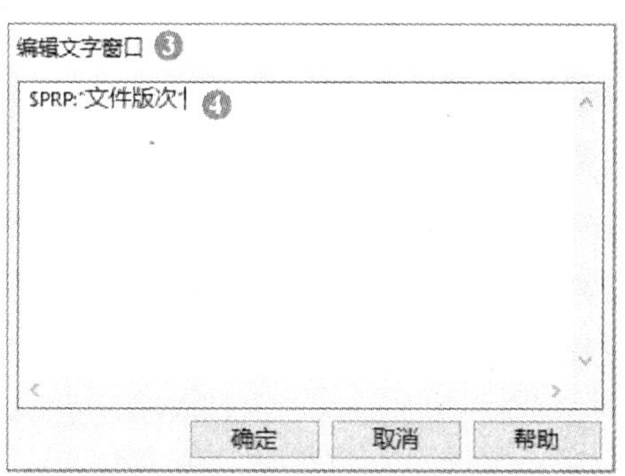

图7-37　查看注释链接属性表达式

按照相同的方法，可以逐个查看7.6.4节实例中添加的5个注释的表达式，如下表7-2所示。

表7-2　注释的表达式

注释序号	显示值	表达式
1	REV A	$PRP：“文件版次”
2	插头组件	$PRPVIEW：“名称”
3	顶盒 200×70×2t	$PRPSHEET：“名称”
4	底盒 200×70×2t	$PRPSMODEL：“名称” $COMP：“PowerStrip－20@工程图视图3/PlugBottom-Box－1@PowerStrip”
5	金属板1 16×16×2t	$PRPSMODEL：“名称” $COMP：“PowerStrip－14@工程图视图1/PlugHead－1@PowerStrip/PlugPin1－1@PlugHead”

从表7-2中汇总的各注释的表达式中可以总结一个通用格式：

链接方式＋“属性名”＋［空格＋$COMP：＋“部件全名”］

其中4种链接方式的语句见表7-3：

表7-3 链接方式

链接方式	语 句	链接方式	语 句
当前文件	$PRP：	图纸属性	$PRPSHEET：
当前工程视图	$PRPVIEW：	指定部件	$PRPSMODEL：

若需要指定部件，则在$COMP：后添加部件的全名，在表7-2中的注释4与5的表达式中可以发现部件的名称比较复杂。现以注释5为例，对该部件的完整名称“PowerStrip－14@工程图视图1/PlugHead－1@PowerStrip/PlugPin1－1@PlugHead”进行解析。

首先，从注释5所指定的部件名称中可以看到，该部件属于工程图视图1，则如图7-38所示，在工程图特征树中的“工程图视图1”特征进行展开。图中的标记①～④即为最终部件上层的路径节点。

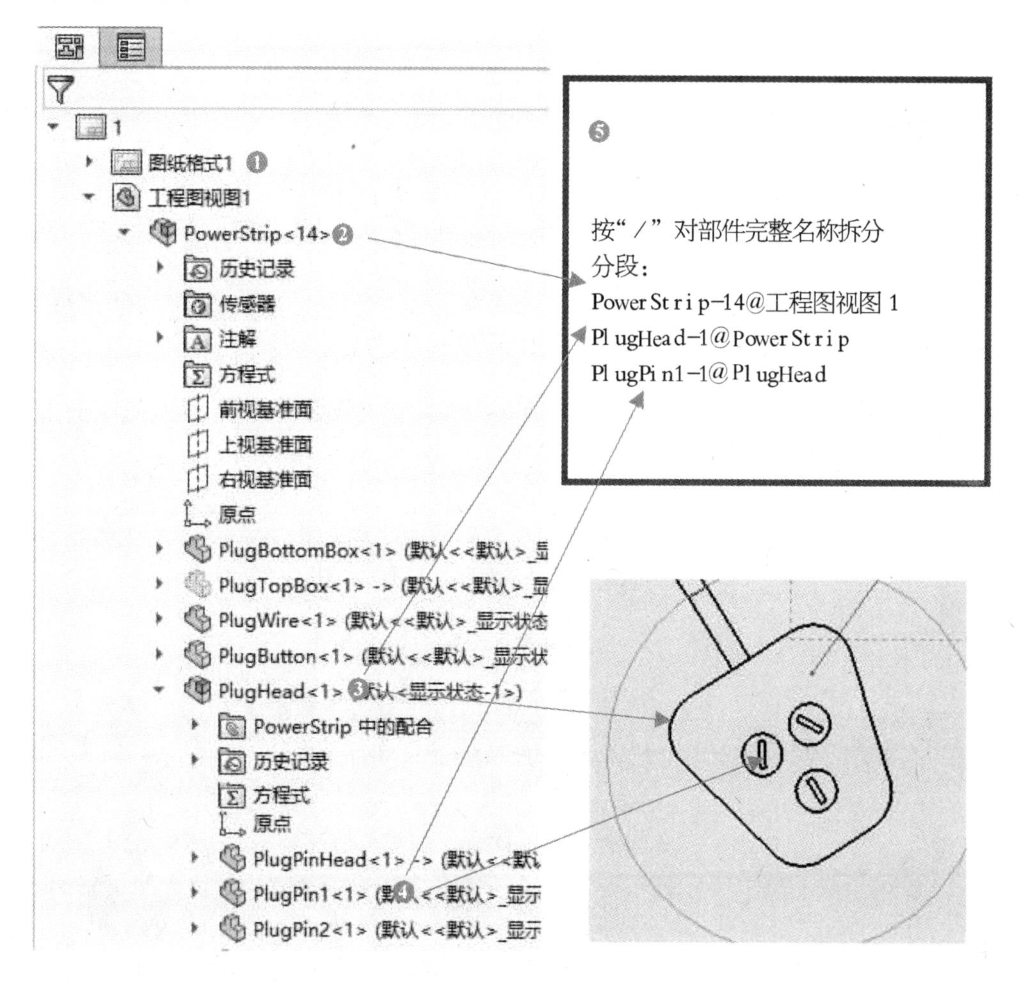

图7-38 部件名称解析

在图中标记⑤处将该部件的完整名称按照“/”进行拆分分段后，可以理解为指定部件通过3步被找到，首先找到工程图视图1下的装配体实例PowerStrip-14，再通过装配体PowerStrip找到下一级的部件实例PlugHead-1，最后通过子部件PlugHead找到所需的部件实例PlugPin1-1，从而找到所需的部件。

小技巧：

通过上述的分析可以看出，当需要书写部件全名时，可以展开相应的特征树找到从顶层到所需部件的关键点，如图7-38中标记①~④的部件实例。接着，按照从顶层到所需部件的路径次序，每两个写出如下格式的表达式：部件名+“-”+实例号+@+父节点名，即如图7-38中标记⑤处拆分完的三段表达式。最后，将所有表达式“自顶向下”使用“/”连接起来，即可生成指定部件的完整名称。

7.6.6 实例分析：注释与配置

注释链接属性原理及语法

如图7-39所示，接线板装配体中存在两个配置，而接线板装配体的自定义属性及配置特定中每个配置都存在“产品规格”的属性，并且对应的值都不同。

现在要在该接线板的工程图中的每个视图中添加一个注释。注释内容包含各视图所指文件名称、产品规格属性以及所在图纸名称三部分的信息。

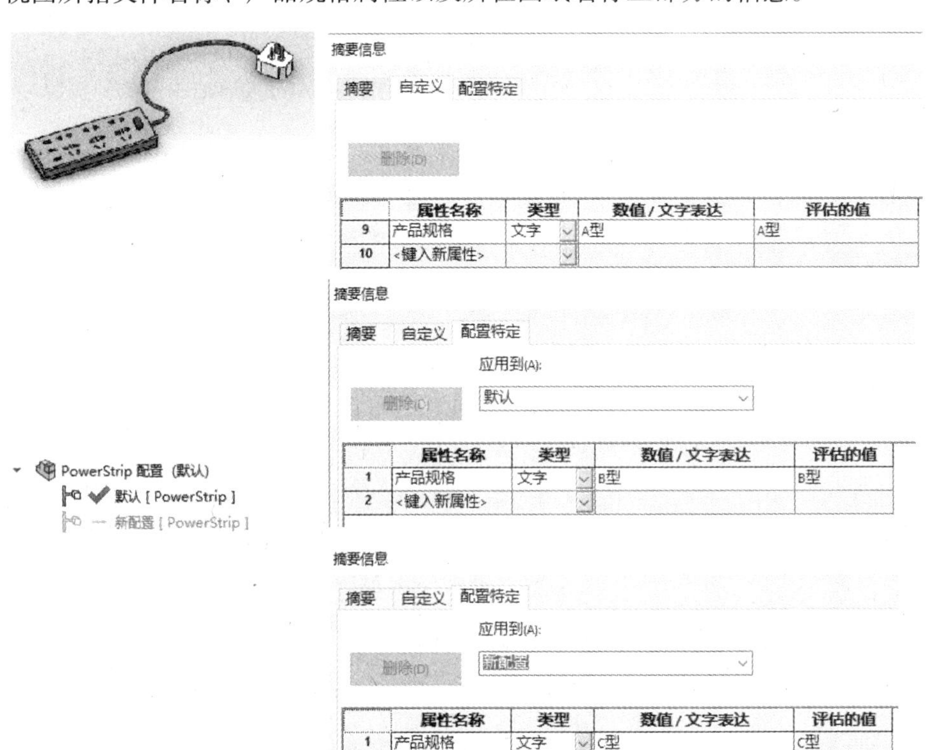

图7-39 多配置接线板及属性

如图7-40所示，以接线板俯视图为例，添加了一个含有多个属性链接的注释。注释显示值为“文件名称为：PowerStrip，产品规格为：B型，所在图纸名为：1”。从图中还可以发现，本例中在文件名处和图纸名处都有SOLIDWORKS提供的内置函数。

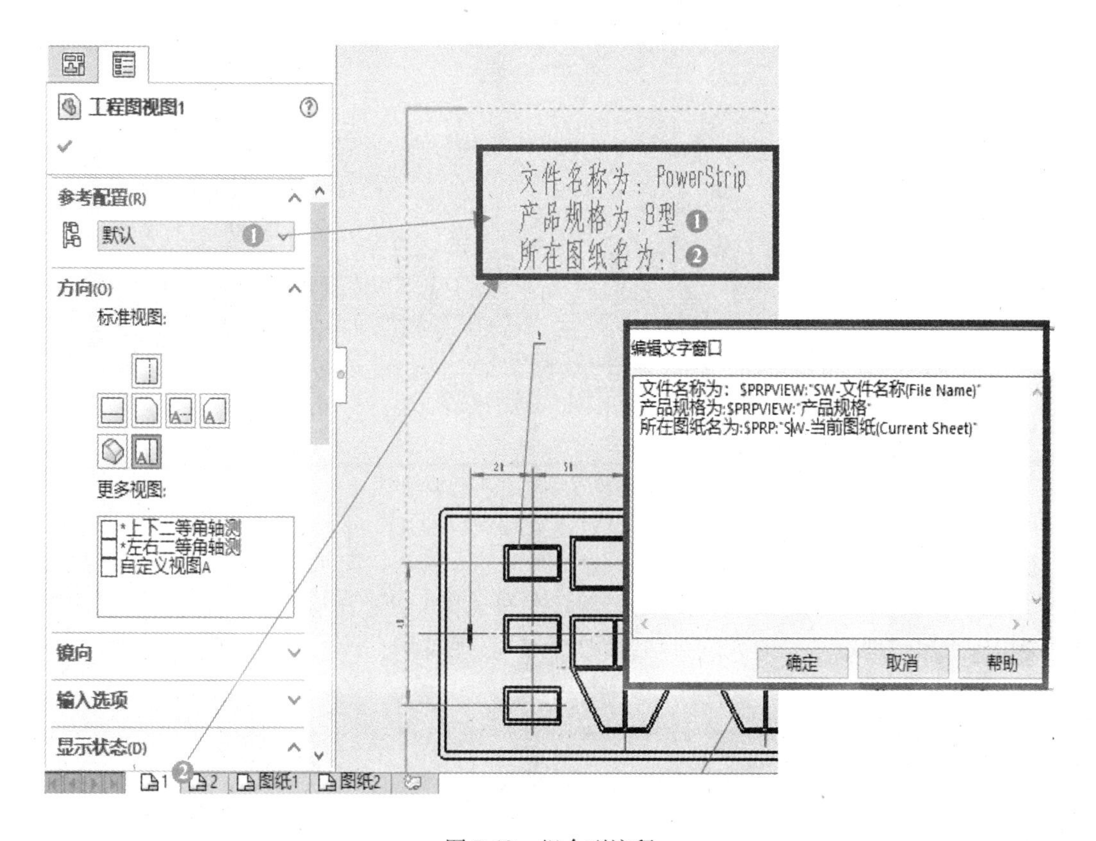

图7-40 组合型注释

此外，对于链接的“产品规格”属性，虽然接线板模型文件在【自定义】属性与【配置特定】属性中都存在“产品规格”，但SOLIDWORKS系统会自动根据视图的参考配置显示对应配置中的指定属性，还可以看到在显示优先级上模型中配置特定中的属性高于自定义中的属性。

再对照【编辑文字窗口】对话框中的注释表达式格式与注释显示格式效果可以发现，表达式的格式还能决定注释的显示格式。

提示：

在日常设计过程中，图纸中经常会有一些部件需要添加表达信息结构相似的“注释”，仅仅针对各模型自身信息的不同。此时可以将注释表达式中的公共部分写死，而将灵活变化的部分做成链接属性。若按照此方法完成一个注释后，其他部件的视图中就无须再做，仅需复制该完成的注释，则依次激活每个需要添加该类注释的视图进行粘贴即可，以图7-41为例。

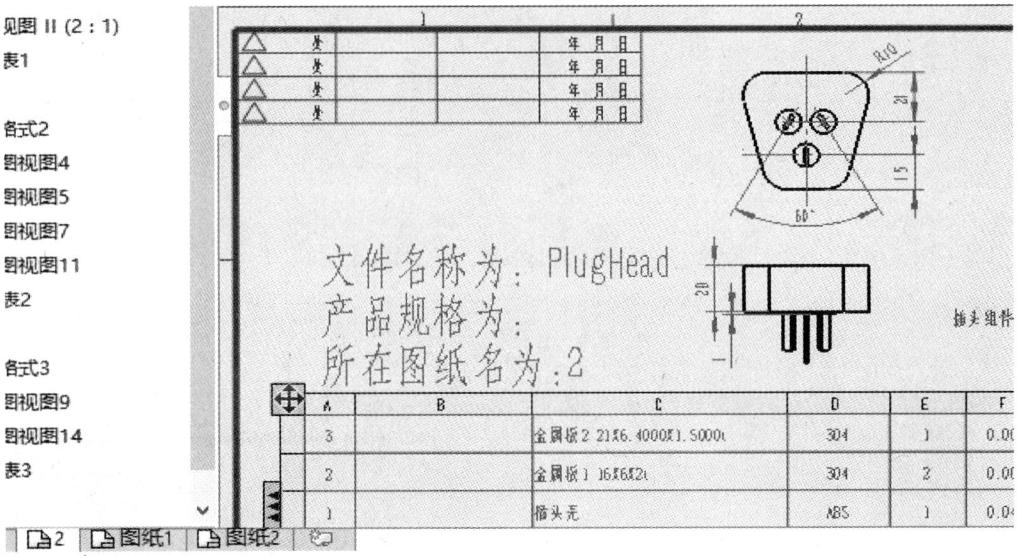

图 7-41　整体复制注释至其他视图

在工程图中，应该习惯多多使用注释链接属性的方式进行图纸描述，这将减少模型修改后工程图的工作量以及降低图纸漏改的风险。另外，SOLIDWORKS 同样也提供了写注释链接的 API，也可以通过编程的方式自动组织注释的表达式。

7.7　工程图中的图块

图块在工程图中既可以简化工作量，也便于管理。如图 7-42 所示，在 SOLIDWORKS 中通过右键单击工具栏，在弹出的快捷菜单中单击【块】，即可调出标记③处的【块】工具条，该工具条可提供用户块的各类操作。

此外，在 SOLIDWORKS 工程图的特征树中，还有一个图中标记④处的块节点，所有在该工程图文件中使用的块都会汇总在该块文件夹下。

7.7.1　块的插入

如图 7-43 所示，在【块】工具条中单击【插入块】图标，将弹出【插入块】的属性管理面板，若为首次添加块，单击【浏览...】按钮，在弹出的【打开】对话框中选择需要插入的外部块文件后，单击【打开】按钮，此时将光标指针移至图纸区域，可见标记④处将要插入的块随着鼠标指针一同移动，其中鼠标指针的位置即是该图块的插入点，最后将该图签图块插入到图框中右下角，即标记⑤处，至此就完成了一个图签图块的插入。

当图块被首次成功插入到工程图文件后，若在该工程图文件的其他地方还需要插入相同的块，就不必再找图块，直接在标记⑥处的列表中选择即可插入相同的块。

此外，在【插入块】的属性管理面板中还可以设置图块的插入比例和旋转角度。

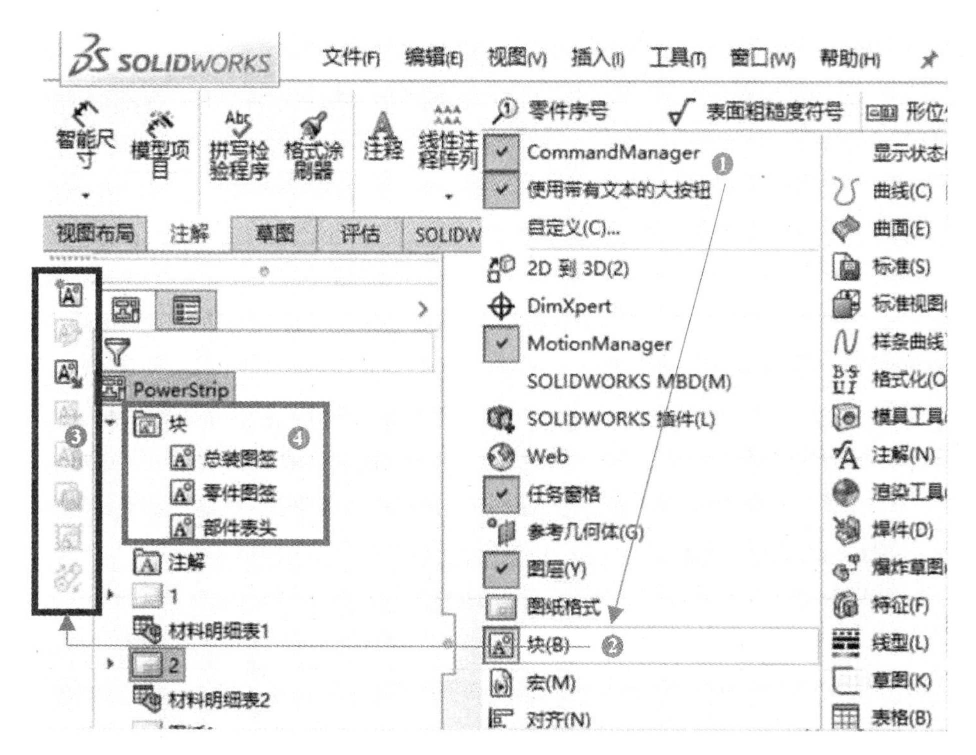

图 7-42 图块概述

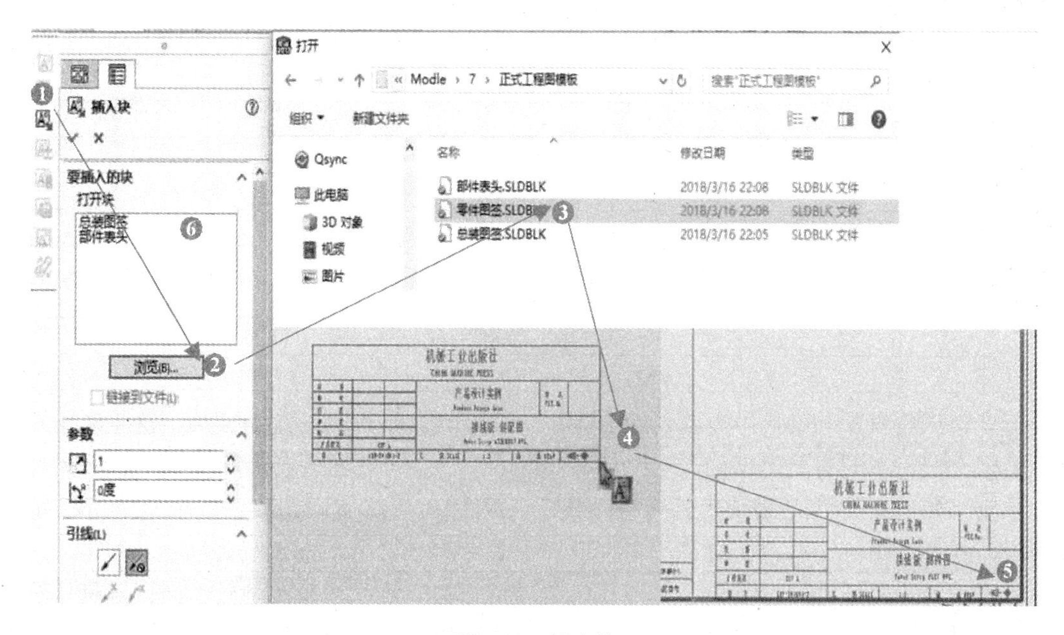

图 7-43 插入块

提示：

图纸格式、图纸空间和视图空间都可以插入图块。

一般地，与视图有密切关系的图块应插入在视图空间中。关于图纸格式与图纸空间的选择，当图块在设计过程中的变更频率不高时，建议放在图纸格式空间，否则放在图纸空间中。在图纸格式中的图块不参与图纸空间的修改，在缩放图纸视图时，流畅性相对好点。

7.7.2 实例分析：块的修改

如图 7-44 所示，部件表头图块需要修改，在“件号”后面需要添加“No”，在“名称”后面需要添加“NAME”。首先需要选中需要修改的图块，在【块】工具栏中单击【编辑块】图标，此时块会进入编辑状态，在图中标记③处按照要求在件号与名称之后追加英文，修改完毕后，单击图纸右上角的【退出块编辑】图标（图中标记④），即可完成块的修改。

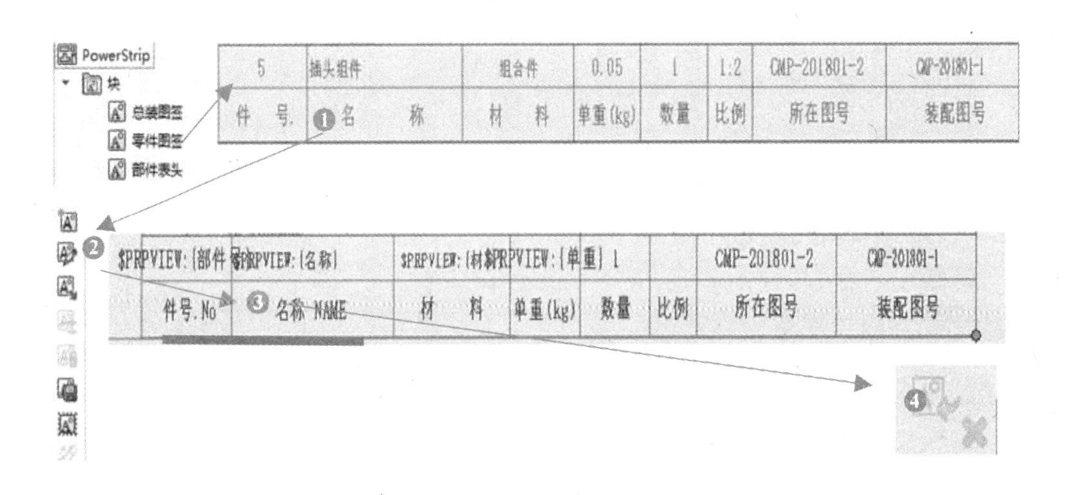

图 7-44 编辑块

此外，从编辑状态的块中可以看到，块中集合了很多带属性链接的注释，这将使得块的显示数据会根据不同对象而不同。

如图 7-45 所示，图块被修改后可以发现，工程图中所有使用到该图块的地方都被更新了。返回到特征树可以看到，这些块在特征树中只有一个特征“部件表头”。

可以理解为图纸中的每个块都是特征树中块特征的实例，并且实例号不同，只是块的实例号并未对用户显示。故对块的这一特性理解可以联想零部件与装配体中对应部件实例号的关系，即在图中块特征可以看成是“PlugPin1. SLDPRT”文件，而图纸中每个使用的块就类似装配体特征树中的“PlugPin1 <1>”与“PlugPin1 <2>”。修改块就等于修改了零部件而作用于所用引用的实例。

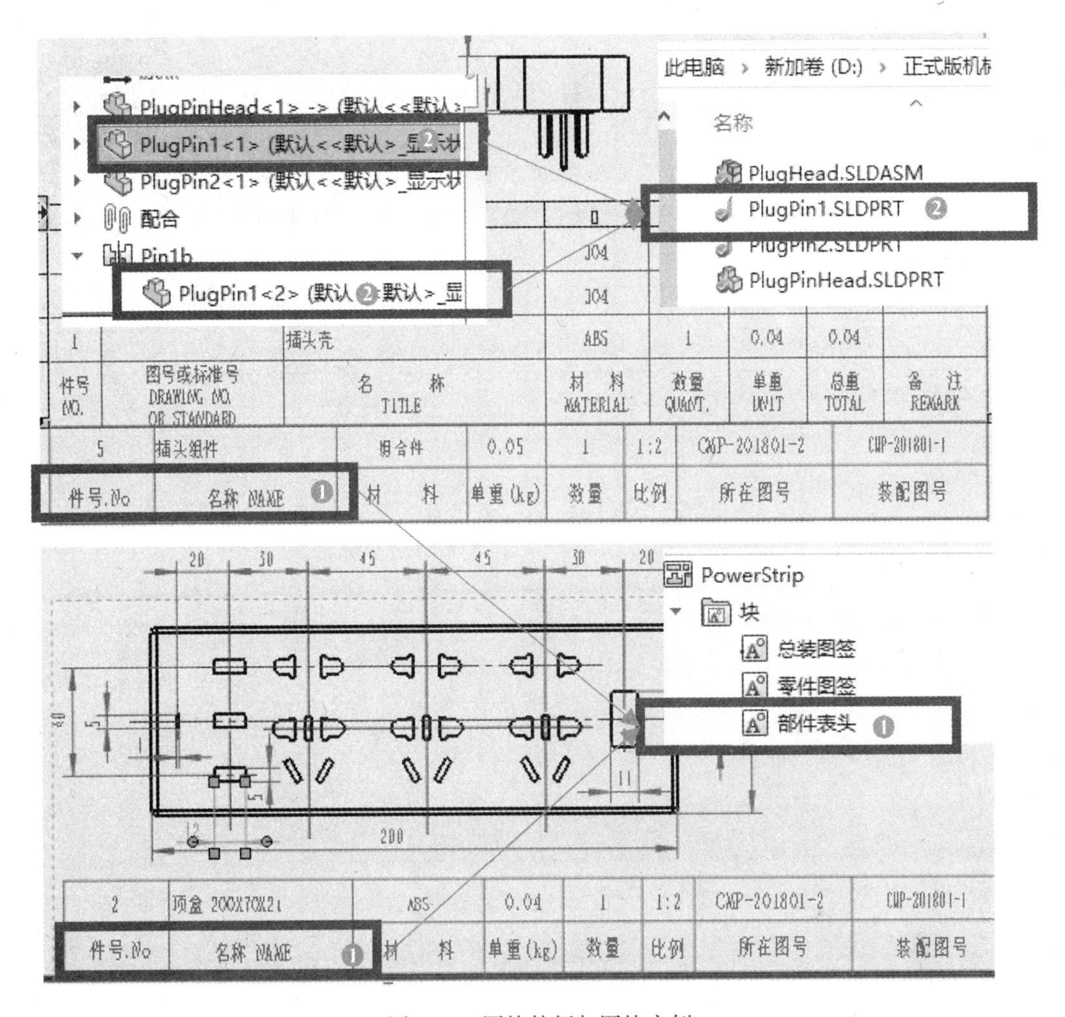

图 7-45 图块特征与图块实例

提示：

初学 SOLIDWORKS 的用户在修改块时常常会忽略这一问题，导致所有块都被修改而不自知。针对此问题，有以下两个处理建议：

（1）在制作图块模板的过程中，应尽量考虑块中元素变量内容与常量内容，并综合利用注释的链接属性功能制作块，使得块的适用范围更广。

（2）若需要对其中部分块实例进行修改，可在资源管理器内复制该块文件并重命名为一个新的文件名，将新命名的块插入工程图即可。即特征树中的块不是一个名字。

虽然还可以将块实例炸开，但不推荐这样处理，当需要再修改或需要移动位置时，不便于后期的块元素管理。

7.7.3 实例分析：块的制作

如图 7-46 所示，本例中将以制作该部件表头图块为例，讲解图块的通用制作过程。

块使用时的注意事项

如图 7-47 所示，工程图中图块的制作步骤如下：

1）首先确认绘制图块所在图纸的比例是 1∶1，可在图纸属性中进行比例设置。

5	插头组件	组合件	0.05	1	1∶2	CNP-201801-2	CUP-201801-1
件号. No	名称 NAME	材 料	单重（kg）	数量	比例	所在图号	装配图号

图 7-46 实例图块

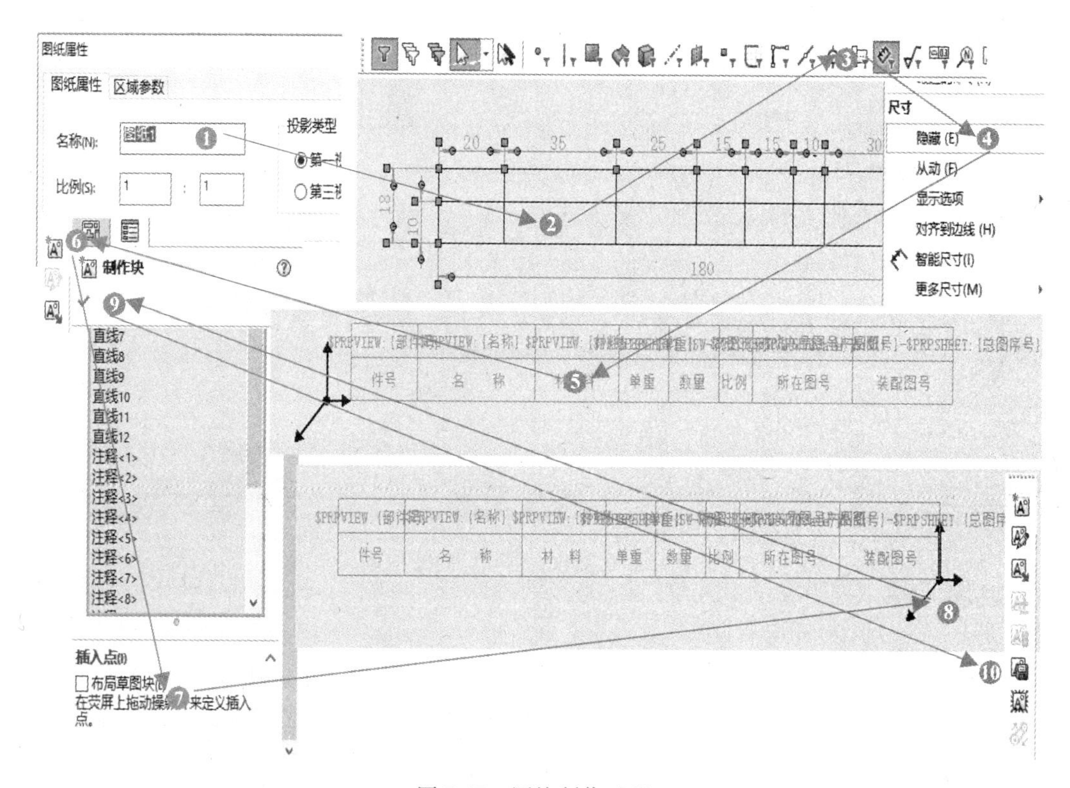

图 7-47 图块制作过程

2）在图纸空间中将图块的表格边框绘制完毕，并通过尺寸进行约束。

3）使用【尺寸过滤】工具框选图形区域，将所有线框的尺寸选中。

4）右键单击任意尺寸，在弹出的快捷菜单中单击【隐藏】可将所有标注的尺寸隐藏。

5）添加注释，并根据表 7-4 的要求，按照 7.6.4 中介绍的方法将注释链接到属性。

6）将绘制完成的图块所需元素全部选中，在【块】工具栏中单击【制作块】图标，系统将弹出【制作块】的属性管理面板。

7）在【制作块】的属性管理面板中展开【插入点】，此时在图形区域中将显示一个类似坐标的操纵杆。

8）将操纵杆分别拖动至标记⑧处的表格右下点。

9）全部设置完毕后，在【制作块】的属性管理面板中单击【确认】按钮即可完成块的制作。

10）再次选中制作完成的块，在【块】工具栏中单击【保存块】按钮即可将该块保存为外部文件，共享给其他设计人员。

表7-4 需要链接的属性

名 称	表 达 式
件号	$PRPVIEW：“部件号”
名称	$PRPVIEW：“名称”
材料	$PRPVIEW：“材料”
单重	$PRPVIEW：“单重”
比例	$PRPSHEET：“SW-视图比例（View Scale）”
所在图号	$PRPSHEET：“产品图号” - $PRP：“SW-图纸名称（Sheet Name）”
装配图号	$PRPSHEET：“产品图号" - $PRPSHEET：“总图序号”

提示：

如图7-48所示，图块1与图块2相比，多了一条竖线，但实际上这两个图块实例都来自一个块特征，实现图块2的效果在于制作块的过程中，用户可以结合块中元素与图层设置进行块制作，从而通过在使用过程中控制图层开关来控制图块的显示。在实际的图纸设计过程中，有些块比较相似，虽然可以分开制作图块，但会导致修改时维护工作量的增加，故可以结合图层控制进行图块制作。

图7-48 图层与图块

图块制作与使用时的注意事项

7.8　表格的使用与制作

在 SOLIDWORKS 中，表格通常被用于材料明细表、孔表、修订表以及各类行列信息的表达，并且用户可以根据自己的需求对表格进行定制。SOLIDWORKS 中的表格基于 EXCEL，故表格的一般操作方法都基本相似，本节中将主要通过普通表格与材料明细表来详细讲解表格的使用方法。

7.8.1　表格的插入

如图 7-49 所示，在 SOLIDWORKS 工具栏中单击【表格】/【总表】，在【表格】属性管理器中既可以选择已有的表格模板进行插入，也可以通过设置行列数以及边界线粗来定义新表格，当表格定义完成后，单击【确定】图标✔，即可将表格插入到图纸中。再次选中表格可以在【表格】属性管理器中的【表格位置】下看到标记⑥处的【恒定边角】四种选项，该设置可以理解为表格的插入点设置。

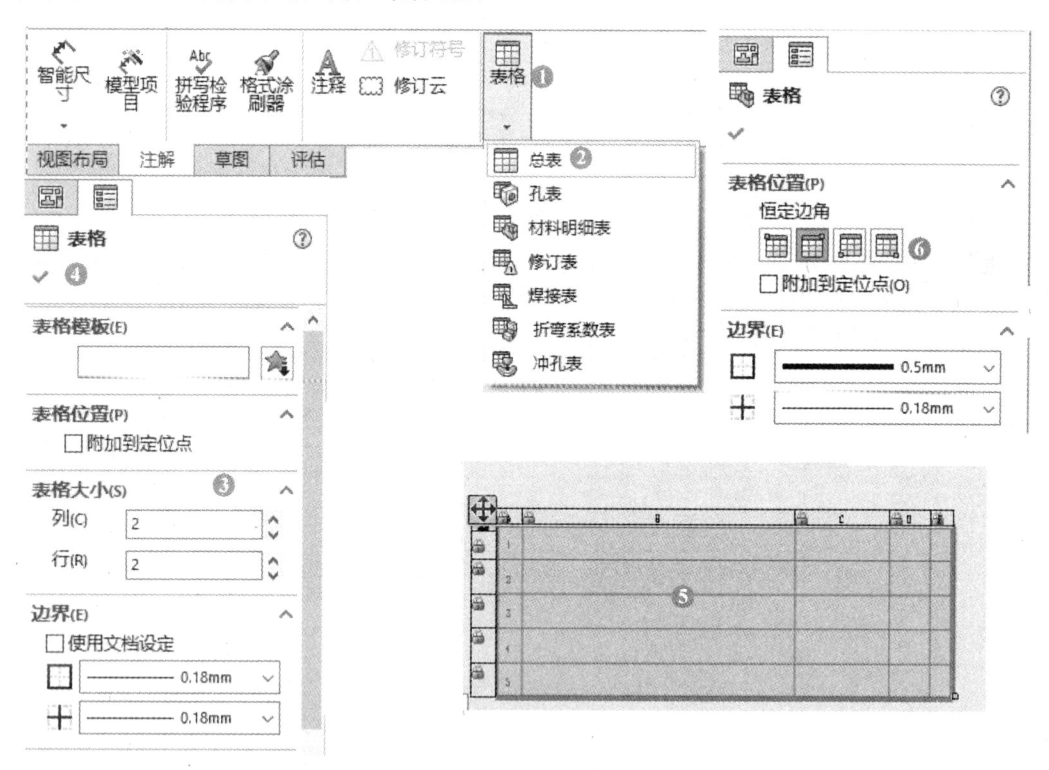

图 7-49　表格的插入

7.8.2　表格的基本使用及属性

如图 7-50 所示，通过右键单击表格，在弹出的快捷菜单中主要能够实现如下对表格的设置。

1）标记①与标记②对表格行列的插入与删除操作。

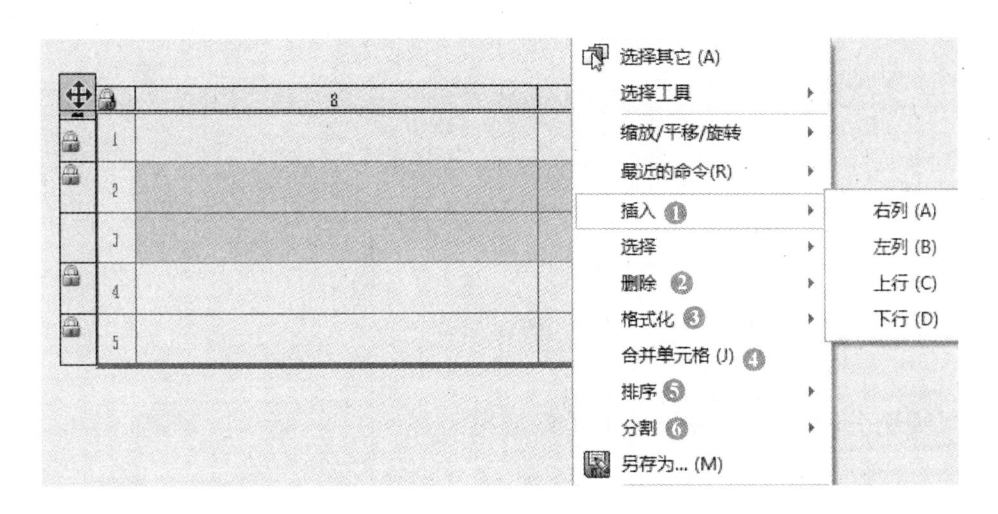

图 7-50 表格常用操作

2）标记③【格式化】能对表格的行高和列宽进行设置，并设定是否锁定行高或列宽。

3）标记④【合并单元格】。

4）标记⑤【排序】。

5）标记⑥【分割】，如图 7-51 所示，当表格的内容比较长时，可以通过该命令将表格拆分为多个表分区，但需要注意，无论表格被分割成多少块，都属于一个表格特征，如图中特征树中的“总表 2”。对于已经被分割的表格，也可在任意一个被分割的表上右键单击，在弹出的快捷菜单中单击【合并表格】进行复原。

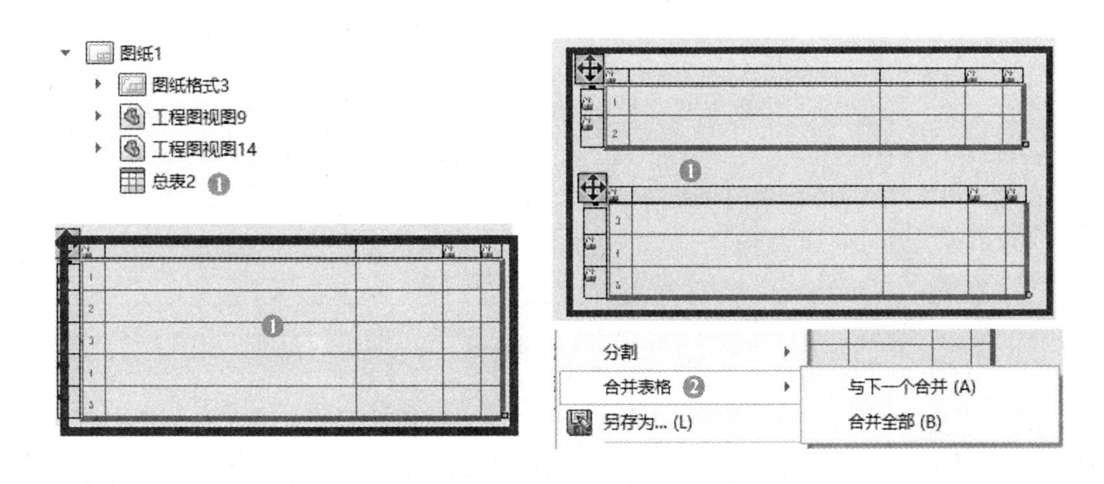

图 7-51 表格的分割与合并

如图 7-52 所示，当用鼠标单击表格的行、列或单元格时，SOLIDWORKS 还会自动弹出此对话框，主要用于设置单元格的格式。

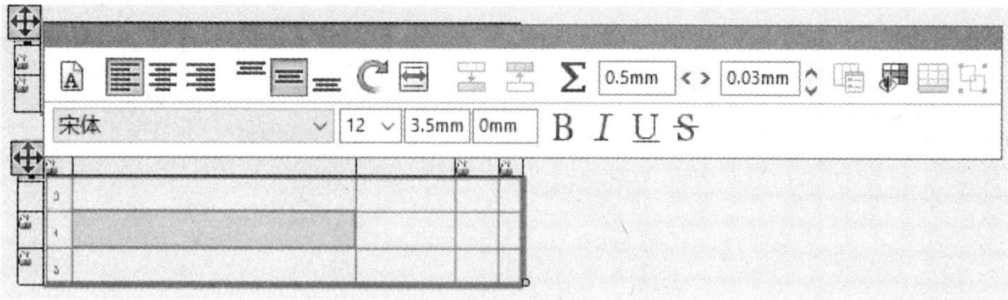

图 7-52　设置单元格的格式

7.8.3　实例分析：普通表格的单元格数据

如图 7-53 所示，对于接线板图纸，需要一个采购数据表的“对照表”用户可以直接双击每个单元格按照图示的内容进行输入，但是整个输入文字的环节比较费时，而且当需要修改时，又需要重新对表格的内容进行修正。

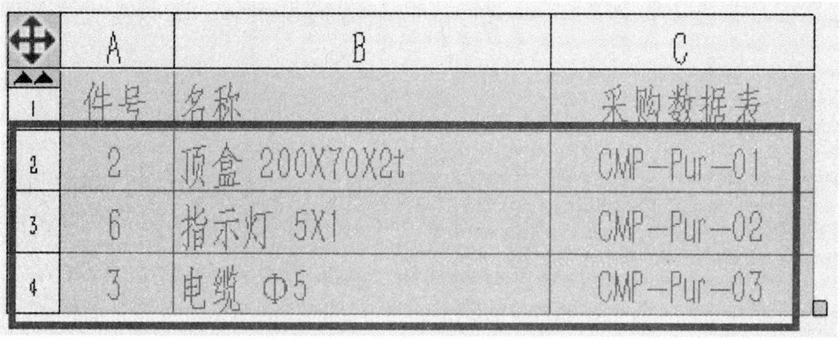

图 7-53　表格实例

在该实例中可以发现，多数信息在模型的文件属性中已经存在，则在该表格中输入的内容存在很多重复的内容。

在此，根据本书 7. 6. 5 中的注释链接属性的语法尝试使用到表格单元中，按照表 7-5 对应的链接语法复制到图 7-53 中第二行至第四行的每个单元格中。

表 7-5　单元格链接属性语法

表行号	列名	表　达　式
2	件号	$PRPSMODEL:"部件号" $COMP:"PowerStrip-20@工程图视图 3/PlugTopBox-1@PowerStrip"
2	名称	$PRPSMODEL:"名称" $COMP:"PowerStrip-20@工程图视图 3/PlugTopBox-1@PowerStrip"
2	采购数据表	$PRPSMODEL:"采购数据表编号" $COMP:"PowerStrip-20@工程图视图 3/PlugTopBox-1@PowerStrip"
3	件号	$PRPSMODEL:"部件号" $COMP:"PowerStrip-20@工程图视图 3/PlugLED-1@PowerStrip"
3	名称	$PRPSMODEL:"名称" $COMP:"PowerStrip-20@工程图视图 3/PlugLED-1@PowerStrip"

（续）

表行号	列名	表 达 式
3	采购数据表	$PRPSMODEL:" 采购数据表编号" $COMP:" PowerStrip-20@工程图视图3/PlugLED-1@PowerStrip"
4	件号	$PRPSMODEL:" 部件号" $COMP:" PowerStrip-20@工程图视图3/PlugWire-1@PowerStrip"
4	名称	$PRPSMODEL:" 名称" $COMP:" PowerStrip-20@工程图视图3/PlugWire-1@PowerStrip"
4	采购数据表	$PRPSMODEL:" 采购数据表编号" $COMP:" PowerStrip-20@工程图视图3/PlugWire-1@PowerStrip"

如图7-54所示，当接线板的电缆模型中的相关属性发生变化时，工程图中该表格关于电缆的内容也都同时更新了。通过验证可以发现，注释的链接属性语法在表格的单元格中同样适用。

	属性名称	类型	数值/文字表达	评估的值
1	名称	文字	电缆1 Φ"D1@草图1@PlugWire.SLDPRT"	电缆1 Φ5
2	材料	文字	"SW-Material@PlugWire.SLDPRT"	铜
3	单重	文字	"SW-Mass@PlugWire.SLDPRT"	0.06
4	明细栏备注	文字		
5	部件号	文字	3	3
6	采购数据表编号	文字	CMP-Pur-03	CMP-Pur-03
7	<键入新属性>			

件号	名称	采购数据表
2	顶盒 200X70X2t	CMP-Pur-01
6	指示灯 5X1	CMP-Pur-02
3X	电缆1 Φ5	CMP-Pur-07

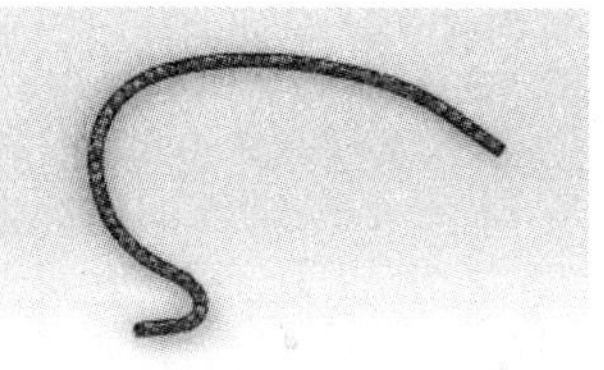

图7-54 单元格链接到属性

提示：

单元格通过注释链接模型属性的语法虽然能实现与模型信息的实时联动，但输入工作量相对比较多，在一些简单的表格应用中，可以不用考虑单元格链接属性的方案。

但若所做表格中的数据在模型中都存在，并且信息比较重要，内容比较多，或者项目中的变更比较多，则建议采用单元格链接属性的方式来填写表格内容，虽然第一次输入相对比较费时，但在后期修改过程中，当装配层级不发生变化时，用户仅需将模型数据修改到位即可，从而降低了漏改错改的风险。

此外，当表格为固定显示指定部件相应属性时，可以在制作表格模板的过程中就将链接属性的语法写入到单元格中，这样用户只需按要求插入表格，表格单元格中的内容即会根据模型信息自动呈现。

若企业存在一定的SOLIDWORKS二次发开能力，则更建议使用程序进行动态生成带单元格链接属性的表格。

7.8.4 制作表模板

如图7-55所示，先选中需要制作成模板的表格，检查【表格】属性管理器的【表格位置】（可理解为插入点），边界的设置是否满足使用需求，再根据需要检查表中单元格的文字格式和行高列宽等格式。检查无误后，右键单击表格，在弹出的快捷菜单中单击【另存为...】，系统会弹出【另存为】对话框，在对话框中选择表、模板需要保存的路径与文件保存类型“. sldtbt”及模板名称，即可完成表模板的保存。

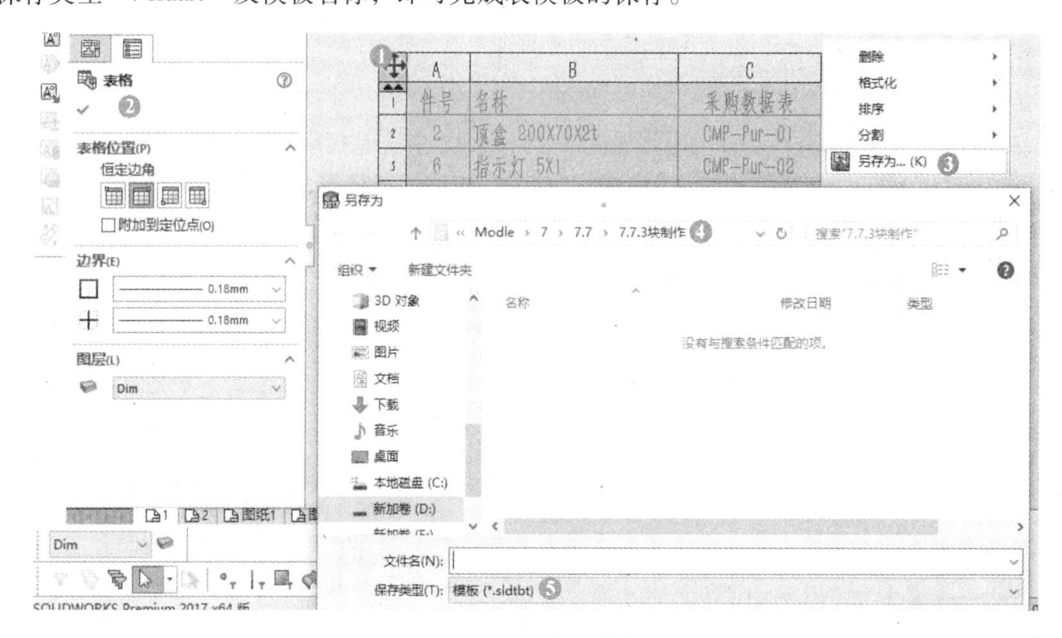

图7-55 表模板制作

表格的使用综合讲解

7.8.5 材料明细表与件号

如图7-56所示，接线板视图存在一个“材料明细表”，明细表实时地显示视图中各模型的信息，可以通过【注解】/【零件序号】工具在视图中拉件号，此时所拉的件号会与明细表中的件号自动对应，用户无须在拉件号的时候对件号进行输入。

SOLIDWORKS中，插入材料明细表时，部件的次序会默认按照所引用的装配体特征树次序进行排列。此外，当明细表被选中时，还可以通过【材料明细表】属性管理器对明细表的数据呈现形式进行设置。

1. 材料明细表的类型

在材料明细表中有三种显示类型供用户选择：【仅限顶层】、【仅限零件】和【缩进】。

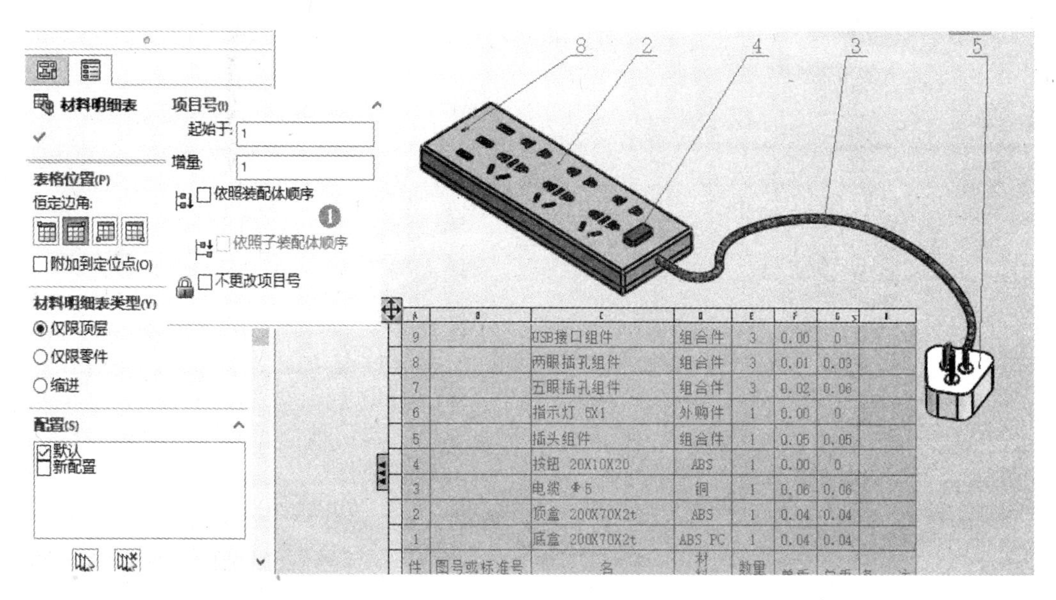

A	B	C	D	E	F	G	I
9		USB接口组件	组合件	3	0.00	0	
8		两眼插孔组件	组合件	3	0.01	0.03	
7		五眼插孔组件	组合件	3	0.02	0.06	
6		指示灯 5X1	外购件	1	0.00	0	
5		插头组件	组合件	1	0.05	0.05	
4		按钮 20X10X20	ABS	1	0.00	0	
3		电缆 Φ5	铜	1	0.06	0.06	
2		顶盒 200X70X2t	ABS	1	0.04	0.04	
1		底盒 200X70X2t	ABS PC	1	0.04	0.04	
件	图号或标准号	名	材	数量			

图 7-56 材料明细表

如图 7-57 所示为【仅限顶层】情况，此时明细表仅表达了所引用装配体的顶层部件，不对子装配体进行展开。明细表中原始部件的次序也同装配体的特征树次序。

6		指示灯 5X1	外购件	1	0.00	0	
5		插头组件	组合件	1	0.05	0.05	
4		按钮 20X10X20	ABS	1	0.00	0	
3		电缆 Φ5	铜	1	0.06	0.06	
2		顶盒 200X70X2t	ABS	1	0.04	0.04	
1		底盒 200X70X2t	ABS PC	1	0.04	0.04	

PowerStrip (默认<显示状态-1>)
PlugBottomBox<1> (默认<<
PlugTopBox<1> -> (默认<<
PlugWire<1> (默认<<默认>_
PlugButton<1> (默认<<默认:
PlugHead<1> (默认<显示状态
PlugLED<1> (默认<<默认>_显

图 7-57 仅限顶层显示效果

如图 7-58 所示，此时明细表采用了【仅限零件】的显示状态，对照相应的装配体特征树发现“PlugHead”组件并未体现在明细表中，而其下的 3 个子部件与其他接线板顶层部件一同显示在材料明细表中。【仅限零件】类型虽然可以展开装配体中所有部件的信息，但在复杂的装配体中，其缺乏层次性。

8		指示灯 5X1	外购件	1	0.00	0	
7		金属板2 21X6.4000X1.5000t	304	1	0.00	0	
6		金属板1 16X6X2t	304	2	0.00	0	
5		插头壳	ABS	1	0.04	0.04	
4		按钮 20X10X20	ABS	1	0.00	0	
3		电缆 Φ5	铜	1	0.06	0.06	
2		顶盒 200X70X2t	ABS	1	0.04	0.04	
1		底盒 200X70X2t	ABS PC	1	0.04	0.04	

PowerStrip (默认<显示状态-1>)
PlugBottomBox<1> (默认<<默认>_显示
PlugTopBox<1> -> (默认<<默认>_显示
PlugWire<1> (默认<<默认>_显示状态 1
PlugButton<1> (默认<<默认>_显示状态
PlugHead<1> (默认<显示状态-1>)
PlugPinHead<1> -> (默认<<默认
PlugPin1<1> (默认<<默认>_显示状
PlugPin2<1> (默认<<默认>_显示状
配合
Pin1b
PlugLED<1> (默认<<默认>_显示状态 1:

图 7-58 仅限零件显示效果

如图 7-59 所示，当明细表选择【缩进】模式后，其不仅将装配体中的部件全部显示，并且显示装配关系的层级。

6		指示灯 5X1	外购件	1	0.00	0
5.3		金属板2 21X6.4000X1.5000t	304	1	0.00	0
5.2		金属板1 16X6X2t	304	2	0.00	0
5.1		插头壳	ABS	1	0.04	0.04
5		插头组件	组合件	1	0.05	0.05
4		按钮 20X10X20	ABS	1	0.00	0
3		电缆 Φ5	铜	1	0.06	0.06
2		顶盒 200X70X2t	ABS	1	0.04	0.04
1		底盒 200X70X2t	ABS PC	1	0.04	0.04

材料明细表类型(Y)
○仅限顶层
○仅限零件
◉缩进
详细编号

PowerStrip (默认<显示状态-1>)
PlugBottomBox<1> (默认<<默认>_显示
PlugTopBox<1> -> (默认<<默认>_显示
PlugWire<1> (默认<<默认>_显示状态 1
PlugButton<1> (默认<<默认>_显示状态
PlugHead<1> (默认<显示状态-1>)
PlugPinHead<1> -> (默认<<默认>
PlugPin1<1> (默认<<默认>_显示状
PlugPin2<1> (默认<<默认>_显示状
配合
Pin1b
PlugLED<1> (默认<<默认>_显示状态 1

图 7-59　缩进显示效果

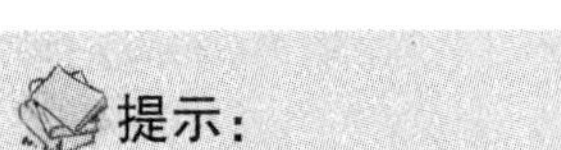

提示：

从材料明细表的三种显示方式看，仅限零件与缩进比较适合简单的装配体，该情况下部件不多，不会给车间制造检验等人员造成读图上太多的时间消耗。但对于复杂的装配体，建议使用仅限顶层的模型显示，便于读图人员分类查找。

2. 依照装配体顺序

在【材料明细表】的属性管理器中，如图 7-56 所示，若勾选了【依照装配体顺序】复选框，则明细表中部件的次序将严格按照装配体特征树的结构执行。一般情况下，若无特殊要求，建议勾选该选项，这样做的最大好处依然是当模型发生变化后，无须特地去调整明细表，一切都交给 SOLIDWORKS 的内部机制。

提示：

用户应尽量采用 SOLIDWORKS 原生的机制：明细表来源装配体特征树，这样可以减少工程图的编辑与修改工作量。然而在部分企业中，由于 ERP 系统等的策略问题，进入采购阶段后件号是不允许更改的，此时若需要删除装配体中的某个部件，则整个明细表就会跟随装配体特征树发生变化，为了避免这一情况以及同时也能使得明细表关联装配体特征，可以考虑将需要被删除的部件文件保留，但删除内部所有特征及与明细表相关文件属性的方式，即给零件留空。

如图 7-60 所示，若需要删除部件“PlugWire”，又不希望更改明细表的次序，此时可以将部件“PlugWire”中的特征“Wire”删除，并且将“PlugWire”中被材料明细栏关联的属性删除，即可满足件号的次序不变更且明细栏依然关联装配体树结构的需求。

图 7-60 装配特征树留空删除

结合上述材料明细表中的特性介绍，可以看出明细表与装配体的特征树存在着密切的关系。装配体的层级将影响材料明细栏的显示效果。材料明细栏的表达应尽可能满足如下需求，同时在设计装配体时也应该为这一目的进行铺垫：

1）易读易搜索：复杂装配体采用仅限顶层类型优先。再复杂的装配，也可以进行模块化地拆分，使得复杂装配体可以简化成一些子装配体的组合。这样，设计在拉件号时无须太多关注件号的摆放，同时读图人员可以先根据子装配图大类快速缩小寻找范围。

提示：

装配体的模块化拆分同时还有利于根据模块的拆分进行流水化作业。

2）尽可能利用SOLIDWORKS原生内部关联。在本书后面的实战篇中，还会对装配体的模块化设计进一步地进行讲解。

7.8.6 制作材料明细表模板

材料明细表的使用技巧与注意

不同于普通表格中针对每个单元格进行的链接属性操作，材料明细表可以通过列的设定统一列中单元格的属性链接。如图7-61所示，通过鼠标双击列标题（图中A、B、C等列标题），SOLIDWORKS即会弹出【列类型】对话框供用户选择，其中列类型包含自定义属性、度量单位、方程式、项目号、零件号、零部件参考、TOOLBOX属性类型。

如图7-62所示，该材料明细表中一共使用了四种列类型。

1）项目号（标记①）：件号列采用了项目号，与件号实现实时联动。

2）自定义属性（标记②~④，⑥，⑧）：这些列将链接模型文件相应属性名称。

3）配置（标记⑤）：该列无法改变，也无法删除，用于显示部件的数量。

4）方程式（标记⑦）：该列通过方程式计算数量列（标记⑤）与单重列（标记⑥）的乘积。

列类型：自定义属性

属性名称：名称

自定义属性 / 度量单位 / 方程式 / 项目号 / 零件号 / 零部件参考 / TOOLBOX 属性

A	B	C	D	E	F	G
9		USB接口组件	组合件	3		
8		两眼插孔组件	组合件	3		
7		五眼插孔组件	组合件	3	0.02	0.06
6		指示灯 5X1	外购件	1	0.00	0
5		插头组件	组合件	1	0.05	0.05
4		按钮 20X10X20	ABS	1	0.00	0
3		电缆 Φ5	铜	1	0.06	0.06
2		顶盒 200X70X2t	ABS	1	0.04	0.04
1		底盒 200X70X2t	ABS PC	1	0.04	0.04

图 7-61　设置列类型

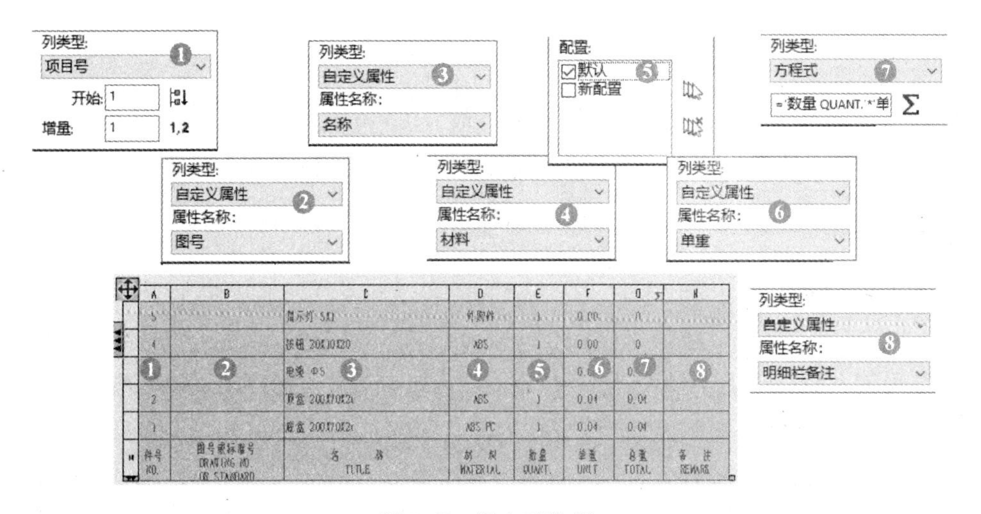

图 7-62　绑定列数据

其中方程式列的设置如图 7-63 所示，在列类型选择【方程式】后，单击【Σ】，将弹出标记②处的详细设置对话框。SOLIDWORKS 提供了两种数据来源：自定义属性与列，其中标记③处的列下拉选项会提供该表的列名，当在列的下拉列表中选择“数量 QUANT”后，“数量 QUANT”就会自动被输入到标记④的文本框中，继续在文本框中键入乘号“*”，再在【列】的下拉列表中选择“单重 UNIT”，最后单击标记⑤处的【确认】按钮，即可完成该计算总重的方程式列设置。

当材料明细表制作完毕后，可以使用类似 7.8.4 中的步骤对材料明细表进行外部模板保存，不同的仅仅是保存的文件类型应该选择“*.sldbomtbt”的材料明细表模板格式。

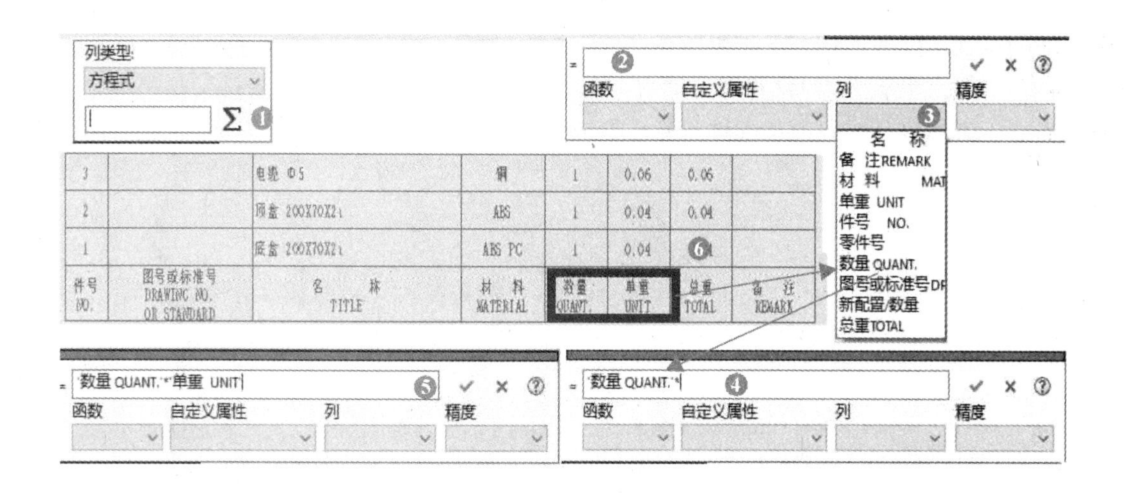

图 7-63　方程式设置步骤

材料明细表的制作

7.9　插入模型项目

在 SOLIDWORKS 工程图中，还提供了【模型项目】命令用于插入模型中的标注尺寸、注解等各类信息。使用该方法插入的元素与模型中相应的元素不仅联动，还可以直接在工程图中修改这些尺寸，从而直接修改模型。

如图 7-64 所示，标记①处的尺寸为在工程图中标注的尺寸，其名称为“RD1@工程图视图 9”，而标记②处的尺寸为利用【模型项目】插入到工程图的尺寸，其名称即为模型中相应的尺寸名“L@ SketchRec”，故通过修改该尺寸的值，可以直接修改相应的模型。

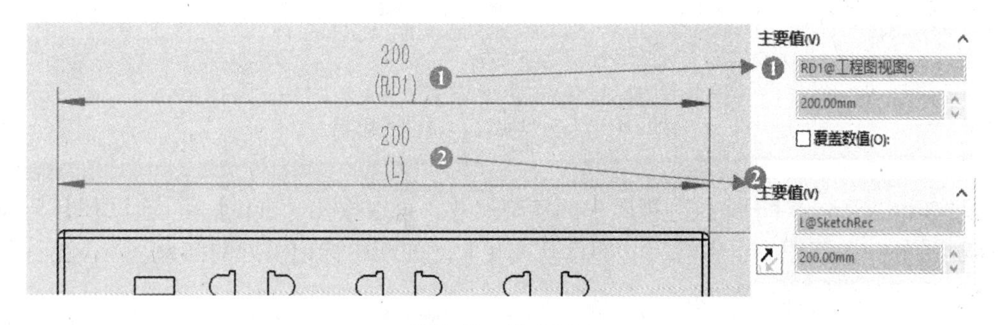

图 7-64　尺寸对比

如图 7-65 所示，通过工具栏中【注解】/【模型项目】，即可在属性管理器中显示各类模型项目的选项，主要可以分为来源/目标、尺寸、注解和参考几何体项。

（1）来源/目标　这里选择所需插入内容的来源，在其下拉列表中提供了整个模型、所选特征、所选零部件、仅限装配体四种出处。

提示：

对于相对比较简单的模型，可以先选择整个模型的方式一次性插入，再根据需求进行删减。而对于复杂的零件或装配体，可以通过所选特征、所选零部件和仅限装配体三种方式逐次插入，避免同时插入过多元素导致图面混乱的现象，不便于后续的删减等修改。

（2）尺寸　这里提供了可以输入的尺寸类型，包含工程图标注、没为工程图标注、实例/圈数计数、公差尺寸、异形孔向导轮廓、异型孔向导位置和孔标注。对于这些尺寸的输入，在建模环节就应该提前考虑好尺寸的显示规划。

（3）注解　该项提供了插入模型中的注释、表面粗糙度和形位公差等各类注解元素。

（4）参考几何体　提供用户插入基准面、基准轴等模型元素。

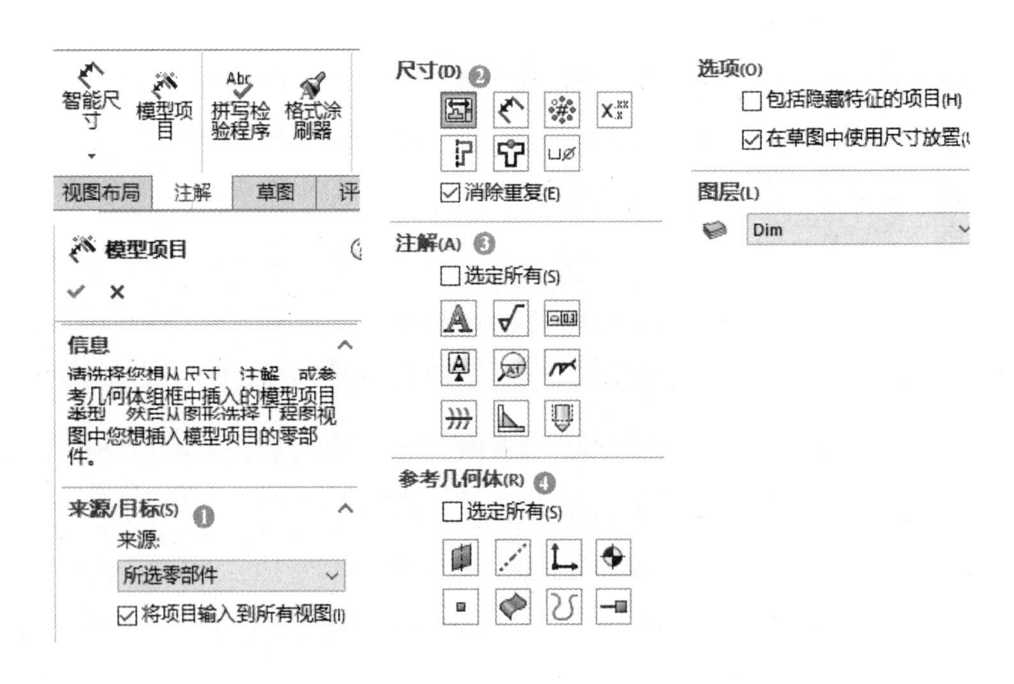

图 7-65　【模型项目】属性管理器

如图 7-66 所示，对于插入到视图中的模型尺寸，可以按住【Shift】键或【Ctrl】键将尺寸拖动到另外一个视图中，实现尺寸的移动或复制，如图中标记①处的结果。但需要注意尺寸在目标视图中能够正确显示。

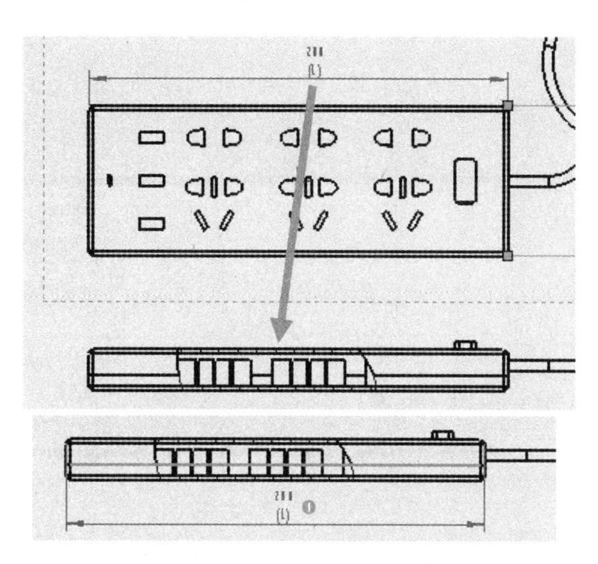

图 7-66 尺寸的移动与复制

提示：

在工程图的尺寸标注中，可以优先考虑【模型项目】方法引入模型中的尺寸，其次可以按照7.5节中提到的注意事项进行尺寸标注。无论使用哪种标注方式目的只有一个，尽可能地表达尺寸与模型实时联动，避免修改工程图时再次修改尺寸。

7.10 绘图标准的保存与加载

在工程图中，各类尺寸、注解、表格和视图等都可以设置样式，但若每个元素都去设置就会比较烦琐。如图7-67所示，这些元素的设置中都会存在类似【使用文档字体】的复选框，勾选此项后，该元素的样式就会跟随文档的统一设置进行变化。

文本字体

尺寸字体:

☑使用文档字体(C)

字体(F)...

图 7-67 使用文档字体

如图7-68所示，通过单击菜单栏中的【选项】，在弹出的对话框中单击【文档属性】选项卡，在该选项卡下所有的设置即为当前打开文件的全局设置，即为图7-67中【使用文档字体】的来源。图中标记③处的【绘图标准】包含了标记⑤区域中的所有元素样式设置，并且可以将该【绘图标准】保存为外部文件，方便其他用户加载。

如图7-69所示，在【文档属性】中分别将【注解】【尺寸】【表格】和【视图】的字体修改为“宋体”，此时图中标记③处 SOLIDWORKS 会提醒绘图标准已经修改，字体设置完毕后切换到【绘图标准】节点下，单击【保存到外部文件...】按钮，在弹出的【另存为】对话框中将绘图标准保存为“宋体绘图标准 . sldstd”完成绘图标准的导出。

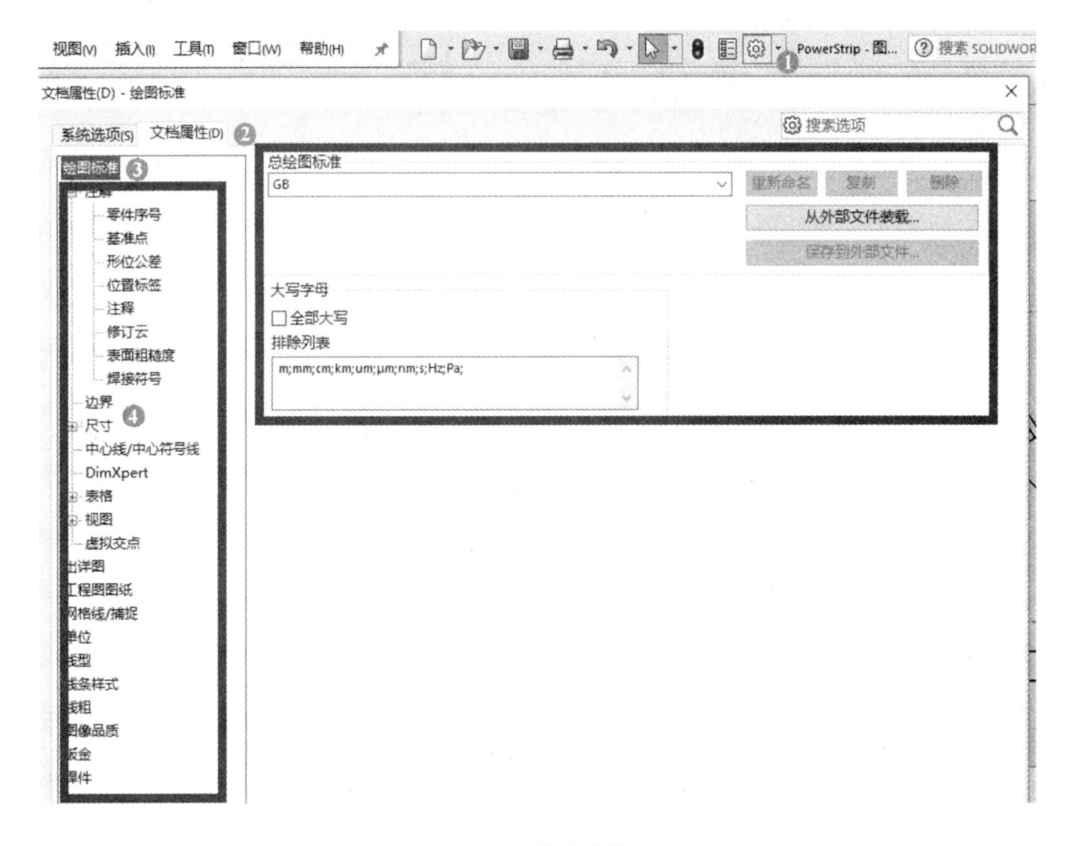

图 7-68　绘图标准

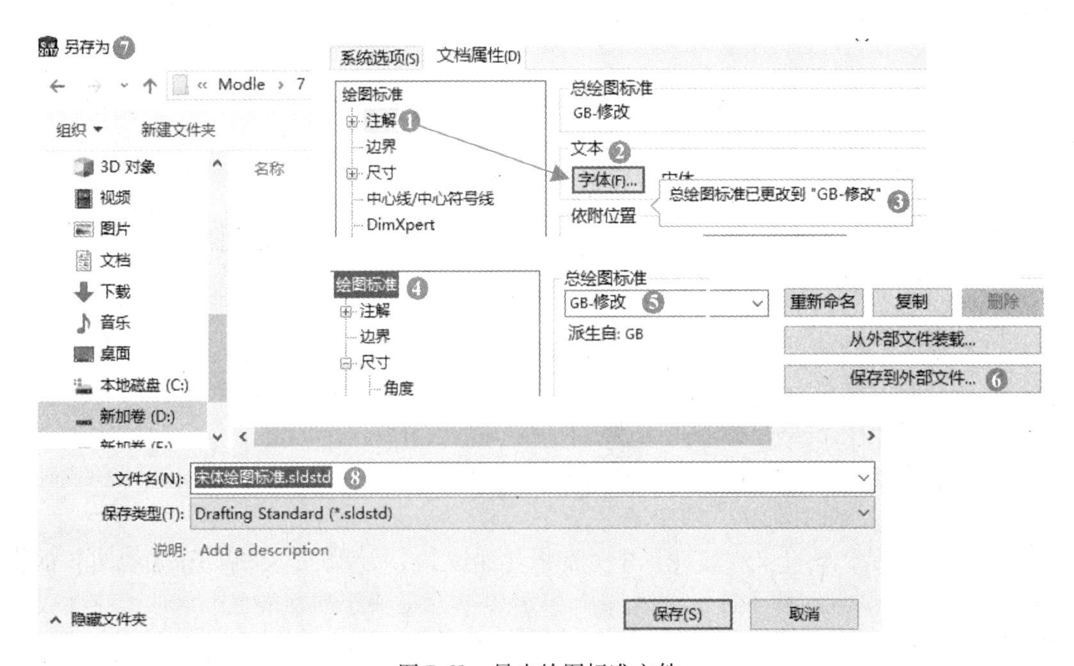

图 7-69　导出绘图标准文件

如图7-70所示，在新建了一个工程图后，可以通过单击【从外部文件装载...】按钮，来加载“宋体绘图标准.sldstd”，此时可以看到标记④与标记⑤处都根据新加载的绘图标准更新了设置。

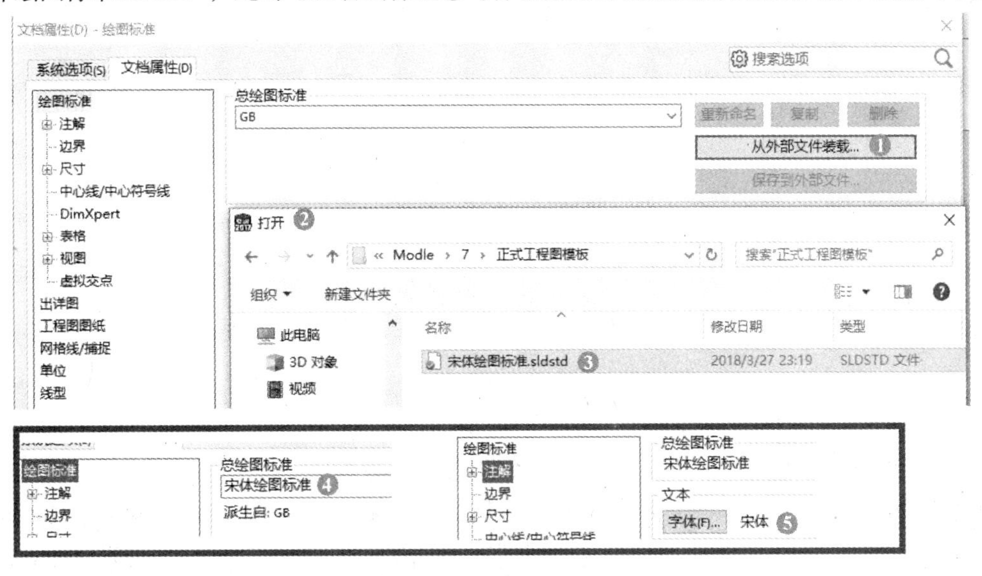

图7-70 加载绘图标准

在SOLIDWORKS中，还可以将加载了绘图标准的工程图保存为工程图模板“.DRWDOT”文件，而用户在新建工程图时，仅需使用该工程图模板新建工程图，就无须每次执行绘图标准加载工作了。

如图7-71所示，将加载了“宋体绘图标准.sldstd”的工程图保存为“工程图模板-宋体.DRWDOT”工程图模板文件，并在【系统选项】/【文件模板】中添加工程图模板所存放的路径。

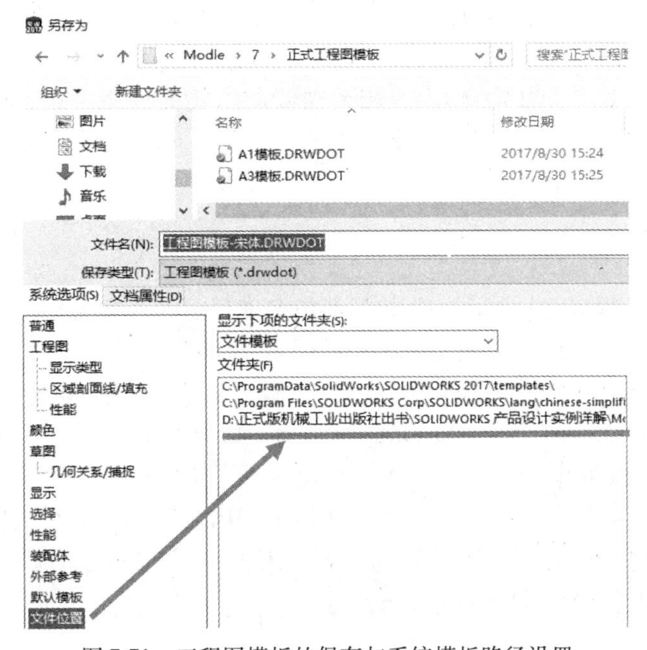

图7-71 工程图模板的保存与系统模板路径设置

此时，如图 7-72 所示，用户在新建工程图时，即可直接选择“工程图模板-宋体”进行新建。

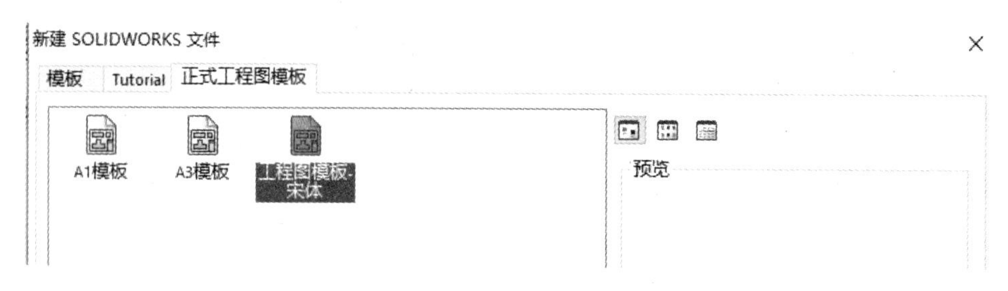

图 7-72 使用工程图模板新建工程图

提示：

1）在本章中介绍的图纸格式模板、表格模板、绘图标准和材料明细表模板等，都可以在图 7-71 所示的【文件位置】中设置，这样在日常使用过程中 SOLIDWORKS 就会自动跳转至这些设定的目录下，便于选择。其作用类似 CAD 中的【文件搜索路径】的设置。

2）零部件与装配体文档也存在类似的文档设置与对应模板的制作，其操作过程同本节介绍的工程图。

7.11 工程图中的一些系统文件

在 SOLIDWORKS 工程图中，还有一些统一的系统设置文件，这些文件可以根据用户需求进行修改定制，并且可以统一发布给企业中的每个用户，使得所有人按照统一的规则执行。这些系统文件是 SOLIDWORKS 相关功能的主要部分之一，如果修改出问题，可能会影响 SOLIDWORKS 的使用，故在修改这些文件前，应注意将源文件进行备份，以便恢复。

7.11.1 符号图库

如图 7-73 所示，焊接符号、形位公差等都能在工程图的“符号图库”中找到，但是由于每个用户的需求不同，难免需要自定义一些符号以提高效率。

以 SOLIDWORKS 2017 为例，符号图库被存储于 C：\ ProgramData \ SOLIDWORKS \ SOLIDWORKS 2017 \ lang \ Chinese-Simplified \ gtol. sym 文件中，用户可以通过记事本打开该文件进行修改与添加操作。

如图 7-74 所示，打开 gtol. sym 文件后，SOLIDWORKS 首先会如图框中所圈对整个符号定义的书写格式以及单位进行说明。用户首先应该仔细阅读这部分的内容，从而保证符号定义的正确性，否则将会导致 SOLIDWORKS 出错。

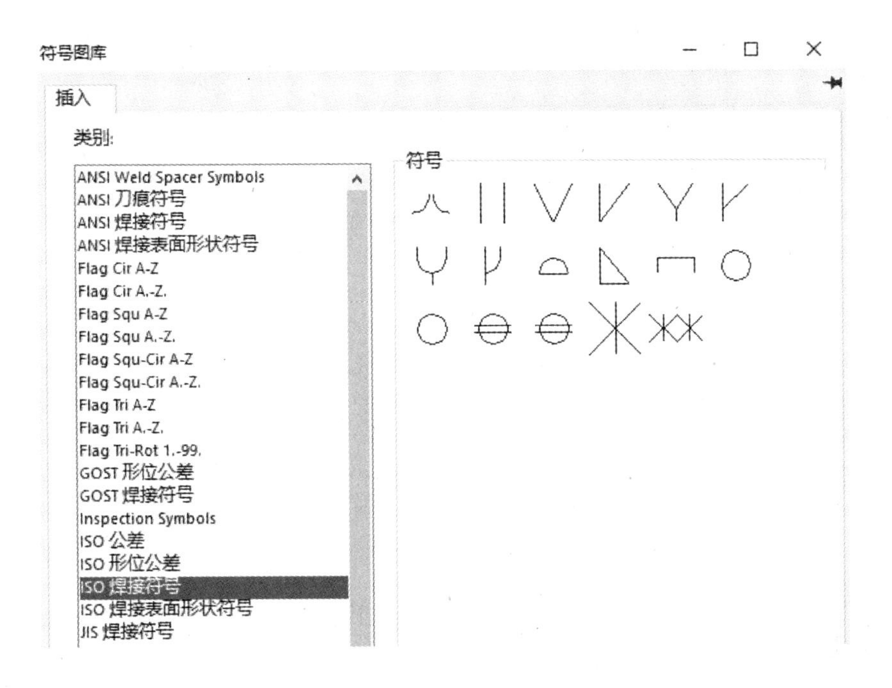

图 7-73　符号图库

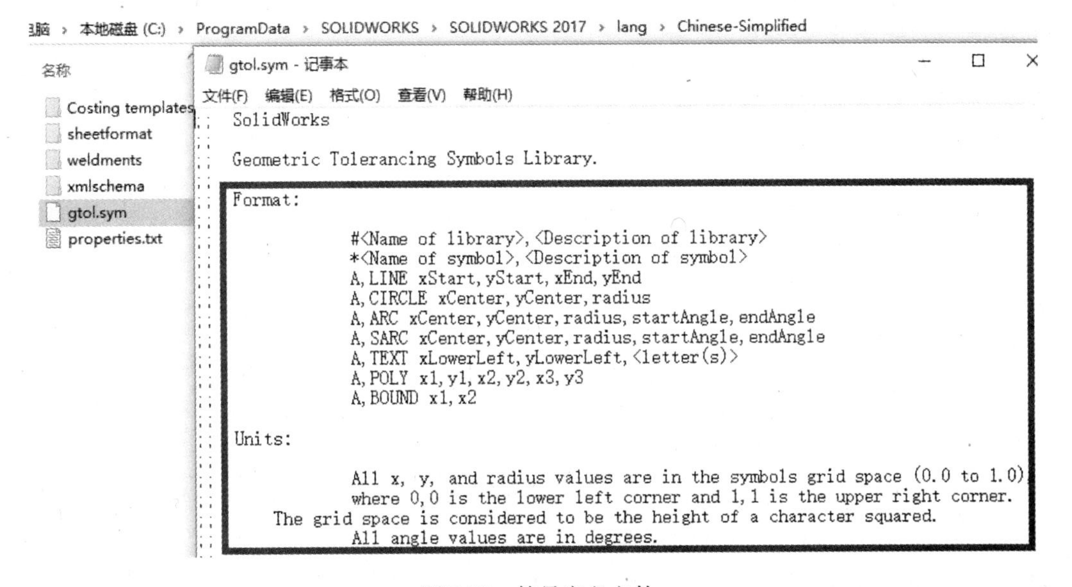

图 7-74　符号定义文件

提示：

在该文件中使用的符号务必采用英文输入法，如分号等。此外，行首英文的分号“;”代表该行为注释行。

如图 7-75 所示，符号定义一般分为类别定义、符号名称定义和符号图形绘制 3 部分。

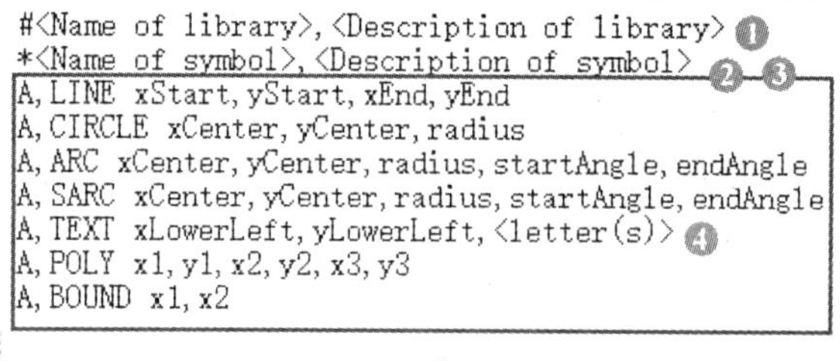

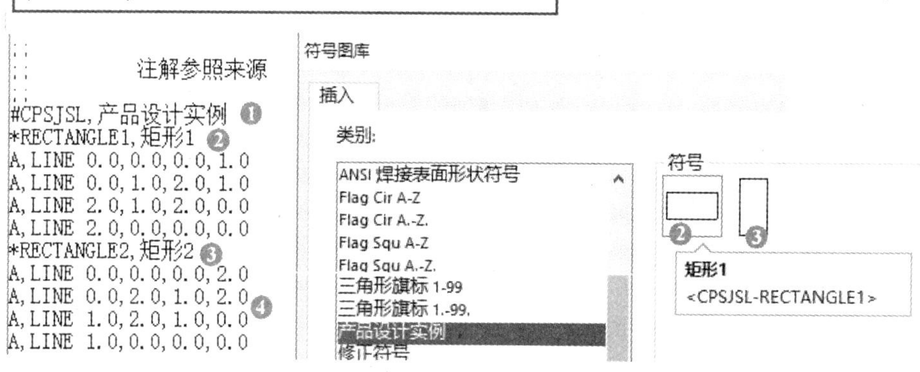

图 7-75　符号定义格式

（1）符号类别　通过# < Name of library > ， < Description of library > 格式定义符号类别，如图中标记①。符号类别下可以定义多个符号。

（2）符号名称定义　通过 * < Name of symbol > ， < Description of symbol > 格式可以定义一个符号名称，如图中标记②与标记③的效果。

（3）符号图形　以字母“A”开头的为符号中的每条图形的描述语句，如图中矩形符号，由于该图形存在 4 条边线，则在定义每个矩形符号时，有 4 行以“A”字母为首的数据分别代表矩形的每一边。

从图中标记④的格式可以看到，SOLIDWORKS 提供了符号中直线、圆、圆弧和文字等元素的描述方法。这些表达式都按照“坐标”形式呈现，定义单位格栅内符号的左下角点为图形的坐标原点，横轴为 x，纵轴为 y。

提示：

当 gtol. sym 文件修改并保存后，SOLIDWORKS 需要重新启动才会生效。

7.11.2　孔标注格式文件

对于孔标注，SOLIDWORKS 也同样提供了格式定义文件，文件路径为“软件安装目录 \ lang \ chinese-simplified \ calloutformat. txt”。

如图 7-76 所示，打开 calloutformat. txt 后，在该文件的头部与尾部都有格式与变量的使用说明。而图中矩形框所圈内容即为每种孔标注的格式定义，其将会展现在 SOLIDWORKS 相应标注的属性管理器中。对孔标注需要统一制定规则的用户，可以通过该文件实现。

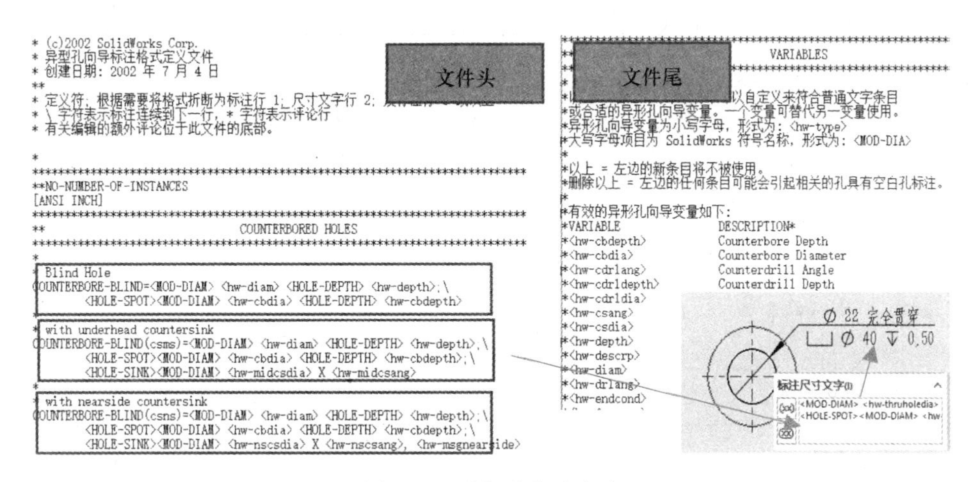

图 7-76 孔标注格式内容

7.11.3 剖面线样式文件

对于剖面线样式，SOLIDWORKS 也同样提供了格式定义文件，文件路径为“软件安装目录\lang\chinese-simplified\ Sldwks.ptn”，该文件同样可以通过记事本打开。

如图 7-77 所示，该剖面线样式文件对应 SOLIDWORKS 的【选项】/【系统选项】/【区域剖面线/填充】中的内容。图 7-77 中，矩形框中的语句即为界面中所选择的“ANSI31 (Iron BrickStone)”的剖面线样式。

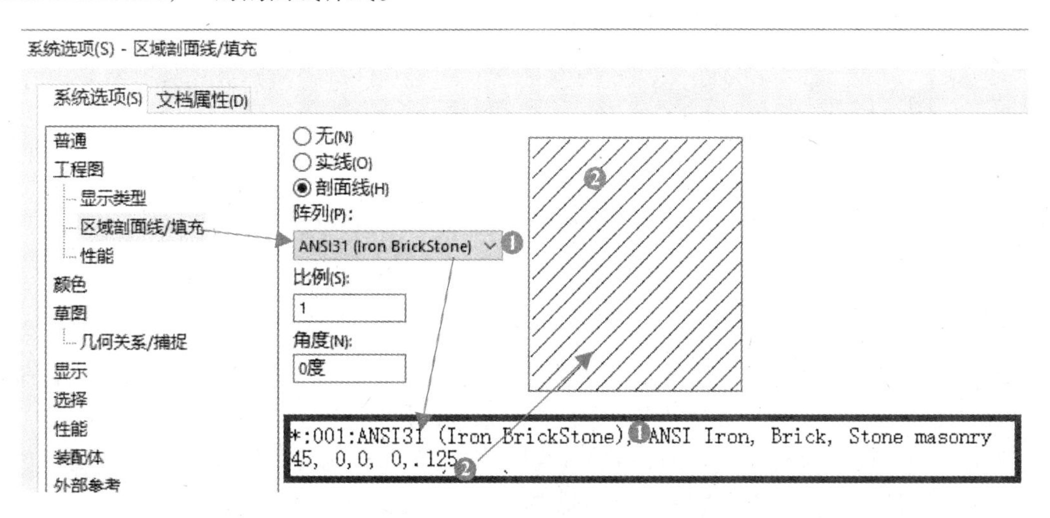

图 7-77 文件对应的 SOLIDWORKS 选项

如图 7-78 所示，打开 Sldwks.ptn 文件后，用户可以首先关注文件头部的格式说明，其中标记①处的说明对应图 7-77 中标记①处的剖面线描述。而标记②处的说明则针对图 7-77 中标记②处的剖面线详细图形数据的每一位做出了详细的解说，用户可以参照着进行修改。

Sldwks.ptn - 记事本

文件(F) 编辑(E) 格式(O) 查看(V) 帮助(H)

```
;;
;; SOLIDWORKS HATCH PATTERNS
;;     VERSION NUMBER : 2013ML          ❶
;;
;;     Each hatch pattern starts with a '*' character followed
;;     by a ':' and an ID. And again followed by a ':'
;;     This is the numeric identifier for the hatch pattern.
;;     Please Note : Solidworks reserves numeric identifiers
;;     in the range of 001 to 500
;;     User defined hatch patterns should start with 501
;;
;;
;;;;;;;;;;;;;;;;;;;;;;;;;;;;;;;;;;;;;;;;;;;;;;;;;;;;;;;;;;;;;;;;
;:                                                              ::
;;     How to read this table:          ❷                       ::
;;                                                              ::
;;     Each non-empty line that starts with a semicolon ';'     ::
;;     is a comment.                                            ;;
;;     Otherwise, the line could only be the pattern's header   ;;
;;     line that start with an asterisk '*' immediately         ::
;;     followed by the name of the pattern, per the rule        ;;
;;     mentioned above.                                         ;;
```

图 7-78 剖面线样式文件使用说明

提示：

这些系统配置文件，企业可以先统一制作，再通过统一部署的方式直接部署，在减少用户工作量的同时提高了统一性。

7.12 本章总结

在本章工程图的介绍中，每一个知识点都着重讲解关联模型数据，其目的在于让工程图中的数据尽可能多地引用模型数据，而工程图本身只扮演显示器的角色，用于显示和体现模型数据，这样还能减少工程图的工作量和修改时遗漏该错误的风险。

随着数字化设计与制造的发展，无纸化设计会是未来的趋势，因而在目前的设计规划中，可以尽可能地考虑将各类数据铺垫在模型中，尽可能减少工程图的工作量。

通过本章的学习，工程图元素联动模型数据可总结在表 7-6 中。

表 7-6 工程图元素联动模型方法汇总

工程图元素	联动方式	注意要点
尺寸	实体/模型项目	存在重合边线时基准的选择
注释	链接到属性/模型项目	注意注释缩放位置及四种语法的使用
普通表格	利用注释的语法进行链接	

（续）

工程图元素	联动方式	注意要点
材料明细表	设置列类型	
图块	利用注释进行链接	

除了链接模型数据，在工程图中还存在很多统一性的模板可以制作，使得整个公司的文件统一性更好，汇总可见表7-7。

表7-7 工程图中的模板

模板类型	保存内容
工程图模板（DRWDOT）	绘图标准，图纸格式，所有原图纸内容以及预定义与空白视图
图纸格式模板（SLDDRT）	图纸格式，图层
绘图标准模板（SLDSTD）	工程图文件中文档属性设置
线型模板（SLDLIN）	线型
普通表模板（SLDTBT）	表格模板，可以带链接属性的语法
材料明细表模板（SLDBOMTBT）	材料明细表模板

提示：

对于模板的加载，也可以通过SOLIDWORKS的宏或二次开发进行自动加载，尤其更便于将外来文件的格式调整为公司内部的统一规范。

实 战 篇

第 8 章　SOLIDWORKS 工作模式分析

学习目标

1. 了解 SOLIDWORKS 建模的特性。
2. 了解模块化建模的优点与实施方法。
3. 了解建模规范制定的必要性。

8.1　产品建模到出图的一般过程

如图 8-1 所示，若需要从无到有对吊扇产品进行建模出图，在 SOLIDWORKS 中通常需要先建立每个零部件的模型，再对每个零部件进行装配，最后再输出吊扇的零部件及装配工程图。

图 8-1　吊扇

每个零部件建模都会通过草图绘制、几何关系添加和特征建立，用于工程图相关模型文件属性的添加。

在吊扇装配环节，需要通过选择不同的配合基准去限制部件在空间的自由度。

最后，再对每个零部件及装配体组件进行工程图的输出。

从上述过程可以看到，即使设计环节无任何变更，整个建模出图过程依然会比较耗时。

一般企业在使用 SOLIDWORKS 进行产品设计时，都会建立自己的零部件库，以便减少零部件建模环节所花费的时间。但以下问题可能也是企业经常会面对的问题：

1）设计建模人员的流动性强，新人都需重新培训，了解企业的 SOLIDWORKS 使用情况。

2）设计建模人员的水平参差不齐，所建模型的可回用性难以衡量。

3）建模方式多样性，如同样一根接管，可以通过圆环草图拉伸、矩形旋转，或者多特征的方式生成。同类模型建模思路的不一致性将导致协同设计中设计建模人员之间需要耗费时间来适应其他人员的建模思路。

4）如图 8-2 所示，企业的吊扇产品种类繁多，有普通吊扇、木纹风格吊扇、带不同灯的吊扇等，并且根据市场需求，还可能出现不同新的需求。尤其对于以制作非标准化产品的企业来说，产品中所设计的零部件模型互换性与回用性变得越来越重要，即便拥有基础模型库，不同的非标准产品设计建模依然会很费时。

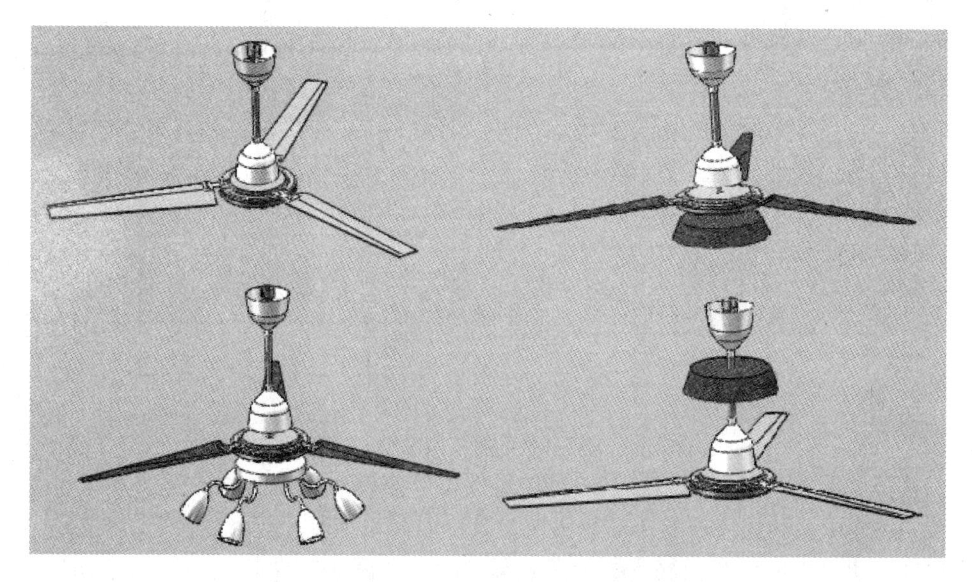

图 8-2　不同形式的吊扇

8.2　SOLIDWORKS 建模的特性

对于上一节提出的各类问题，在实际的 SOLIDWORKS 使用过程中应尽可能地利用 SOLIDWORKS 原生的功能特性，以简化设计工作量，提高效率的同时还可以降低错误率。

通过本书第 1 章到第 7 章的讲解，可以将 SOLIDWORKS 建模方面的特性总结如下：

（1）尺寸参数化驱动　如图 8-3 所示，两个矩形块的形状相似，仅需修改相关的尺寸即可实现不同大小。因而在这些零件的设计过程中，只要结构相似，可以尽可能地考虑使用来自同一源文件的模型或在该源文件基础上进行修改。

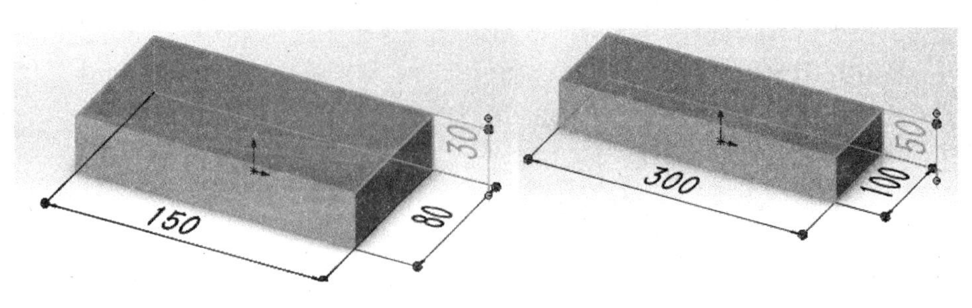

图 8-3　尺寸参数化驱动

提示：

设计模板时应避免整个模型参数的变化过程造成草图和特征等发生错误，尤其避免尺寸变化过程中草图形状发生变化。如图 8-4 所示，在特定情况下，将尺寸 D4 从“50”修改到“100”，草图的整个结构发生了变化，这将导致后续特征的一连串错误。故在设计时应尽可能考虑并避免该情况的发生。

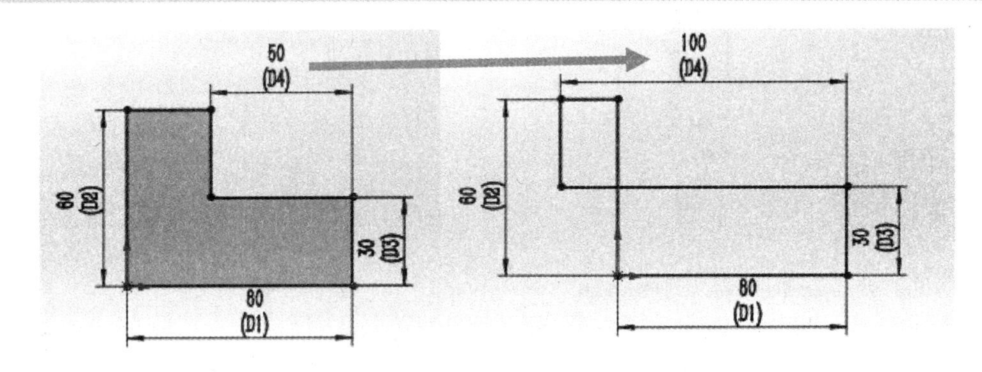

图 8-4　草图结果错误

（2）特征的压缩与解压缩状态　通过该特性可以使模型变化为各种形式。

如图 8-5 所示，利用特征的压缩与解压，既可以简单地基于矩形块上打孔与不打孔两种形态的切换，也可以同接线板底座给予完全不同的五孔基座与两孔基座的形态切换。因此，不同形态的切换可给予形状结构，也可给予部件的功能展开。图 8-5 中的矩形块基于形状结构范围内的变化，而接线板插孔基座则基于基座功能范围内进行变化。

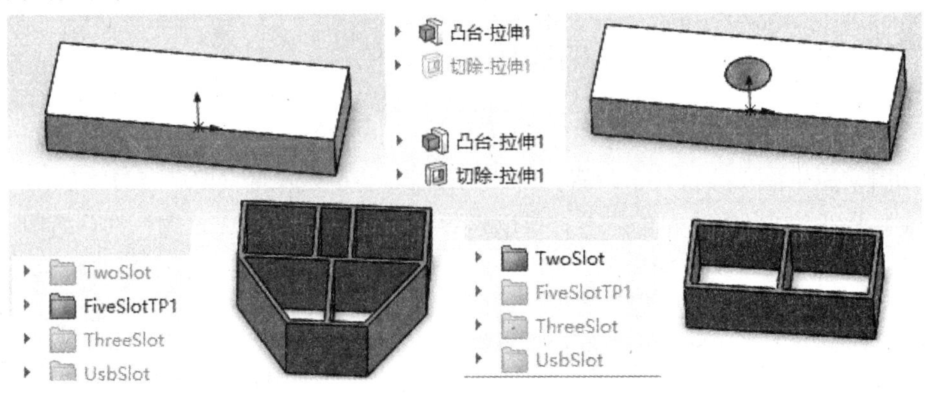

图 8-5　特征的压缩与解压

提示：

设计采用压缩解压状态变化模型形态的零部件模板时，尤其需要注意特征的父子关系，避免依赖项限制模型形态的变化。

（3）参考引用关系　在 SOLIDWORKS 中使用参考引用的功能很多，如草图中的【转换实体引用】功能、装配体中的【替换零部件】等。合理巧妙地使用参考引用关系可以提高模型数据之间的关联性与一致性，并且也可以提高模型的回用性。

如图 8-6 所示，接线板顶盒插座孔特征的草图引用的是基座“InnerPlugeA”模型中的草图“SFiveSlotTP1”。这样，无论将来基座布置位置如何变化，顶盒的开孔会自动跟随基座的位置变化而变化，即便有新的孔结构，仅需更新“InnerPlugeA”基座模型，而顶盒仅仅需要重新引用该基座新的开孔草图。

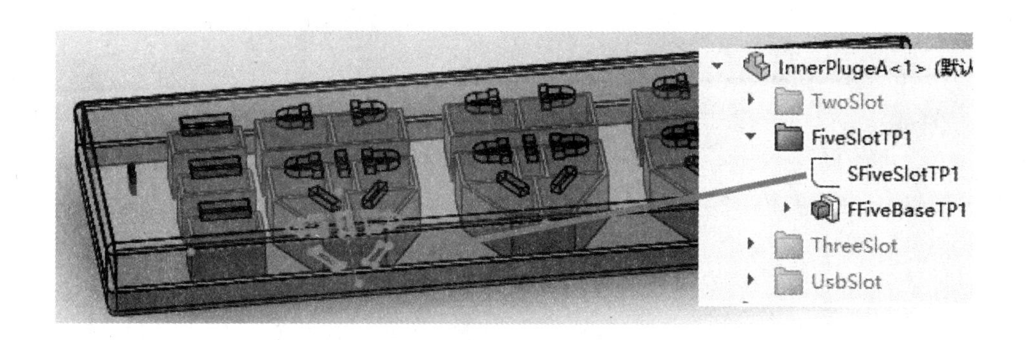

图 8-6　接线板顶盒引用插孔基座草图

如图 8-7 所示，若吊扇的叶片组件在建模时能够进行合理的规划，则可以利用装配体的参考引用，方便地使用替换零部件的方式将叶片从铁质变化为木纹。甚至还可以在整个 SOLIDWORKS 关闭的情况下，将木纹叶片的组件装配体文件“叶片 B 型组件 . SLDASM”重命名为“叶片 A 型组件 . SLDASM”，并替换原铁质叶片的装配体文件“叶片 A 型组件 . SLDASM”。再次打开吊扇装配体，可以实现与替换零部件的方式相同的模型效果。

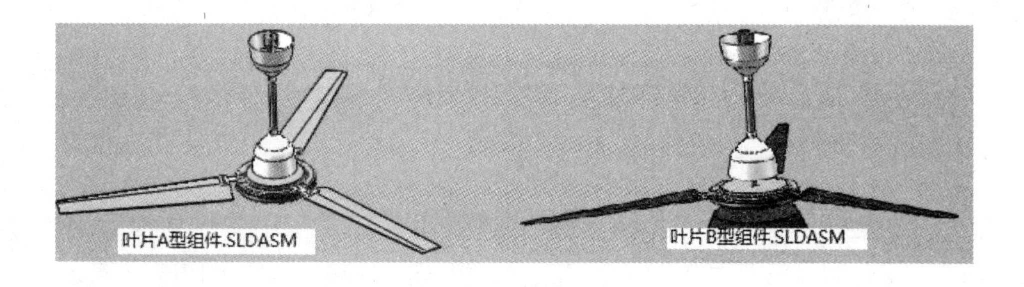

图 8-7　吊扇叶片互换

提示：

SOLIDWORKS 中参考引用基本使用名称进行引用定位，故在修改元素的名称时，应注意名称对参考引用的影响。

SOLIDWORKS 中参考引用使用得好，可以事半功倍，但若使用得不好，会带来不可想象的后果。

（4）方程式的使用　合理地使用方程式能简化尺寸修改的工作量，并建立变更后的连锁更新。此外，方程式还可用于一些辅助计算，如本书 4.7 节中所介绍的例子。

如图 8-8 所示，当尺寸之间永久存在一定关系时，可以使用“方程式”进行关联。原本需要输入 3 个尺寸的模型，现在仅需输入一个尺寸即可完成关联尺寸的设置。

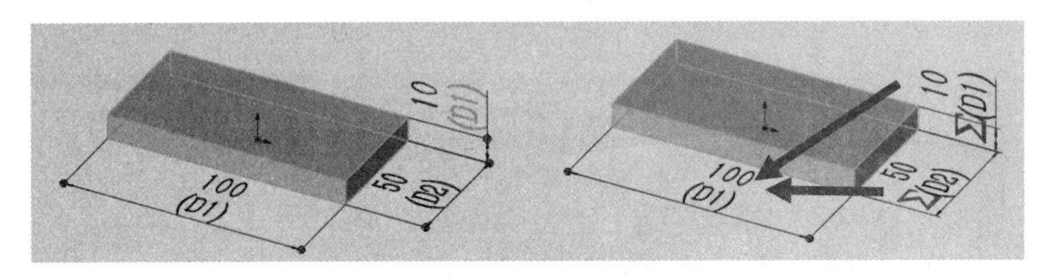

图 8-8　方程式简化输入

提示：

虽然方程式能够简化尺寸输入的工作量，但不能滥用，方程式会限定相关尺寸的变化并按照一定规律进行，相当于限制了零部件的变化范围与适用范围，如图 8-8 中若存在方程式，就无法实现长“100”、宽“45”、高“9”的矩形块的变化。

（5）文件属性　文件属性不仅增加了文件的信息维度，而且合理巧妙地利用文件属性，使 SOLIDWORKS 中的图纸与模型数据保持一致。如图 8-9 所示，模型中的尺寸“200”与“70”被零件的文件属性引用，而图纸中的明细栏又引用了该模型的属性，实现了图纸信息与模型信息的一致性。

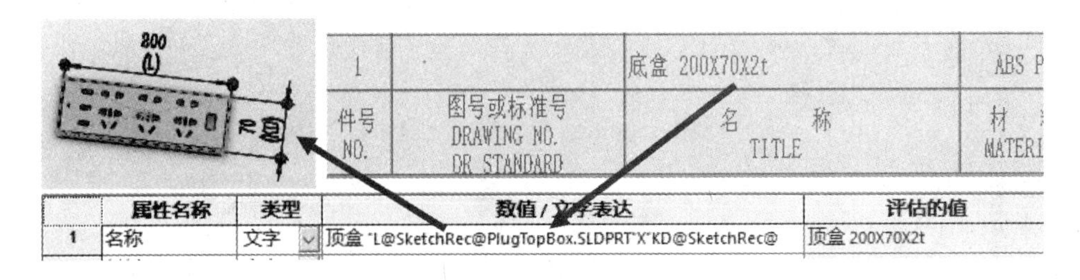

图 8-9　属性连接模型与图纸信息

如果在建模过程中能够综合使用 SOLIDWORKS 的这些特性，那么就能为企业减少模型库的数量，增加模型的适用范围，减少设计工作量与修改变更的成本。本书后续的实例将围绕这些特性进行深入的综合讲解。

8.3 产品模块化

仔细观察图 8-2 中不同形式的吊扇产品，可以发现无论是什么形式的吊扇，其结构都能通过图 8-10 所示的分解结构组合而成。其主要部分可分为挂架、转动装置和叶片组件，而其他非吊扇必备类的附件可以分为各类灯饰组件等。

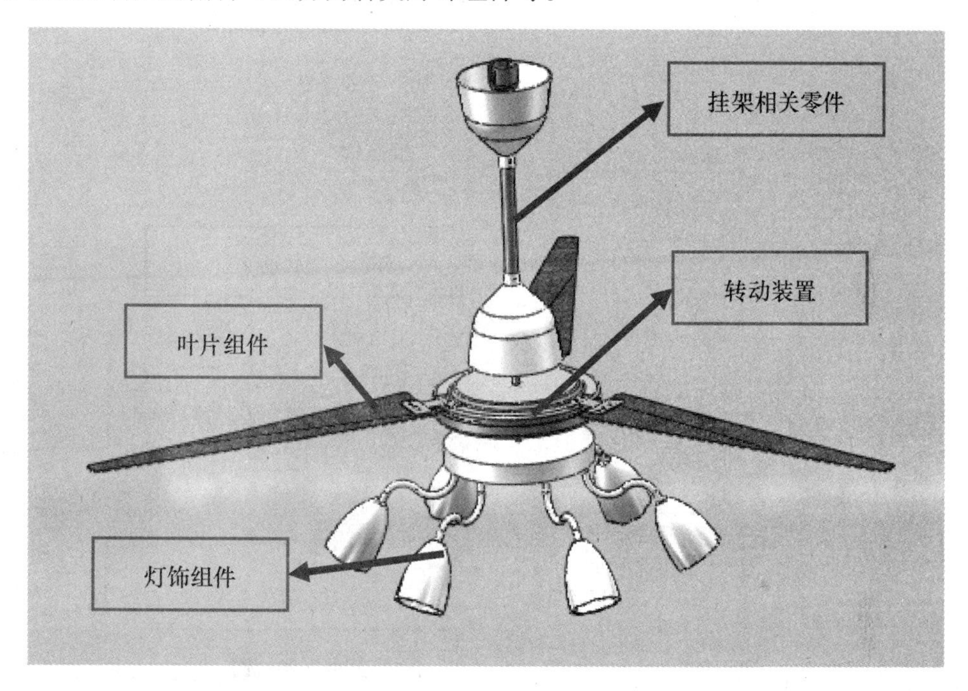

图 8-10 吊扇结构

在吊扇的实际生产过程中，叶片一般都会由一个生产单元专门完成制造，转动装置也会由一个专门的生产单元进行装配制造，而灯饰通常不是吊扇企业所擅长的，故会采用采购模式购买。这样模块化流水线的制造方式不仅可以提高效率，还便于每一个生产单元独立升级改造又不干涉其他单元，生产制造的灵活性也提高了。

吊扇的建模过程与车间制造方式非常相似。如图 8-11 所示，根据吊扇的结构形式，可以将吊扇模块化拆分为叶片组件单元、转动装置单元以及灯饰品等附加值组件单元。

从图 8-11 中可以看到，不同形式的吊扇其实就是不同单元的组合。虽然吊扇产品因为市场需求变化不一定能实现企业标准化，但吊扇中的每个模块单元可以进行企业标准化，并且当某个模块单元需要改进时，仅需修改相应的模块即可，若模块间的耦合度相对较低，则模块修改时也不会影响其他模块的正常运行。

此外，产品模块化后使得产品在图纸中的明细表得以简化，更有层次感的装配关系所生成的图纸与材料明细表更有利于后续生产制造人员看图找零件。

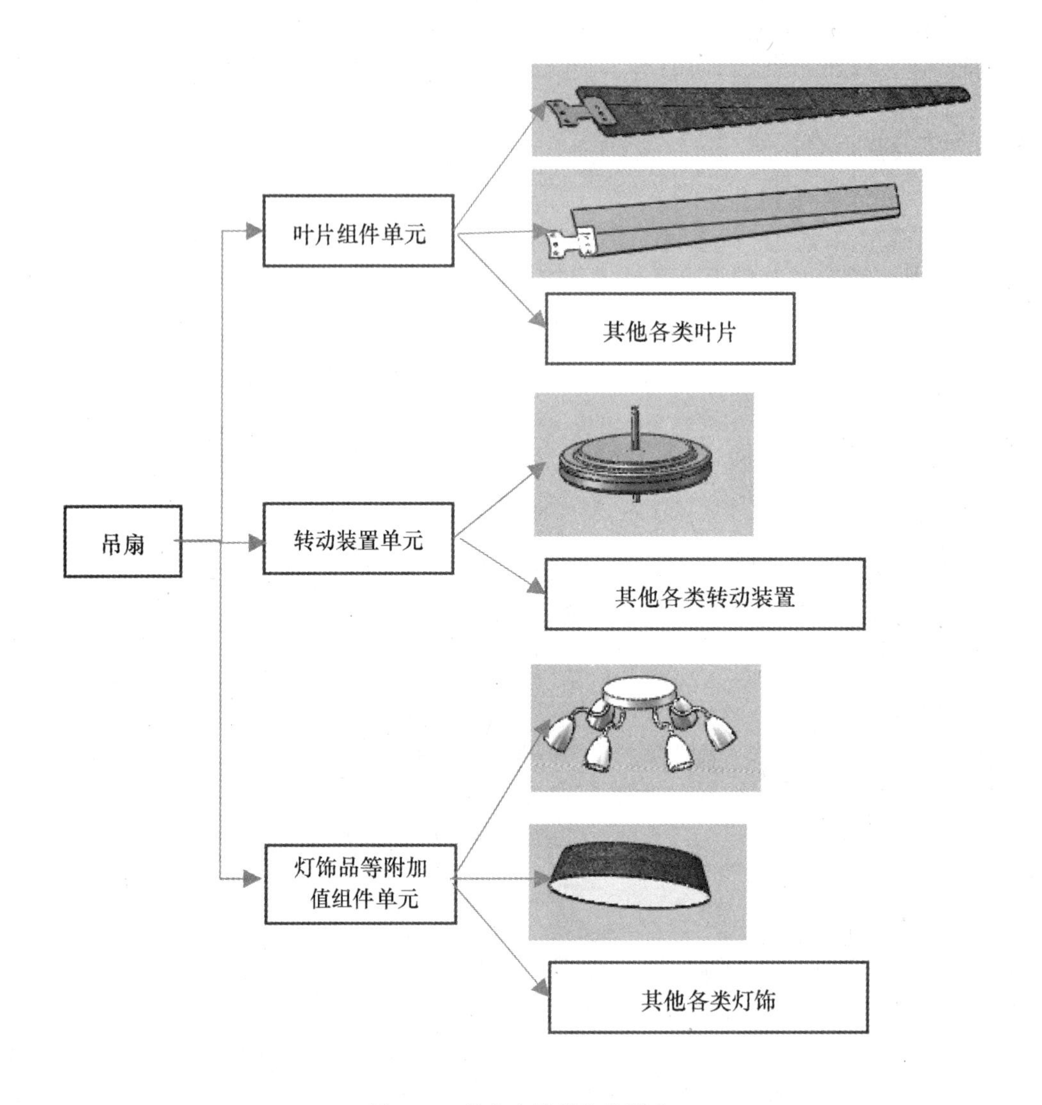

图 8-11　吊扇产品模块化拆分

提示：

模块间的低耦合度设计虽然能够使得模块相对独立，但不能滥用。低耦合模块设计适用于产品中经常变更的部件或可能存在不确定因素的部件，能降低后期修改的成本。

8.4　企业模型库规划

通过上节产品的模块化分析，企业可以将自己的模型库建立成如图 8-12 所示的金字塔结构：

（1）底层标准化元件库　主要针对单一零部件的库，这些零部件一般情况下都是标准的，发生变更的情况比较少。

（2）标准化组件库　在设计环节，若对每个零件进行装配会比较费时，可以考虑将一些不经常变化的零部件组合建立装配体组件库，便于装配时组件整体一起装配。

（3）标准化模块库　根据产品的变化规律建立的不同模块组件，以便自由组合。若产品的结构不复杂，标准化组件库也可作为产品的模块库。

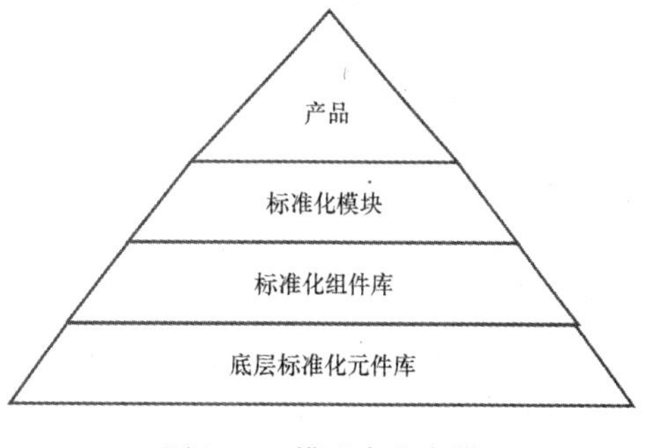

图 8-12　模型库金字塔

在本书的第 9 章与第 10 章将分别对零部件建库与装配体组件建库进行详细介绍。

8.5　名称命名规范

如图 8-13 所示，在 SOLIDWORKS 中生成的文件、草图、特征以及标注尺寸的名称，系统都会自动在名称后面添加流水号数字，如“零件 1”“凸台-拉伸 1”“草图 1”和尺寸“D1”等都带上了数字。在比较复杂的零部件或装配体中，这些不具有含义的名称将会存在如下问题：

1）不利于设计人员修改模型，尤其对于新手增加了理解该模型建模思路的难度。

2）若模型作为企业的模型库之一，则很难简单明了地对模型进行修改指导，不方便新人学习，增加培训成本。

3）若企业采用 SOLIDWORKS 提供的 API 进行二次开发，在 SOLIDWORKS 内部获取元素对象时，很多情况下都会通过名称获取，若名称命名无规律和规则可循，则会给程序开发带来大量的重复性代码编写等无效率工作。

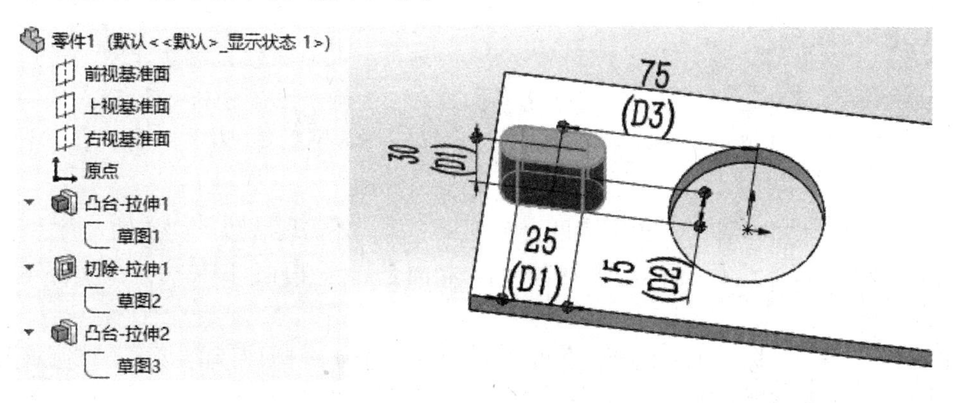

图 8-13　SOLIDWORKS 系统命名

如图 8-14 所示，图中零件是吊扇中的主杆零部件，其中对尺寸和部分特征名称进行了重命名，如长度尺寸“L”“主体”特征“位置 1 连接孔”特征等。模型中“位置 1 连接孔”特征主要用于与外界其他部件进行装配时使用，故当外界其他部件的位置需要发生改变时，用户可以比较方便地找到需要修改的地方进行修改。

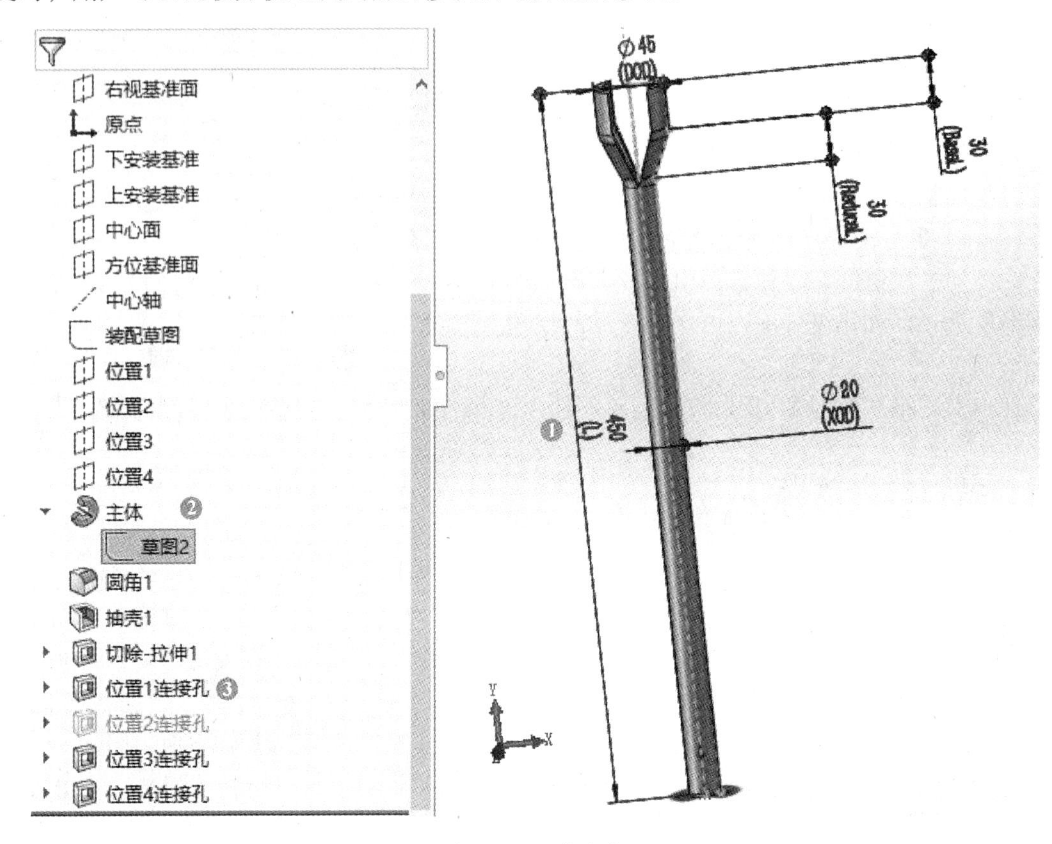

图 8-14　元素命名

提示：

各种元素的命名主要为了便于不同层次水平的设计人员方便地理解模型并进行修改。但是重命名也比较费时间，故一些通常需要人为交互的元素应该进行重命名，而一些基本不会修改的元素，可以保留 SOLIDWORKS 原始生成时候的流水名称。

在制造企业 SOLIDWORKS 模型库的命名规范之前，还需要将以下两点纳入考虑范围。

1）SOLIDWORKS 进程中不能同时打开两个相同名称的文件，即使这两个文件不在同一路径下也不行。

如图 8-15 所示，标记①处的装配体中底板上装配了 4 根圆柱形的支撑，该圆柱形支撑的文件名为“支撑 . SLDPRT”，而在该装配体文件下，还有一个“临时”文件夹，在该文件夹中，也有一个名称为“支撑 . SLDPRT”的零部件，但是文件中的形状为角钢。当 SOLIDWORKS 中先打开该角钢形状的文件“支撑 . SLDPRT”后，再打开标记①处的装配体文件，系统发现内存中已经存在“支撑 . SLDPRT”文件，此时系统会弹出标记③处的提示框，若选择【无此文档而打开】选项，会发现原始装配体中的“支撑”被压缩了，而选择【接受此文件】选项，则装配体中的圆柱支撑被系统自动替换成了角钢，并且所有的装配关系都发生了错误。

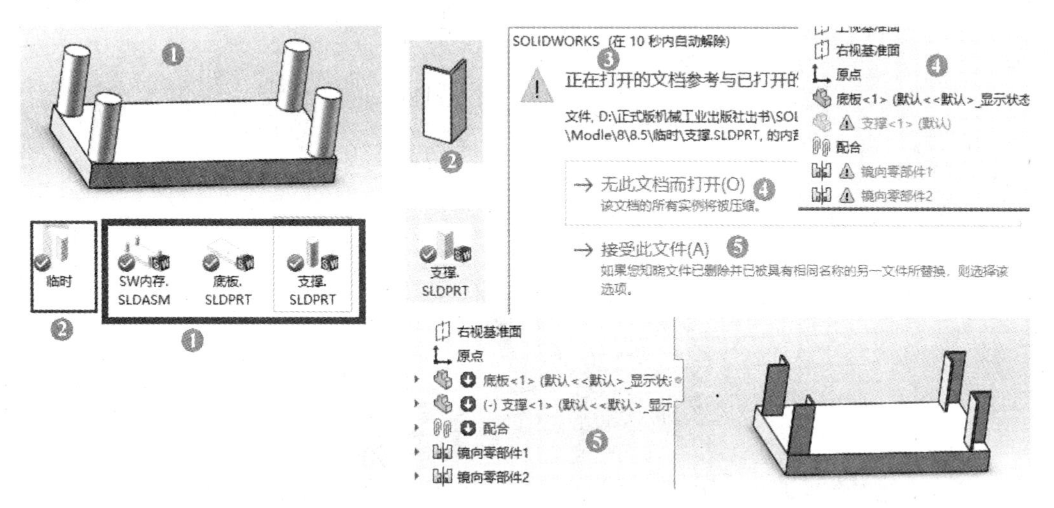

图 8-15　SOLIDWORKS 内存中模型优先级示例

如图 8-16 所示，当 SOLIDWORKS 打开文件时，会先在内存中寻找需要打开的文件，如果内存中已经存在所要打开的文件名，SOLIDWORKS 就不会再搜索文件的路径了，如图 8-15 所示。

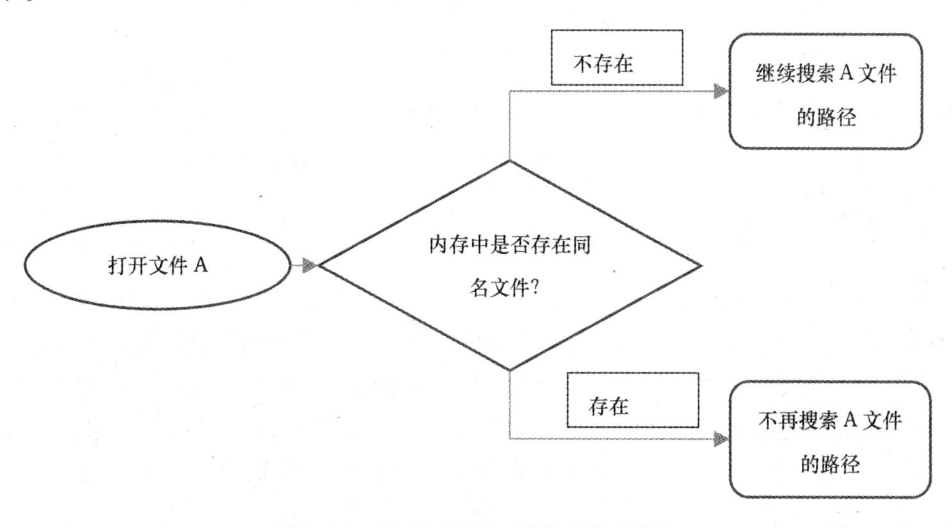

图 8-16　SOLIDWORKS 读取文件的顺序

当企业的产品比较复杂时，有些部件虽然一样，但在必要的情况下也需要以不同的名称进行命名。如图 8-17 所示，图中吊扇的各部件之间通过螺栓 M6 进行连接，该螺栓零件经常会存在表 8-1 所列的命名方式。

序号 1 的命名方式过于简单，且意味着这些不同组件处使用的螺栓来自同一个文件。当吊扇组件需要更新时，可能不同组件处所需使用的螺栓大小会不同，此时该方案中使用的螺栓就会对组件的更新产生限制，该情况下只能替换部分螺栓或将该螺栓文件进行配置以适合不同的需求。

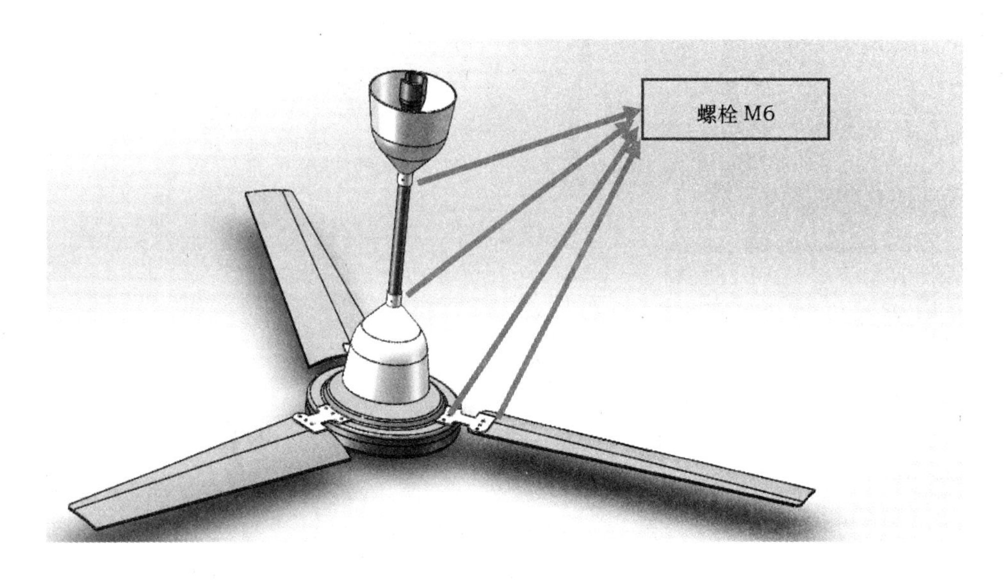

图 8-17　螺栓的命名

表 8-1　吊扇中螺栓的命名方式

序号	命名方式
1	直接命名为“螺栓 . SLDPRT”
2	按照螺栓的功能与尺寸，分别命名为“挂架螺栓 M6. SLDPRT”“叶片连接螺栓 M6”和“转动装置螺栓 M6”
3	按照螺栓的功能，分别命名为“挂架螺栓 . SLDPRT”“叶片连接螺栓”和“转动装置螺栓”
4	按照螺栓的功能，分别命名为“挂架_ 螺栓 . SLDPRT”“叶片_ 连接螺栓”和“转动装置_ 螺栓”

序号 2 的命名方式虽然根据功能与尺寸进行命名，但在组件更新时，螺栓的尺寸需要变化为 M8 的螺栓，这样用户不仅在模型中需要将模型的尺寸调整到位，还需要将相应的螺栓文件的名称从“挂架螺栓 M6. SLDPRT”修改成“挂架螺栓 M8. SLDPRT”，而文件中的螺栓大小名称与模型中的尺寸没有直接关系，意味着每次修改螺栓的尺寸后，还需要修改文件的名称，否则如图 8-18 所示，在装配体的特征树中依然显示“挂架螺栓 M6”，会给其他设计人员造成假象导致失误。

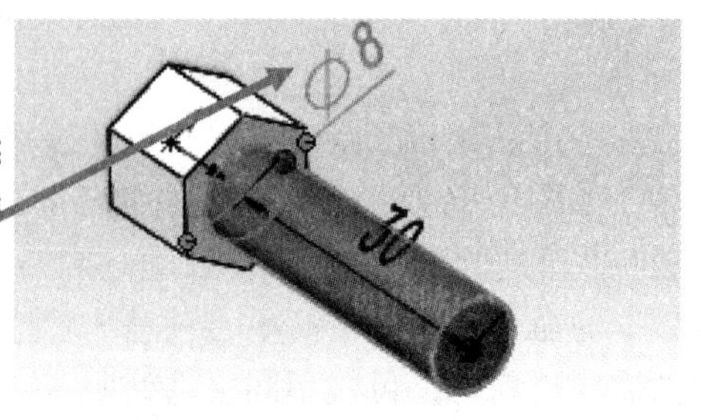

图 8-18　文件名称与模型数据不一致

提示：

当【工具】/【选项】/【系统选项】/【FeatureManager】/【允许通过 FeatureManager 设计树重命名零部件文件】处于勾选状态时，可以直接在 FeatureManager 设计树中为零件重命名。

序号 3 与序号 4 的命名方式都能够免去螺栓的尺寸修改后需修改相应文件名称的工作，同时也能满足所安装的组件能够相对独立地更新而不影响其他组件。唯一的区别在于，序号 4 的命名方式与序号 3 相比，在功能名称与螺栓之间增加了一个下划线字符“_”。若企业的模型不会考虑采用 SOLIDWORKS 二次开发的方式进行自动建模装配，则序号 3 的命名方式足够。但若考虑使用二次开发进行自动化建模与修改，那么程序员在写程序时，可以通过该字符对名称进行拆分，通过严谨的逻辑判断螺栓的作用，尤其在自动修改的情况下，能够更有效地帮助程序获取所需的螺栓。

2）SOLIDWORKS 中英文特征的设置。在 SOLIDWORKS 中各种关联，以及使用 API 进行二次开发获得对象时，基本都根据名称获取对象。如图 8-19 所示，在 SOLIDWORKS 中可以设定两种系统自动命名方式：左边为英文模式效果，新生成的特征系统都会以英文命名；右边为中文模式效果，新生成的特征系统都会以中文命名。若采用二次开发，则这一设定直接影响了代码中的字符串赋值，虽然可以编写两种语言程序，但会增加相当多的判断语句。

随着国内用人成本越来越高，部分企业采取了“跨国合作”的方式。若企业的产品设计采用跨国合作，需尽可能选定英文模式。

如图 8-20 所示，通过单击菜单【选项】，在弹出的【系统选项】对话框中按需求勾选【使用英文特征和文件名称】复选框，即可设定 SOLIDWORKS 系统的命名方式。

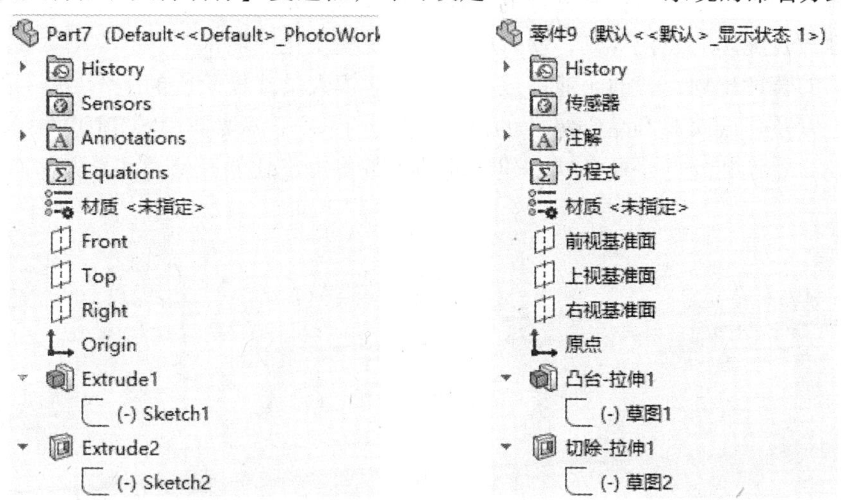

49

图 8-19　系统中英文命名方式

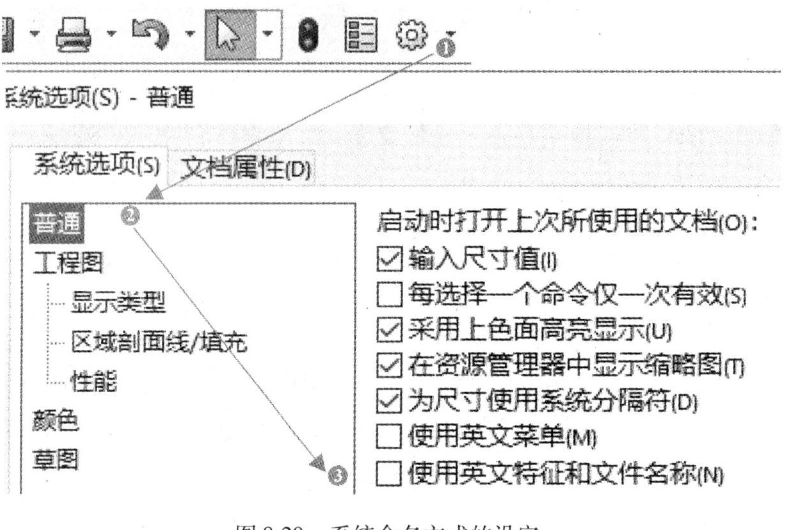

图 8-20　系统命名方式的设定

8.6　本章总结

本章通过对 SOLIDWORKS 建模过程与建模特性的分析，主要帮助读者与企业在开始建模前思考如何更有效地按照自身的需求规划模型库与建模规范。

企业在规划模型库时，应尽可能将自己的产品进行模块化拆分，并建立从零件到组件，再到模块，最终组合成不同形式产品的金字塔模型库。

模型的模块化应尽可能使得模块与模块之间的耦合度相对较低，以便于各模块更新后对其他模块的影响降低，使得模型拥有良好的扩展性和可变性。在本书第 9 章与第 10 章中将着重讲解零部件与装配体的建模规划，使得模型库满足模块化的需求。

通过建模前的合理规划，普通企业可以减少设计建模人员建模阶段的工作量，同时提高模型的回用性，以及降低面对产品升级后的修改成本。而对于需要使用 SOLIDWORKS 提供的 API 进行自动化建模装配的企业，这些建模前的规范将决定软件开发的基本架构。

第 9 章　零部件建模规划

学习目标

1. 了解模型接口的优点。
2. 了解模型继承的优点。
3. 了解部件多态设计方法。

9.1　实例分析：部件互换性

如图 9-1 所示，要将支架中的圆柱支撑替换成方管支撑，使用【替换零部件】功能后，方管支撑与底板的装配关系“重合 4”发生了错误，需要人工进行调整。

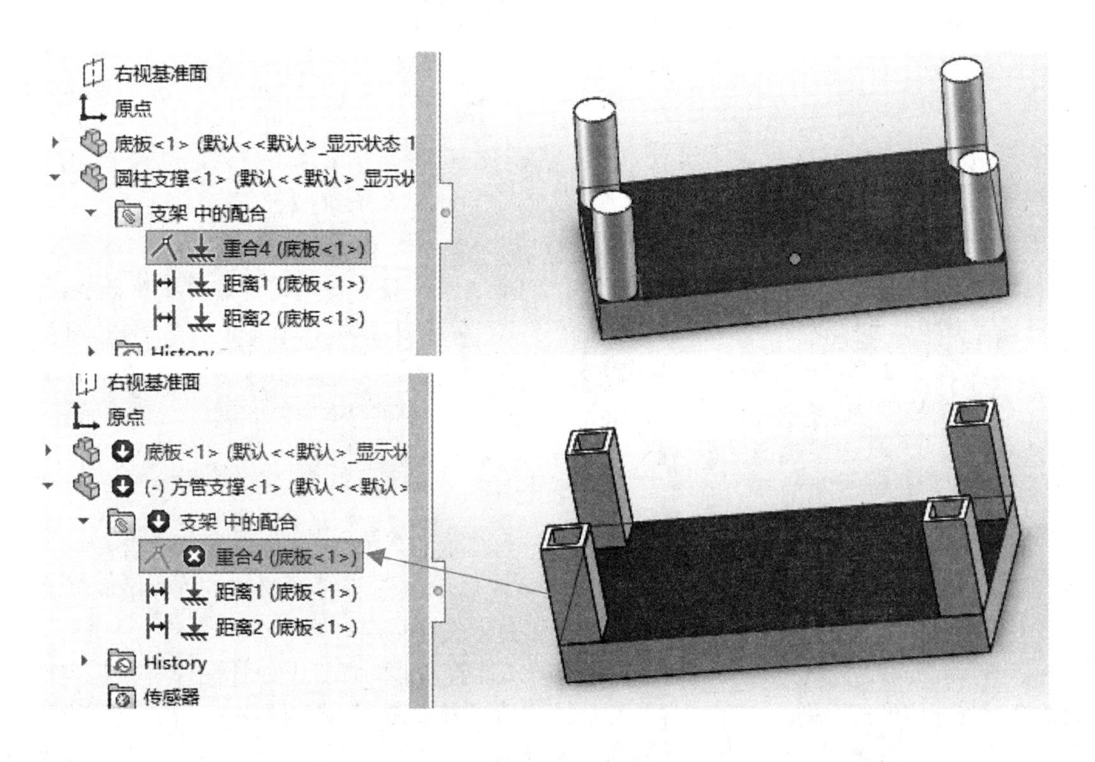

图 9-1　替换零部件遗失配合基准

如图 9-2 所示，对装配体替换零部件前后的配合“重合 4”进行编辑，可以看到原始“底板”与“圆柱支撑”的配合基准中使用了“圆柱支撑”中的“圆柱安装面”，而在“方管支撑”中并不存在基准面“圆柱安装面”，因而在替换零部件时，SOLIDWORKS 无法找到所需配合的基准，从而出现此类错误。

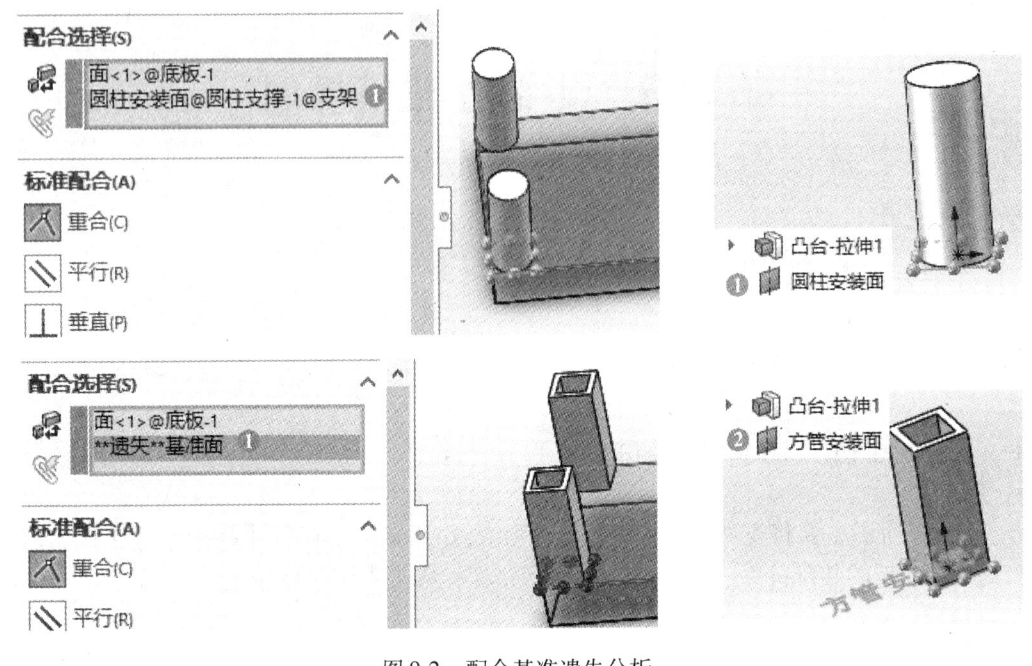

图 9-2　配合基准遗失分析

提示：

SOLIDWORKS 中配合的基准，并不是通过简单的“圆柱安装面”进行匹配的，而是按照图 9-2 中的全名“圆柱安装面@圆柱支撑-1@支架”进行匹配的，另外在执行替换零部件的过程中，系统仅将全名中的“圆柱支撑-1”部分替换成了新部件的名称“方管支撑-1”，因而替换零部件时，SOLIDWORKS 就开始搜索全名为“圆柱安装面@方管支撑-1@支架”的基准，如果无法找到该全名的基准，就会出现图 9-2 中显示的“**遗失**基准面”。

如图 9-3 所示，“圆锥 1”的“基准面 1”与“底板”的上表面进行了重合配合，而“圆锥 2”的同样位置存在“基准面 1”，现在装配体中，将部件“圆锥 1”替换成“圆锥 2”，可以看到装配体中“圆锥 2”的配合出现了过定义的情况。

如图 9-4 所示，编辑过定义的配合，在配合属性管理器的标记①处【配合对齐】进行方向切换，装配体的配合即可恢复正常。两个锥体的“基准面 1”都由图中标记②处的线段与该线段的右端点 B 生成，唯一的区别在于绘制该线段时，“圆锥 1”中该线段的方向为先确定 A 点再确定 B 点，而“圆锥 2”中该线段的方向正好相反——从 B 到 A，这一区别导致生成的平面方向正好相反，故在替换部件时发生了“配合过定义”的问题。

SOLIDWORKS 装配体中对零部件进行配合虽然仅仅是选择配合基准进行配合添加，但所有零件都这样操作还是属于一件比较烦琐的机械式操作，并且不同的人在进行配合时会有不同的想法去选择不同的基准进行配合，这样就会导致上述两例错误的发生，而这一点严重制约了零部件的使用范围，降低了零部件的回用性。

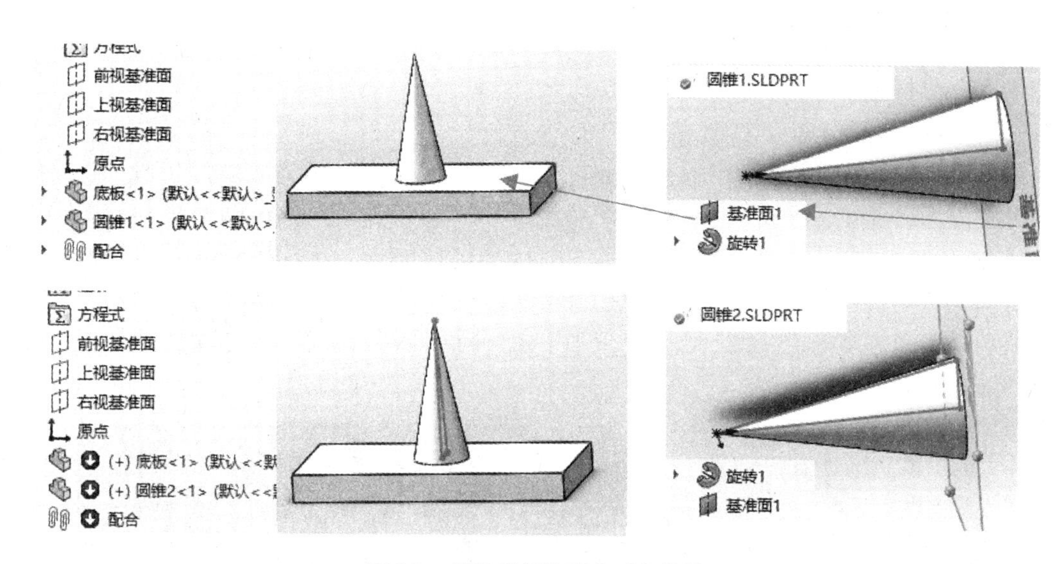

图 9-3　替换零部件配合对齐错误

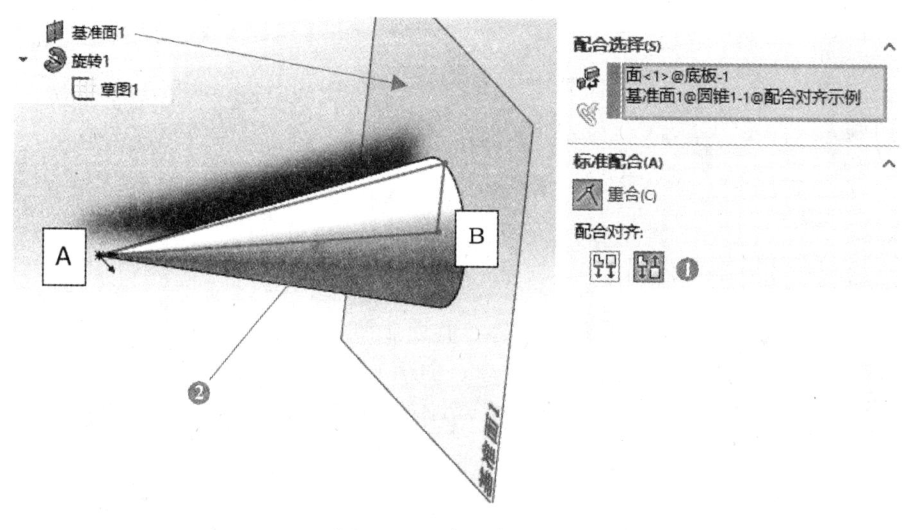

图 9-4　配合对齐错误分析

比起一个个零部件进行装配，若能按照上一章介绍的方法将产品进行模块化拆分，则使用【替换零部件】的方式是实现产品在各种形式间快速变化的最好方法，但是需要想办法规避上述两种错误实例的出现，而要解决这一问题，就需要对所建的部件进行一些辅助的规划，部件不仅仅只考虑零件的外形，还需要为其后面的装配做铺垫，以提高部件的替换性与回用性。

提示：

如果部件仅是普通示意，则无须考虑部件的规划。但对于建立企业的基础模型库，则模型的规划需要考虑，虽然在建立模型库时需要多费一点时间，但在后面用户使用过程中，通过一套统一规范准则，能大大降低实际设计过程中设计的工作量，同时无论设计人员的水平层次如何，只要遵循企业的这套建模规范，都可同样快速完成产品的设计。

9.2 模型接口

如图9-5所示，现实生活中标记①为电视机的接口，标记②为笔记本的接口，它们都拥有USB口、HDMI口、网线接口，所有产品上的HDMI口都能使用标记③处的对应HDMI线进行连接。这主要归功于HDMI口有统一的国际规范，所有的厂家按照同一规范执行。如果没有一个统一的规范，各个厂家对于该接口功能的实现都有各自的标准，则每个用户身边都需要随身携带非常多的连接线，给用户带来不便，同时也给各生产企业建立与其他产品的兼容性带来困难。

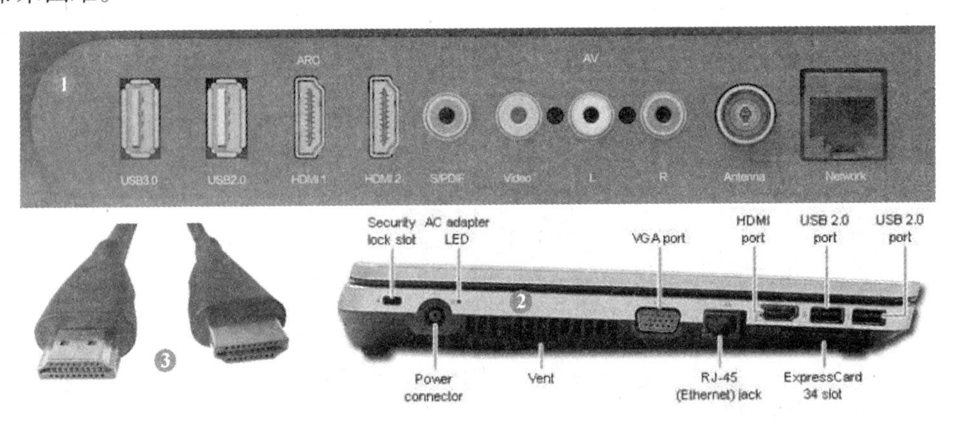

图9-5 现实生活中的接口

企业的SOLIDWORKS模型库的建立同样存在类似需求。如图9-6所示为一个空的零部件文件，里面没有特征实体，仅仅存在预设建立完毕的基准面与基准轴，而这些基准面与基准轴将用于零部件对外装配的接口，本书下一节中提到的“模型框架”即为这里介绍的空零部件文件。

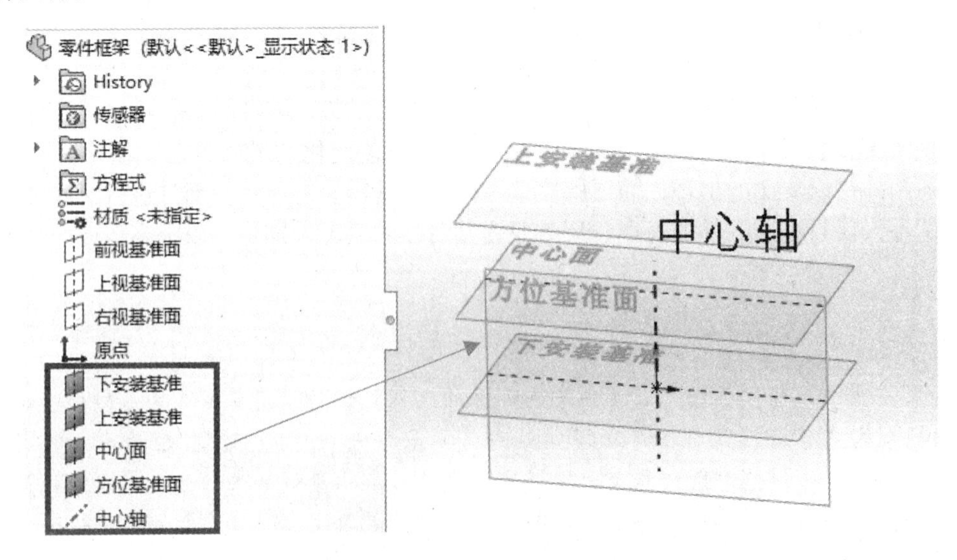

图9-6 简单的零件框架

此外，在零部件建模过程中可以综合利用方程式，使得这些基准面或基准轴与模型相关的实体面进行实时联动。

提示：

这些装配接口的基准可以根据企业产品中零部件的特性自行命名，也可根据不同的零件形态定义多种类似图中“模型框架”的文件模板，但数量不能过多。

9.3　实例分析：模型接口的简单使用

如图 9-7 所示为一个管线装配体，这里先将此图中管线装配体的状态标记为 A 状态，其中零件列表见表 9-1。

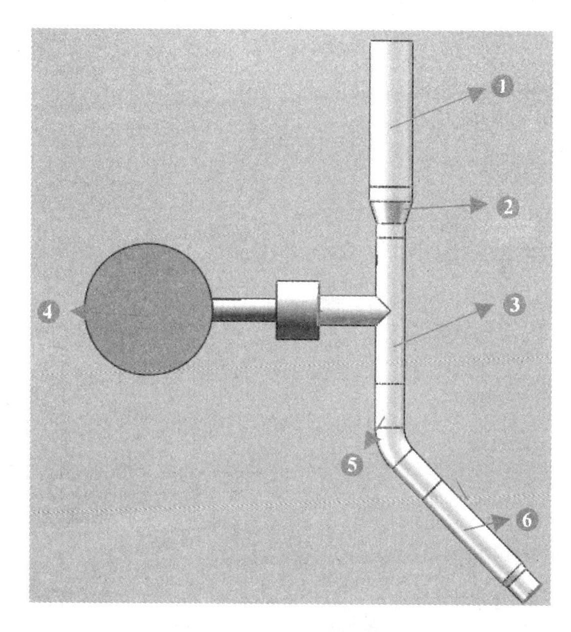

图 9-7　管线装配体

表 9-1　管线零件列表

零件标记	类　型	零件标记	类　型
1	直　管	4	外来仪表模型
2	带直边的大小头	5	45°带直边弯头
3	三　通	6	有一段削边的直管

如图 9-8 所示，需要将状态 A 的管线修改为状态 B、C、D 三种情况。一般情况下，若需要调换管线中的零部件，则需要人工重新调入零件，然后进行装配基准的选择，逐一进行装配，并且当管线中间零部件发生替换时，会对其他零部件产生影响，在复杂装配体时尤其耗时。

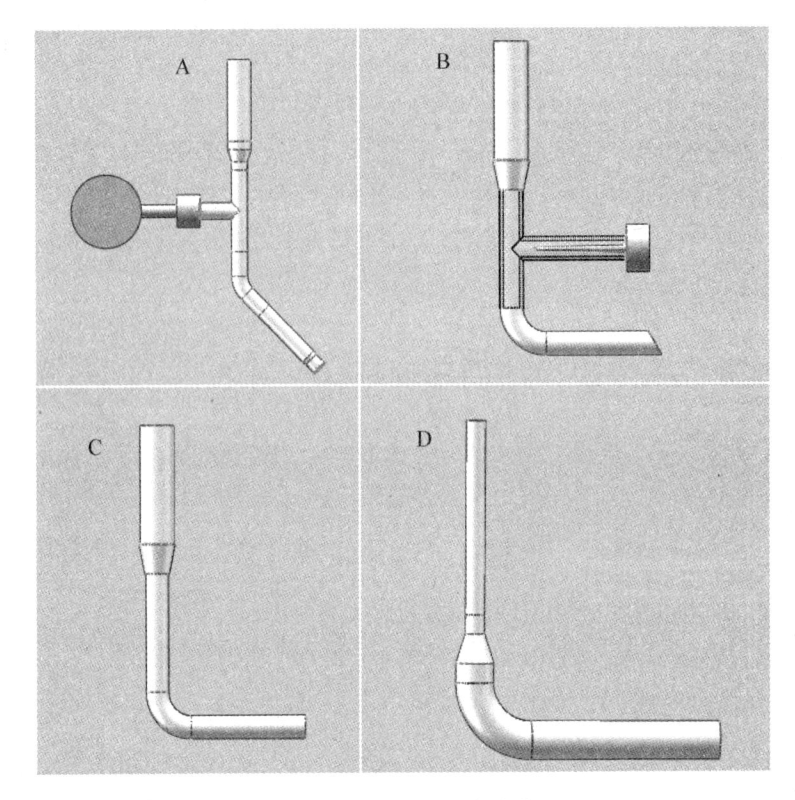

图 9-8　管线四种状态变化

但是，若管线中的零部件按照 9.2 节中接口的思想进行建模规划，综合利用 SOLIDWORKS 方程式功能，则在基于图 9-6 的零件框架下实现该管线 A、B、C、D 四种状态的变化，大多仅需通过部分尺寸的修改与替换零部件即可实现，无须进行新的装配关系。

1. 管线状态 A 到管线状态 B 的分析

如图 9-9 所示，该变化过程中完成了 5 项变化。

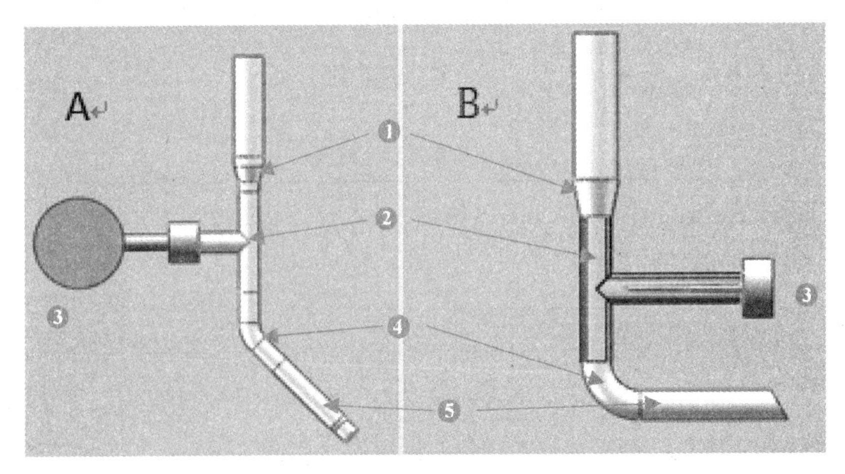

图 9-9　状态 A 到状态 B 的变化

（1）带直边的大小头替换为不带直边的大小头　如图 9-10 所示，大小头模型中都考虑了使用零部件框架中“上安装基准”与“下安装基准”作为管线上与相邻管件装配的基准。对于零部件“大小头 A”中利用方程式，使上、下安装基准之间的距离等于建模草图中“D3”“D4”和“D5”三个尺寸之和，从而保证了上、下安装基准之间的距离恒等于大小头的长度。而零部件“大小头 B”则利用方程式，使上、下安装基准之间的距离等于建模草图中的参考尺寸“ref”。

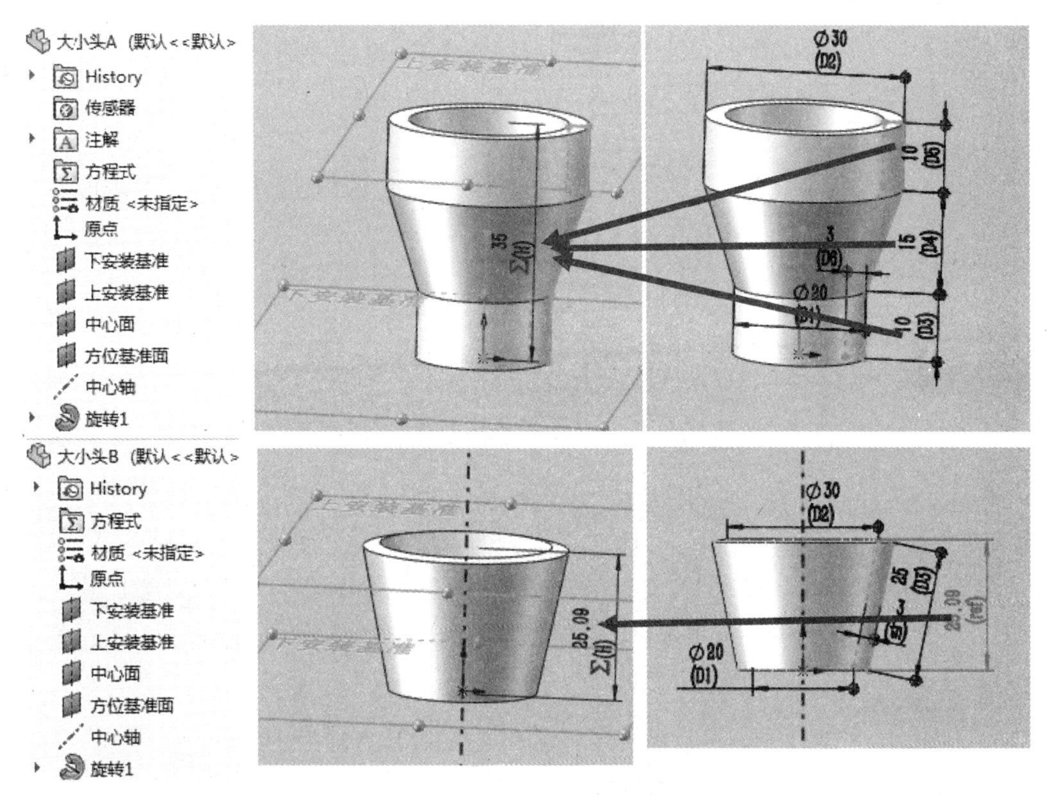

图 9-10　大小头零部件分析

（2）三通安装变化角度　如图 9-11 所示，考虑到三通上的仪表位置通常会根据客户的需求调整方向，因而在配合大小头与三通的过程中，统一使用了零件基础框架预设的“方位基准面”来进行角度配合，以方便仪表的方位变更。

此外，通过“多通”零件的特征树可以发现，三通的上、下连接面依然使用了零件基础框架中的“上安装基准”与“下安装基准”，并且依然使用了方程式对“上安装基准”进行位置关联。另外，由于该零件在使用过程中，存在两个以上的连接节点，因而基于原零件框架上增加了“左安装基准”及相应的基准轴用于装配体中的装配。

（3）外来仪表模型的替换　如图 9-12 所示，在企业产品的设计过程中，经常会用到供应商提供的第三方格式模型。图 9-12 中的仪表导入 SOLIDWORKS 中，仅仅为一个“输入”特征，并且不同供应商的模型使用的基准也不一样，若在产品装配体中存在如本例中仪表经常需要替换的情况，则每次更改都需要重新装配。

若企业为这些第三方模型做模型库收集，但由于收集过程中对模型的处理方式不一定相

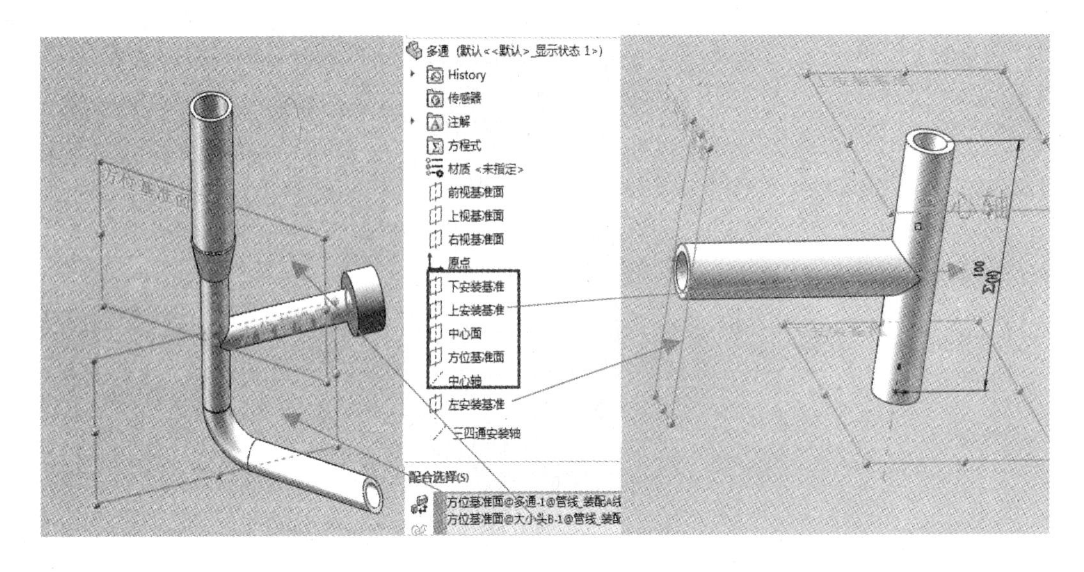

图 9-11　三通部件的分析

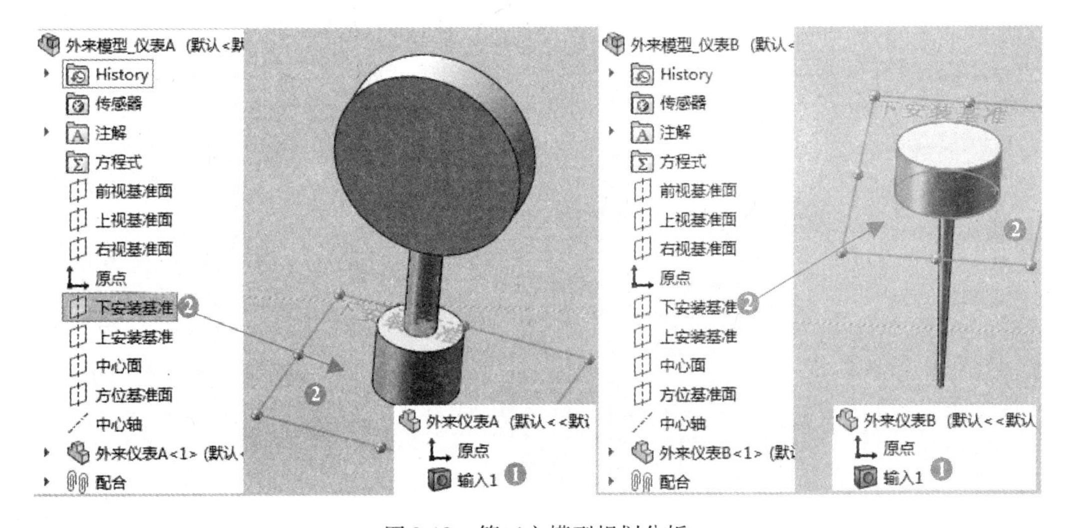

图 9-12　第三方模型规划分析

同，故也会存在替换零部件时互换性差的问题。本例中启用了一个装配体框架，其结构基本同零部件框架，先将第三方模型装入该装配体框架中，按照使用的通用性，本例中分别将第三方仪表模型的连接面与装配体框架中的“下安装基准”配合。这样就实现了任何格式的第三方模型都能完美地实现在产品中的互换性。

（4）45°带直边弯头变化为90°无直边弯头　如图 9-13 所示，在该装配体中 45°直边弯头与 90°无直边弯头都由零部件“弯头”变化而得。从图 9-13 中可以看到，弯头的建模使用了 3 个特征，分别针对弯头的弯管部分以及两段相应的直边，从而实现了有、无直边的情况。

在该“弯头”零件中，使用了原零件框架中“上安装基准”与“中心轴”作为上直段

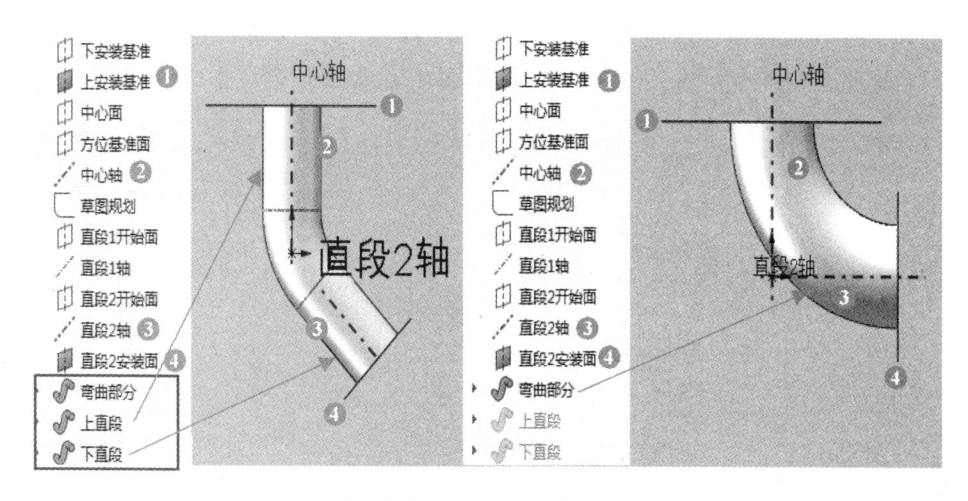

图 9-13　弯头特征结构及对外配合基准

与外部配合的基准，另外再新建了“直段 2 轴”与“直段 2 安装面”作为下直段与外部配合的基准。

如图 9-14 所示，在“弯头”零件中设计了一个不参与特征的草图“草图规划”，该草图是整个模型的核心。模型中，特征“弯曲部分”“上直段”及“下直段”中使用的草图都通过草图工具的【转换实体引用】引用了该草图，故修改弯头尺寸时仅需将“草图规划”特征中的尺寸修改到位即可。而“上直段”与“下直段”特征的压缩与解压通过方程式的 IF 函数判断“草图规划”中相应的尺寸“tan1”与“tan2”自动实现切换。

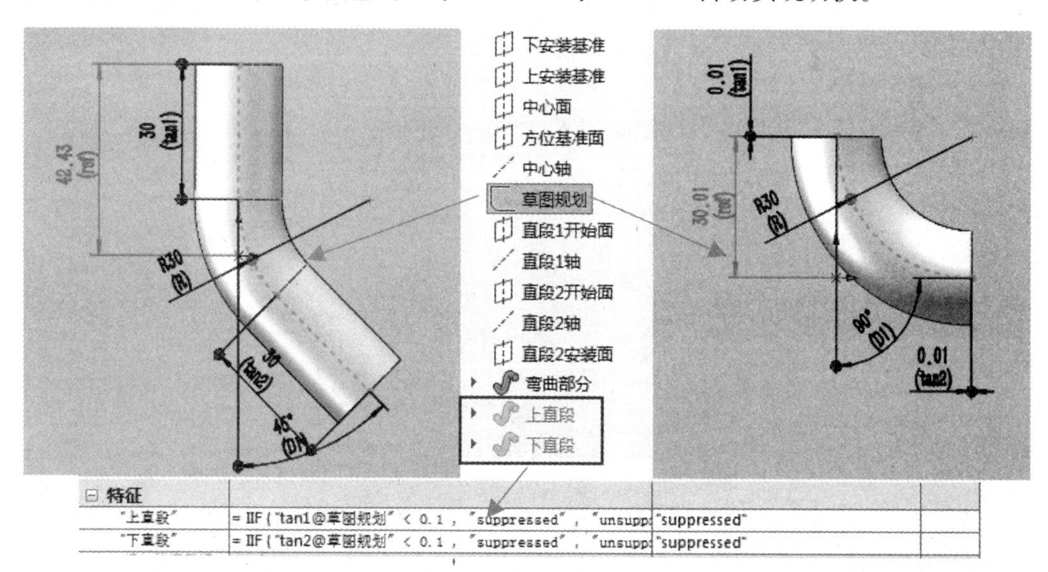

图 9-14　弯头的草图规划

在“草图规划”中又通过了角度尺寸“D1”轻松地将弯头从 45°转变为 90°。

如图 9-15 所示，为了实现对外装配的基准与弯管模型尺寸实时关联，弯头上直段的“上安装基准”通过方程式与“草图规划”中的参考尺寸“ref”进行了关联。而弯管下直段的“直段 2 轴”通过“草图规划”中标记①处的草图线段生成，同时“直段 2 安装面”则通过“草图规划”中标记①处的草图线段以及标记②处的下端点生成。

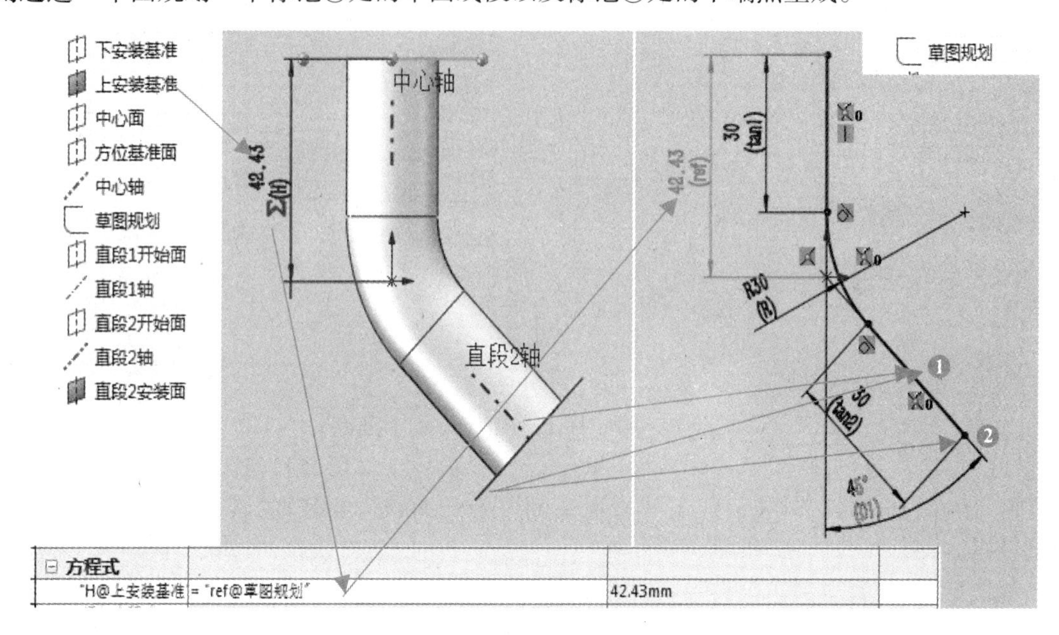

图 9-15　配合基准联动分析

通过上述的零件规划，使用模型的用户仅需根据自己的需求修改“弯头”零件中“草图规划”尺寸即可基本完成模型的修改，并且不会影响该零件在装配体中的配合关系。

（5）削边直管替换为斜切直管。如图 9-16 所示，削边直管与斜切直管的替换原理与前面提到的大小头替换相同。两个零件利用零件框架中的“上安装基准”及“中心轴”对外进行配合，其中“上安装基准”同样使用了方程式实现与模型尺寸的联动。

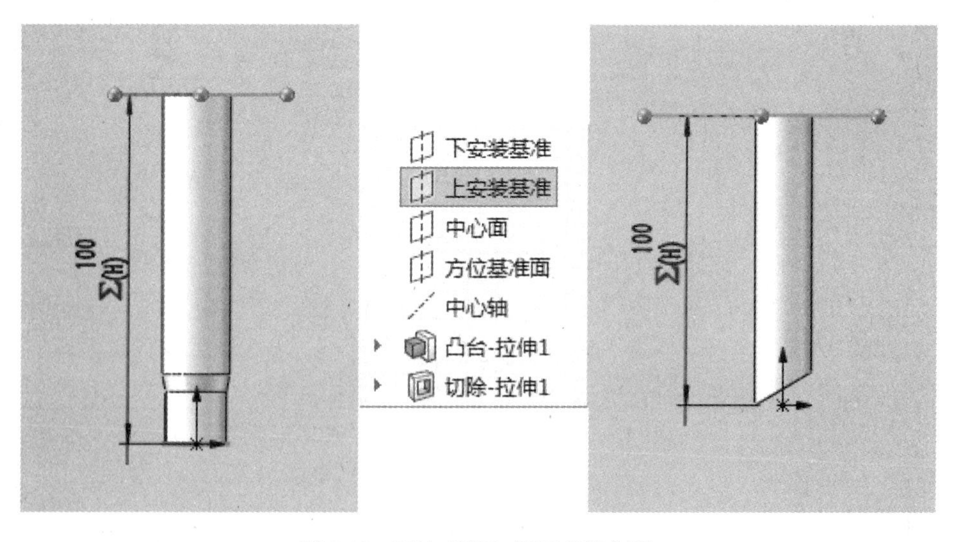

图 9-16　削边直管与斜切直管分析

提示：

在这里削边直管与斜切直管通过两个零件基于同一个“零件框架”模型。这两个零件也可以按照变化 4 中的弯头建模方式，在建模时建立在一个零部件中。无论采用何种方式，都能保证零部件相对外部装配体的替换性。

若在产品设计中几个相似的零件经常会替换使用，可以考虑将这些模型建立在一个零部件文件中，但应该简单明了，以方便企业中不同水平的 SOLIDWORKS 用户使用。否则可以考虑这些模型在建模之初就基于一个合适的零件框架模板执行，以便后续操作的统一性。

2. 管线状态 B 到管线状态 C 的分析

如图 9-17 所示，该变化过程中完成了两项变化。

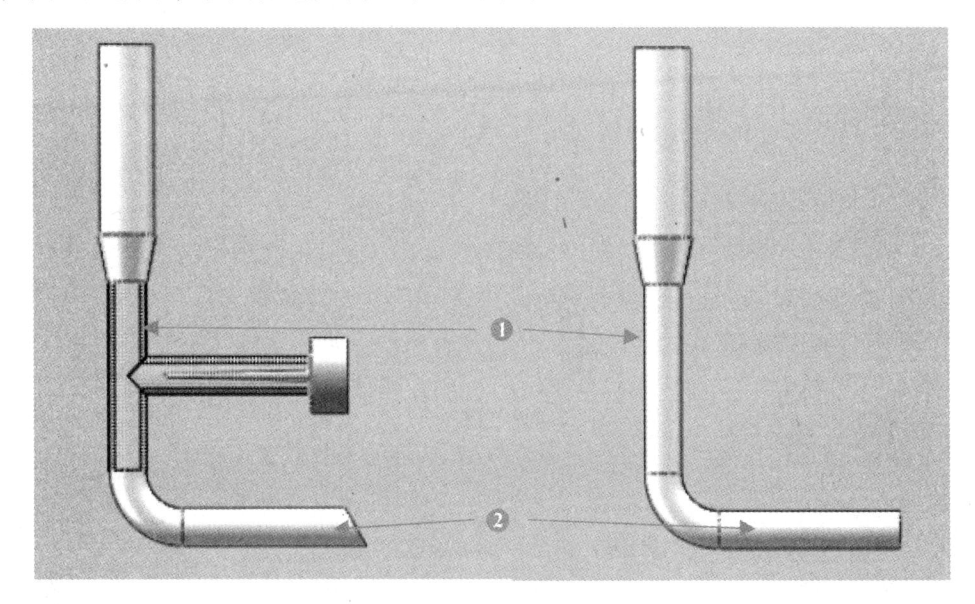

图 9-17　状态 B 到 C 的变化

（1）三通变为直管　如图 9-18 所示，该三通零件的特征由“凸台-拉伸 1”“三通主体”和“四通主体”三部分组成。通过特征的压缩与解压缩，该零件能直接实现直管、三通和四通之间的直接切换。

此外，图中的“三通”与“四通”相应的特征相对独立，互相之间无父子关系存在，即任何时候压缩其中一个特征都不会影响另外一个特征。因为在建模过程中，当完成整个“三通”文件后，在开始建立“四通”相关特征之前，先对完成的“三通”进行了压缩处理。

如图 9-19 所示，该多通零部件同样基于零件框架进行建模，上、下连接面都使用了零件框架中的基准并同样配合了方程式实现与模型尺寸的联动。同时，也根据三通与四通的特性新建立了“左安装基准”“右安装基准”和“三四通安装轴”。

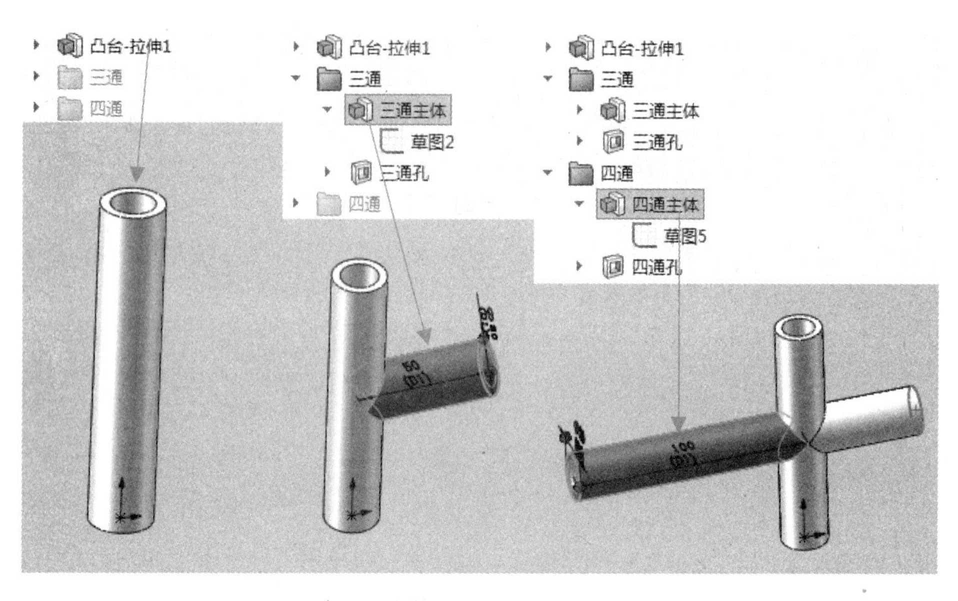

图 9-18　多通零件的特征分析

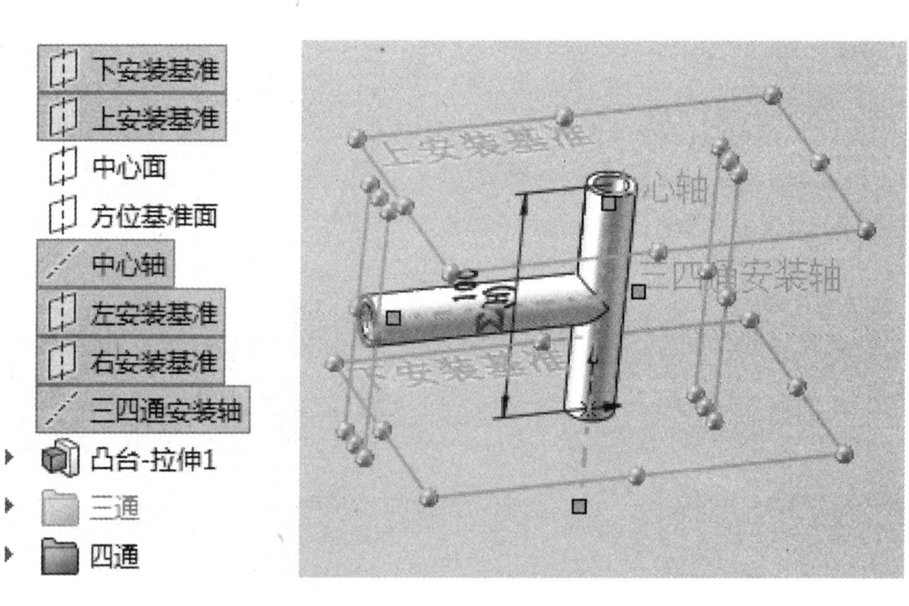

图 9-19　多通对外配合基准

如图 9-20 所示，将该三通零部件的“三通”和“四通”特征压缩后，可以看到与其连接的外部仪表处于“悬空”状态，但是该仪表在装配体中的自由度仍然为 0，此时可以视情况将该仪表零件压缩或删除。而产生这种现象的原因就在于，虽然与之配合的“三通”或“四通”特征被压缩了，但是“左安装基准”与“右安装基准”都不是基于这两个特征而建立，而是通过模型中的“右视基准面”偏移而建立，该方法类似于变化 4 中弯头模型下直段的连接基准生成原理。通过这样的方法可以建立一些不受特征变化影响的近乎永远存在的装配基准面，从而避免特征变化导致装配基准消失所产生的装配错误。

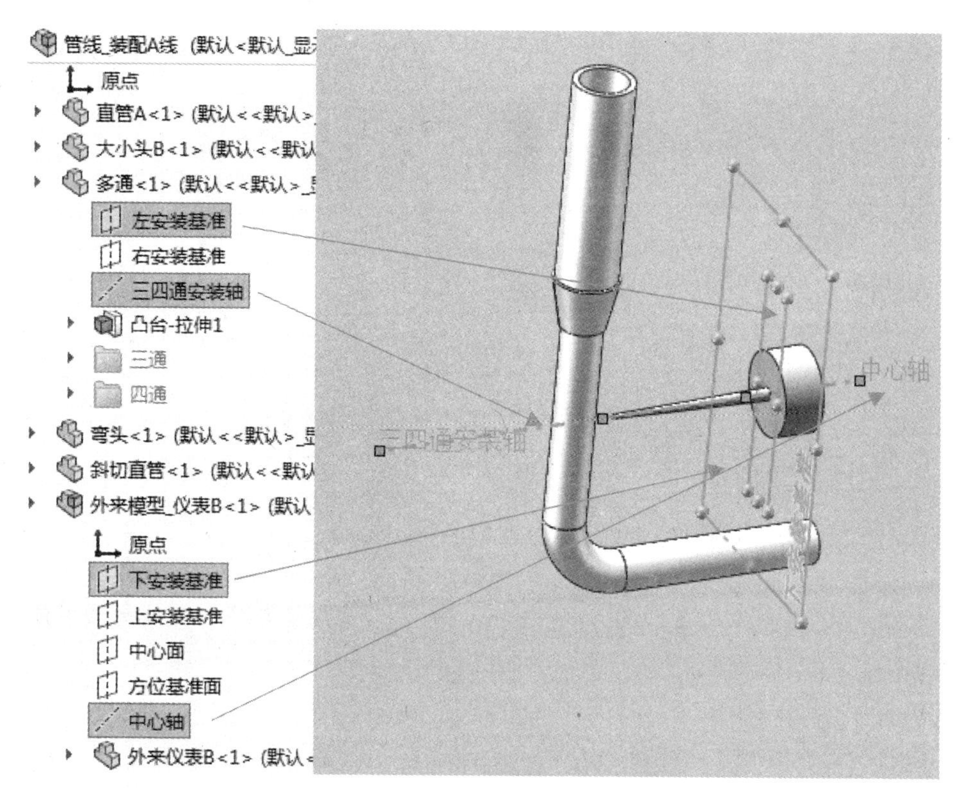

图 9-20　三通变为直管后的管线装配体

提示：

如图 9-21 所示，在本例中三通模型与装配体中的仪表部件的装配通过“左安装基准”实现，图中三通末端被选中的末端平面与“左安装基准”重合，若在与仪表的装配中不使用“左安装基准”，而选择图中被选择的实体面与仪表进行配合，则在当前进行三通变直管的过程中，装配体会出现如图 9-21 中“＊＊遗失＊＊面”的错误。当然，通过这个错误也很方便地提醒了用户在三通变化后，该仪表就是多余部件，可以删除。

在现实使用过程中，是选择实体元素作为装配基准，还是选择基准面基准轴，需要根据实际情况进行权衡。但多数情况下，为了满足产品的多变性以及变化后整个装配体的稳定性，建议使用基准面基准轴作为装配基准。当实体元素使用不当时，会导致整个装配体中连锁错误的发生。

若企业会对 SOLIDWORKS 进行二次开发，那更应该避免使用实体元素作为装配基准，因为程序需要通过复杂的坐标计算才能获得这些实体基准。而对于基准轴基准面，程序可以直接通过它们的名称直接获得。而由于有程序自动化建模的介入，更不用担心类似本例中三通压缩后仪表悬空的情况，可以根据该变化情况编写程序直接处理与压缩的三通相关的部件。

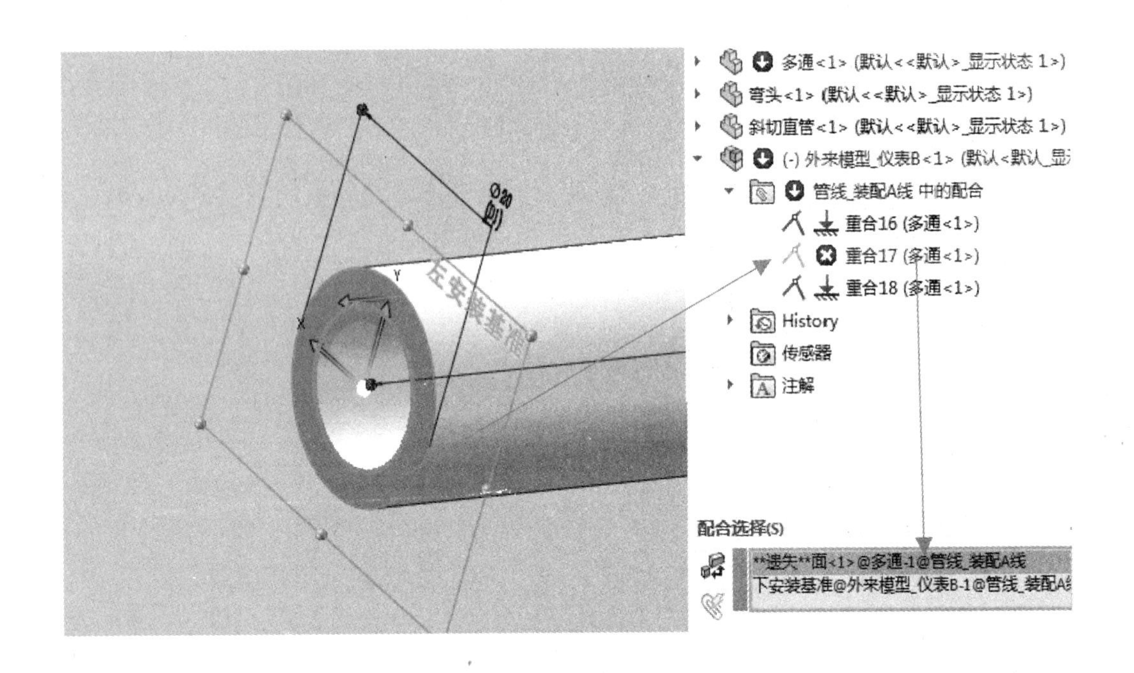

图 9-21　实体与基准面作为装配基准的区别

**提示：**

由于本例中三通零件也是基于零件框架建立的，故其上、下连接面也直接利用了框架中的“上安装基准”与“下安装基准”。故如图 9-22 所示，该变化过程也可以通过直接将该三通零部件替换为使用相同零件框架建立的直管零件。而且，由于与仪表所配合的三通基准面丢失，同样出现了配合错误的提醒，此时仅需将仪表部件压缩或删除即可消除这一装配错误。

从图 9-22 中可以看到，使用统一的零件框架，替换后的直管与上、下零部件的配合关系“重合 7，8，10，11”与“角度 1”依然稳定无问题。

（2）斜切管变为直管。通过图 9-16 中斜切管零件的介绍，此变化仅需压缩“切除-拉伸 1”特征即可。

3. 管线状态 C 到管线状态 D 的分析（图 9-23）

（1）三通变为直管　大小头的变化原理与管线从 A 状态变为 B 状态一样，仅仅针对替换后的大小头尺寸进行了修改。

（2）删除直管　如图 9-24 所示，由于大小头、直管和弯头三个零件都基于“零件框架”建模，因而在装配时都采用了通用的接口基准。所以当直管被删除后，仅需将大小头与弯头各自使用与直管配合的基准，即可完成管线装配体的修改，不会出现本书 9. 1 节描绘的因基准方向性导致装配错误情况的发生。

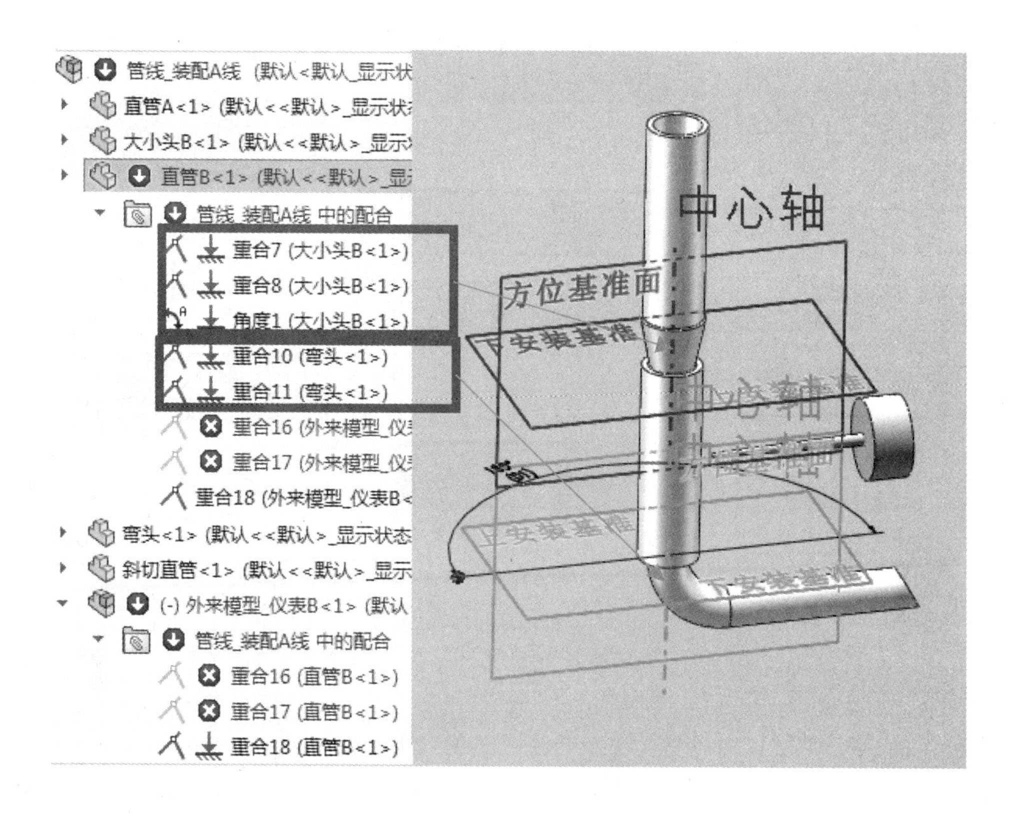

图 9-22　三通替换为直管后的效果

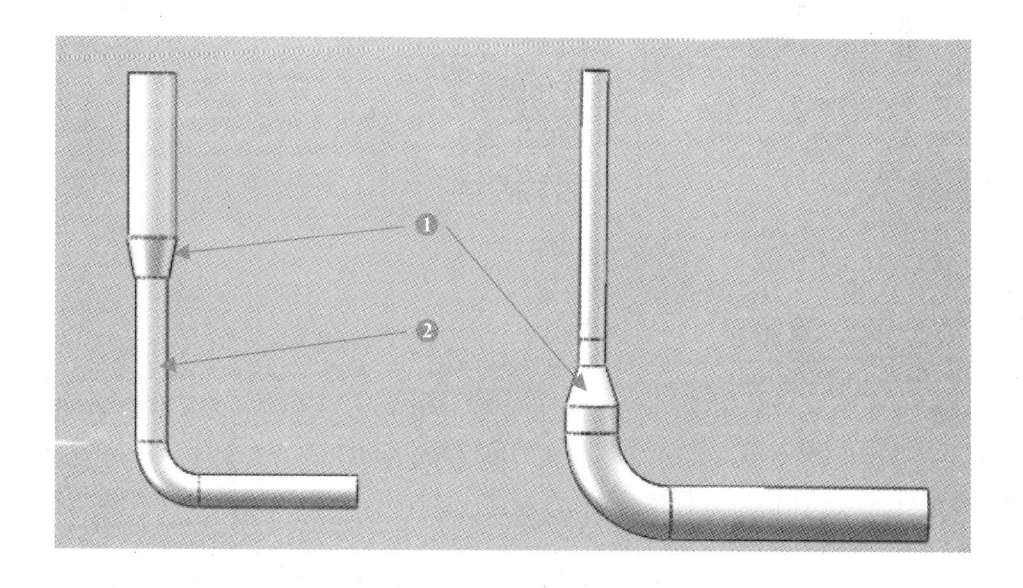

图 9-23　状态 C 到 D 的变化

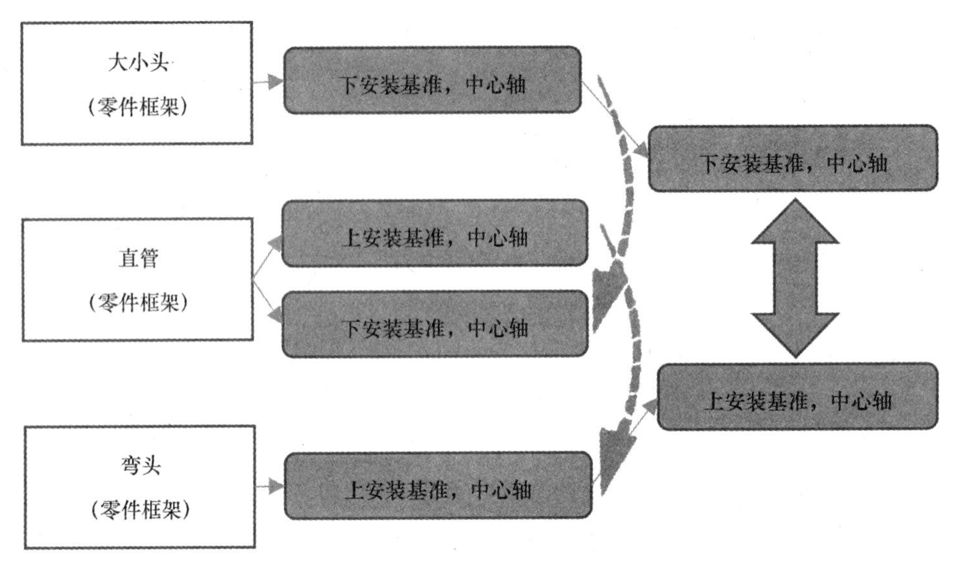

图 9-24　删除直管后装配体分析

提示：

模型接口的使用可以同时提高模型的使用范围与可回用性，并且也有利于装配体中快速变化的产品，大大减少了烦琐的装配工作量。并且只要企业自己制定好建模接口的范围，普通用户仅需按照规范预留接口，即可在比较少的建模约束中完成模型，而且还不会影响模型的可替换性。

模型接口与使用

9.4　模型的继承关系

如图 9-25 所示，标记①处的管线中有 3 根直管，它们的直径和长度各不相同，在装配过程中，用户一般都会采取“复制—粘贴”的方式将一根直管复制成 3 个直管文件，并分别命名为“直管 A”“直管 B”和“直管 C”。并且在实际的产品设计过程中，由于产品升级或客户变更需求，都会存在零件基于原先的形式进行适当修改的情况，如图中标记②、③处的削边直管、斜切直管和三通模型。若这些模型每次都重新建模，不仅费时，而且每次新建模型的思路与其中的元素（如尺寸名称）都可能因建模人而存在差异，不利于企业内部模型的通用性。

在为模型库建模时，除了考虑建模过程中的思路与命名规范性，还应便于企业中不同的用户能轻松上手修改模型，也有利于日常的模型库维护工作。

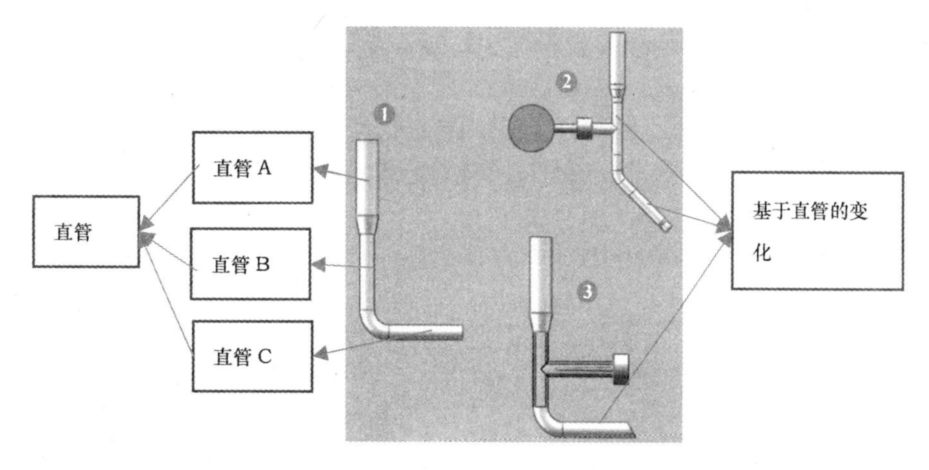

图 9-25　继承示例

如图 9-26 所示，在模型库扩充的过程中，“大小头 A”“大小头 B”和“直管”都继承自“零件框架”，从而拥有相同的对外装配基准。而“斜切直管”“削边直管”和“多通”都继承自“直管”零件，从而拥有相同的直管段建模思路及元素“凸台-拉伸 1”“草图 1”以及其中的尺寸元素。同样地，当这些模型被产品中多次使用但仅仅大小不同时，修改思路也拥有一致性。

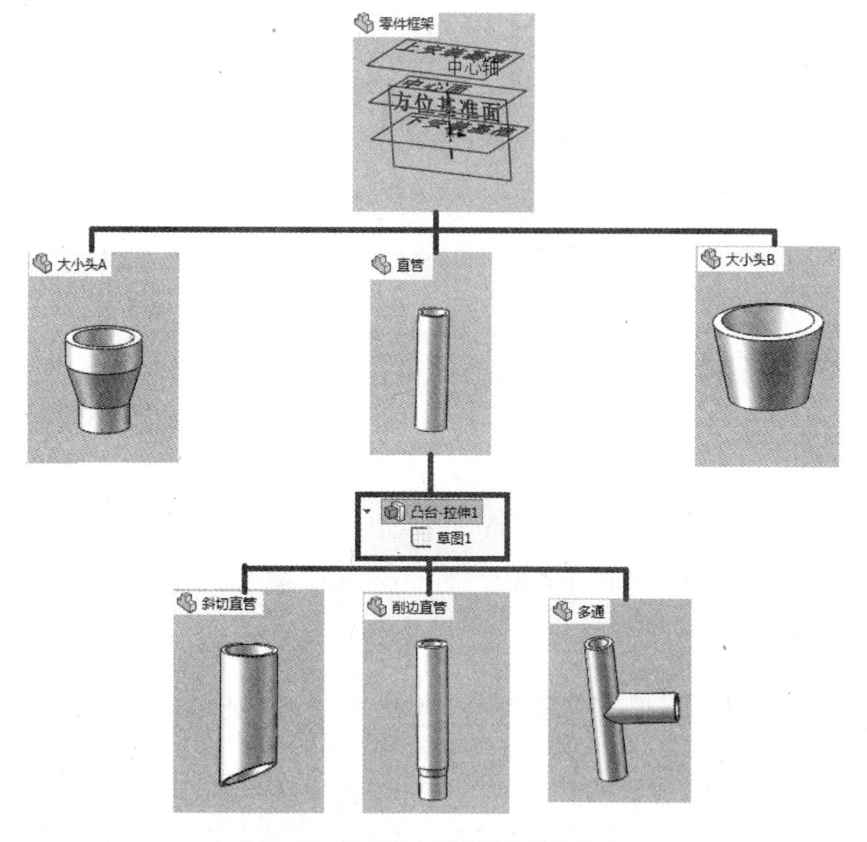

图 9-26　模型库中零部件的继承关系

这样在日常的使用与模型库维护工作中，即可相对比较方便，甚至可以使用 SOLIDWORKS 中的宏功能或二次开发对模型库进行批量更新。例如，当图中“直管”模型发生变更时，仅需运行修改“直管”过程中录制的宏文件，即可自动刷新“斜切直管”“削边直管”和“多通”零件中与“直管”模型相同的元素。

9.5 实例分析：简单的模型自动刷新

9.4 节中提到模型拥有继承性后，模型即可使用通用的方式进行修改，本例将使用宏的录制与执行诠释模型继承的好处。

如图 9-27 所示的直管零部件，现在要将图中框选的基准隐藏，并将该模型的直径修改为 100mm，厚度修改为 4mm，并将继承于该模型的“斜切直管”“削边直管”和“多通”模型进行相同的修改。

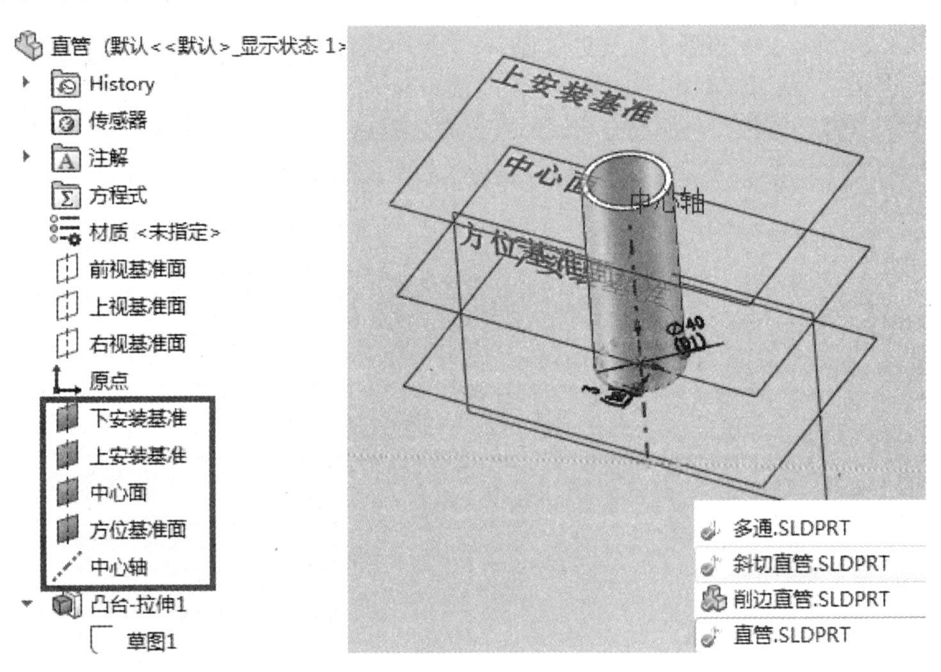

图 9-27 直管模型的修改内容

如图 9-28 所示，在工具栏中右键单击，在弹出的快捷菜单中单击【宏】，系统即会弹出图中标记③处的宏工具条，此时打开需要修改的“直管”零部件，在宏工具条中单击【录制\暂停宏】，宏就进入录制模型，并将记录用户在模型中的部分操作，接着按照要求将“直管”的基准面隐藏，并修改直径与厚度。操作完毕后，在宏工具条中单击【停止宏】，系统将弹出宏保存对话框，将宏保存为图中标记⑥处的“公共修改宏录制 . swp”文件。最后，依次打开需要修改的模型“斜切直管”“削边直管”和“多通”，并在宏工具条中单击【执行宏】，并选择之前录制的“公共修改宏录制 . swp”文件，则这三个模型相应的部分就自动按照要求刷新。

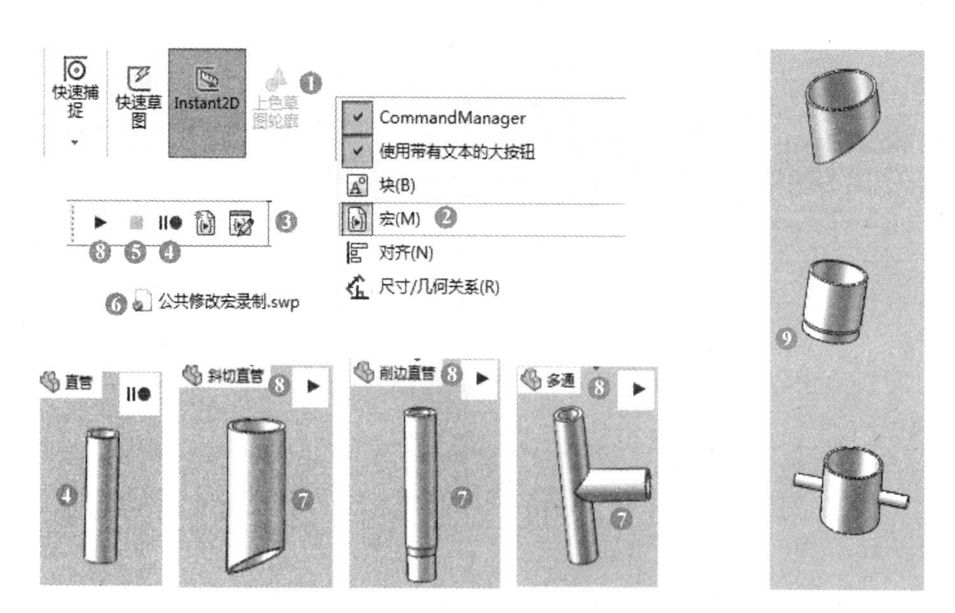

图 9-28　宏录制与自动修改模型

如图 9-29 所示，在宏工具条中单击【编辑宏】打开“公共修改宏录制 . swp”文件，可以在标记②、④、⑤区域看到代码中通过名称获得基准面、基准轴以及需要修改的草图尺寸。对于基准面轴的选择，还可以通过标记③处的空间坐标点获得，系统会自动根据②或③的条件找到唯一确定的基准。

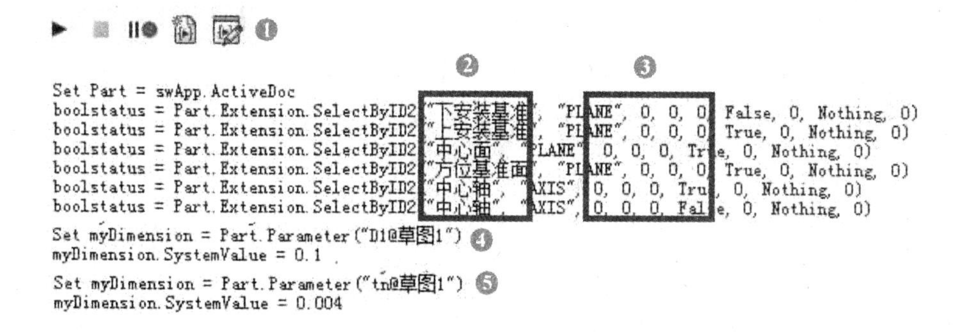

图 9-29　宏文件内容解析

提示:

宏的自动化程度较低，录制宏的功能并不能将用户的所有操作都录制下来，实现后续操作的自动化，但如果通过 SOLIDWORKS 提供的 API 接口进行二次开发，就能实现各种复杂的自动化建模。

本例通过宏的执行演示，希望读者可以深入理解命名规划化，模型库使用继承关系建立，对后期企业内部的自动化有着非常重要的作用。即使不使用自动化，通过继承建立的模型，也能对 SOLIDWORKS 操作水平不一的设计人员提供良好的适用性。

小技巧：

在模型库的建立过程中，本书第6章中介绍的文件属性也应考虑在模型库的建立范围内。只要模型的属性不随后期零件的变化而变更，或者属性表达式能通过模型中的尺寸实时地更新属性值，则这些属性值因部署到父模型中，在本例中即当“直管”模型添加完共用属性后，再建立子类模型“斜切直管”“削边直管”和“多通”，那么在建立这些子类模型时就不需要再添加，同时也会减少后期设计使用这些模型时的工作量。

模型继承优点分析

9.6 模型多态的设计

如图9-30所示，在9.3节实例分析中已经详细介绍了“多通”与“弯头”零件的多种形态变化的原理。多态的零件除了适合在装配体中快速切换，更适合使用在一些模拟场合，需要通过尺寸或特征的压缩和解压缩实现快速变化，可避免假定的模拟情况不成立时，重新建模的工作量。

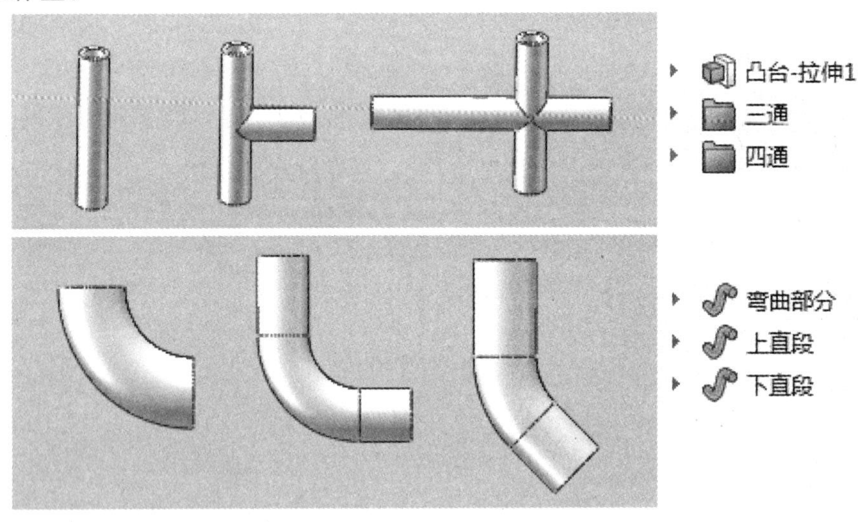

图9-30 零件的多态

零件多态设计的一般步骤如下：

1）分析零件需要变化的各种形态，找出相同部分与不同部分。

2）规划建模策略，考虑每个部分应该使用哪种特征建立。

3）检查不同部分的特征如何规避父子关系。一般地，避免特征之间产生父子关系可以通过如下两种方式：

①建立完一组特征后，先压缩，再建立另一组相对独立的特征，在本书2.2.2中接线板插头基座模型以及9.5中的“多通”零件就是使用该方式规避特征之间的父子关系的。

②另外可以通过草图规划，使每一个特征都尽量与该草图有关，从而规避特征之间的父子关系。如图9-31所示，“弯头”零件的三组特征分别是基于草图规划中的三段草图建立，故上直段和下直段还能分别实现压缩与解压缩。

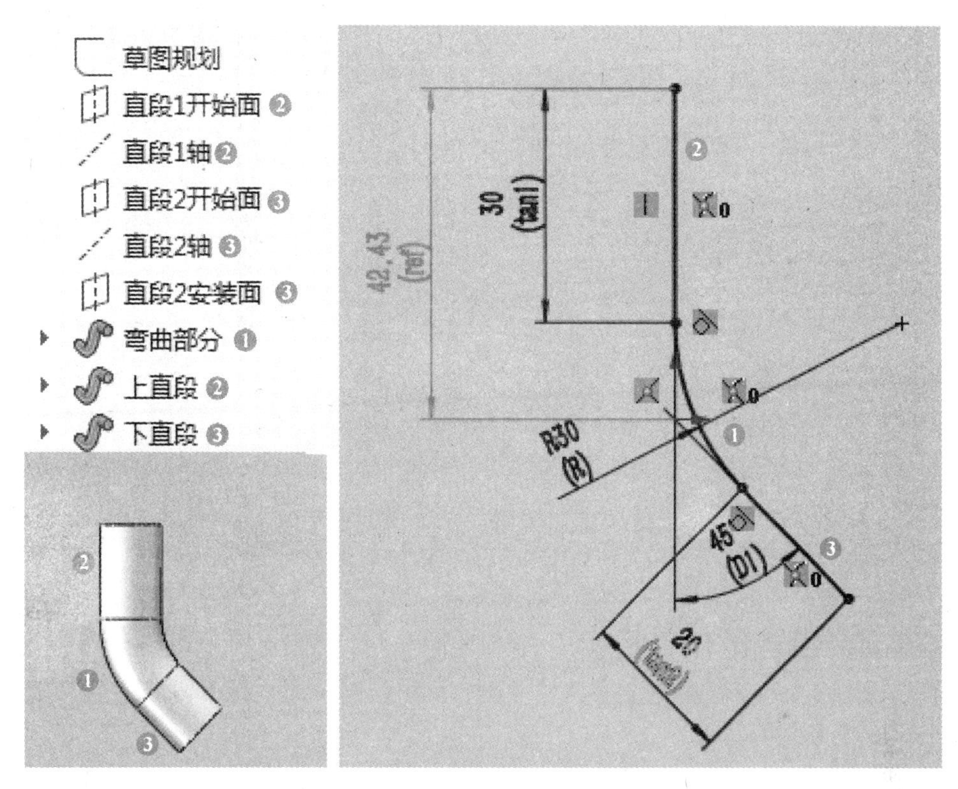

图9-31 草图规避特征之间的父子关系

4）善用方程式及函数解决模型中的数据联动关系。

提示：

零件的多态建模对建模人员的SOLIDWORKS的综合建模能力要求比较高，对于一些经常需要用于模拟或者在装配体中变化频率很高的零件，可以考虑将模型建成多态形式，避免频繁地配合。而对于一般用户，仅需遵照模型接口与继承的方式新建，修改及使用零件即可。

9.7 实例分析：相贯线模拟

如图9-32所示，现有两根管交叉连接，其中支管以60°的角度斜插入主管中，现在制造部门需要查看这两管相交的相贯线形状，并需要测量一些相贯线上的尺寸，此时设计直接绘制一个简单的模型达到图中效果即可。

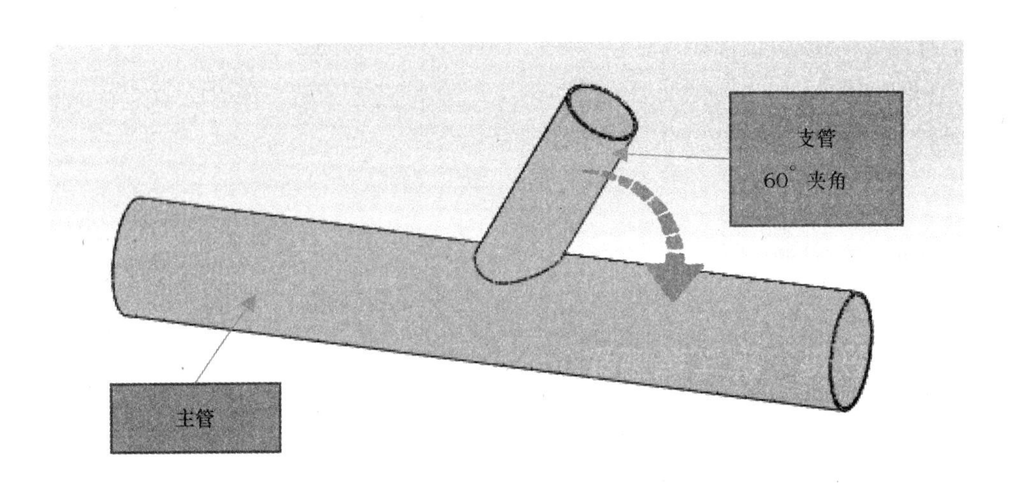

图 9-32　交叉管相贯线

虽然绘制这个零件不太浪费时间，但是如果这种结构的连接经常被使用，并且角度还不一定为 60°，每次绘制这样的零件就非常烦琐。此时，就应该考虑所绘制的模型是否可以通过简单的修改来满足日常的各种模拟情况。

如图 9-33 所示，经过规划后，该模型在真正实体特征建模前，先构建了“草图规划”以及由该草图元素建立的“主管端面”“支管端面”和“支管截面”。其中，“主管端面”和“支管端面”分别用于主管与支管拉伸特征的草图绘制平面，而“支管截面”则用于剖切支管查看相贯线的最低点。

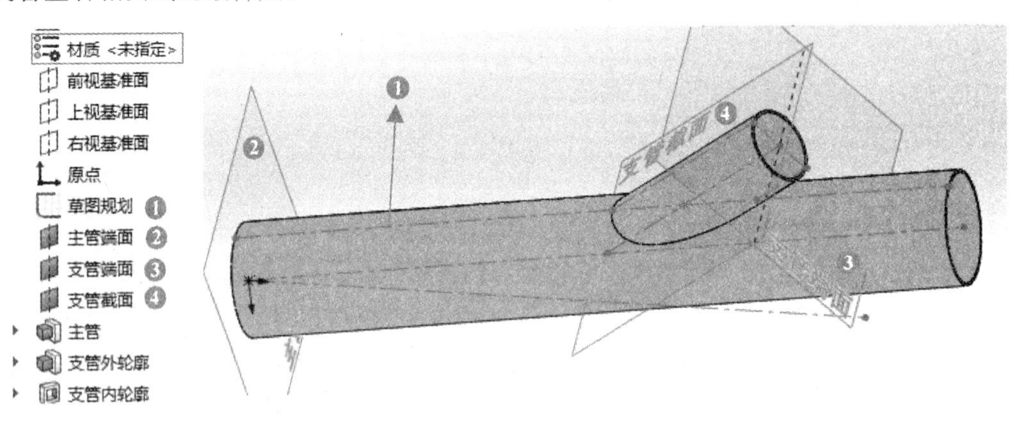

图 9-33　模型构建

如图 9-34 所示为草图规划中所有的草图及尺寸，主要分为如下功能：

1）标记①：尺寸“OD1”与“L1”主要控制主管的外径与长度。

2）标记②：尺寸“OD2”与“L2”主要控制支管的外径以及其中心线与主管中心线交点到支管端面的长度。

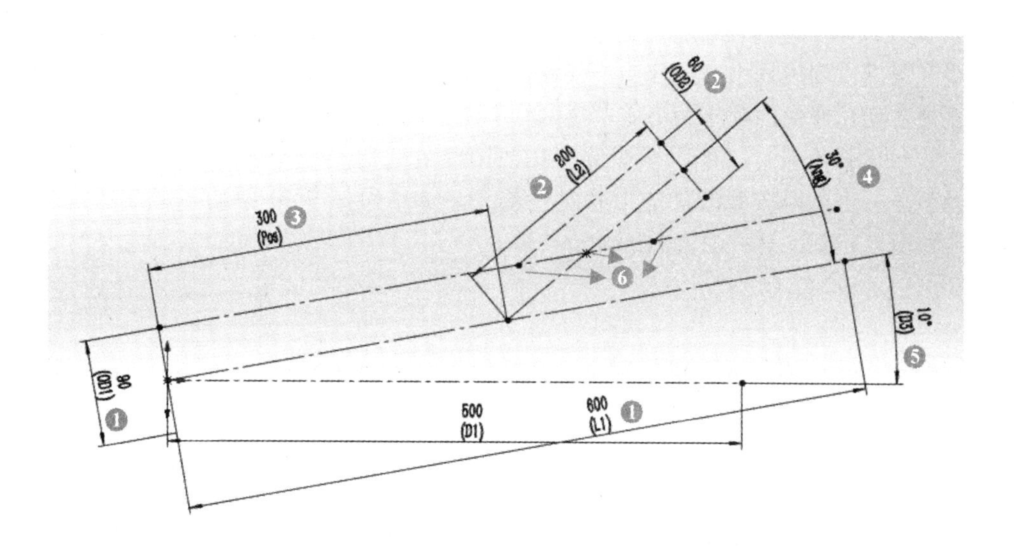

图 9-34　草图规划解析

3）标记③：尺寸“Pos”控制支管在主管上的位置。

4）标记④：角度尺寸“Ang”控制支管与主管的夹角。

5）标记⑤：角度尺寸“D3”控制主管的显示位置，其为 0°时，主管水平，变化至 90°时，则主管变为了竖直状态。

6）标记⑥：构造了支管中心线以及外表面与主管外面的虚拟交点，以便于测量。

提示：

通过对该草图中尺寸的简单修改，即可生成不同形态的交叉管，免去每次都需要新建模型的烦琐工作。

SOLIDWORKS 建模方式很多，也并不是越简单越好，用户也应该根据自身的使用需求规划如何能让模型在日常工作中的修改工作量降低。部分情况可以将设计环节一些比较难计算的数据通过此类草图规划让 SOLIDWORKS 自动求解。

9.8　本章总结

如果企业希望在产品设计过程中降低人工与时间的花费，则应该在规划企业的模型库时，做一些针对自身特点的规划。对于零部件的规划，主要可以从以下三方面入手：

（1）模型接口　根据常用的部件装配需求，制定一个或多个包含通用装配基准的模型框架，模型框架可以是零部件，也可以是装配体，需要视使用需求而定。针对一些不受控制的供应商零件，可以将其装配到统一的装配体框架中，并由装配体框架与产品进行总装。

而在基于模型框架建模时，可以充分利用 SOLIDWORKS 的方程式功能将模型接口与模型数据进行关联，从而免去使用环节的工作量。

（2）模型继承　在建模过程中，相似零部件的建模思想应尽量一致，最好将零件随产品的变更升级纳入到规划中。这样，不仅使得用户修改模型时方便上手，对于有计划使用二次开发实现自动化建模的程序编写效率也同样有着提高代码通用性的作用。

（3）部件的多态设计　可以按照部件在使用环节的功能进行规划，如本书 2.2.2 中插头基座的多态。也可以按照部件的形状进行规划，如本章图 9-30 中的多通与弯头零部件。但设计过程中应特别注意特征之间的父子关系。

第 10 章　装配体中的架构

学习目标

1. 了解装配基准选择的注意事项。
2. 了解链式装配法。
3. 了解草图装配法。

10.1　实例分析：装配基准组合的选取

当产品模型在不同形式下变化时，零部件在配合时，应尽可能地考虑产品变化时这些配合关系永远成立。人为干预的不确定性与随机性会使产品装配体中的统一性降低，从而影响产品模型的回用性。

如图 10-1 所示，该装配体中存在“基准轴 1”“基准轴 2”“基准面 1”和“基准面 2”，并且该两轴、两面的位置相同。现在要将该装配体中的部件圆柱与该装配体中的基准按照图 10-1 所示的方式进行装配。

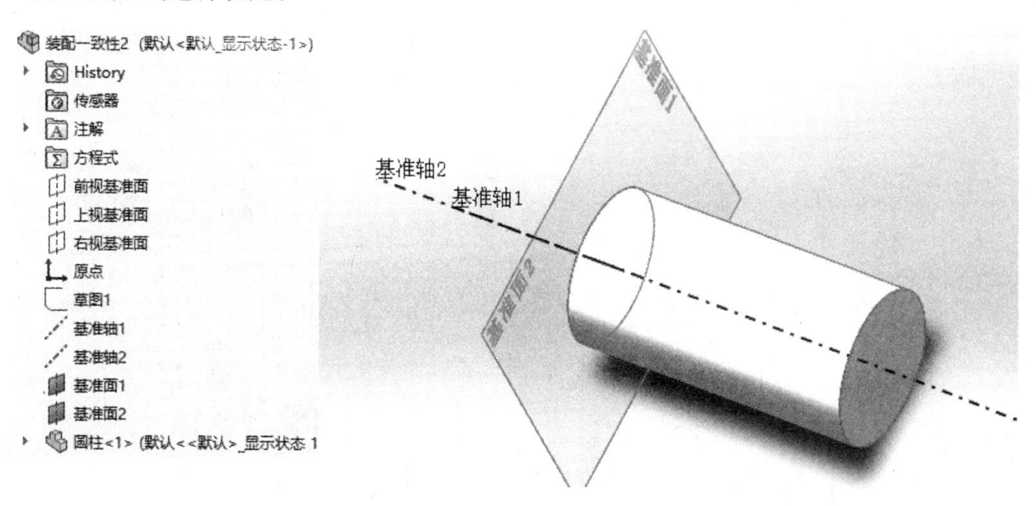

图 10-1　圆柱部件在装配体中的装配位置

由于按照图 10-1 所示的情况，装配圆柱可以选择任意一轴和一面进行配合。如图 10-2 所示，设计了左、右两组装配方案。

左方案为圆柱部件的“基准轴 1”“上视基准面”和“前视基准面”分别与装配体中的“基准轴 1”“基准面 1”和“前视基准面”进行配合。

右方案为圆柱部件的“基准轴 1”“上视基准面”和“前视基准面”分别与装配体中的“基准轴 2”“基准面 1”和“前视基准面”进行配合。

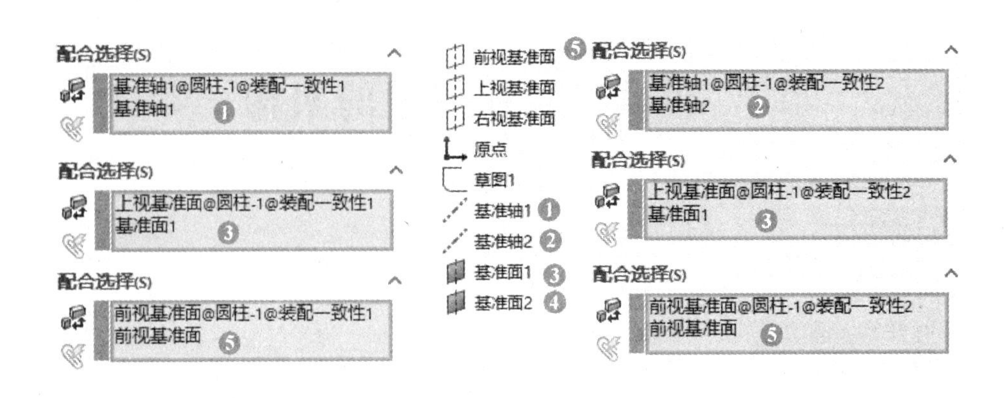

图 10-2　两种装配组合

两种方案中唯一的区别在于装配基准轴的不同，但都能完美地实现图 10-1 中圆柱部件的装配。

如图 10-3 所示，装配体中的两个基准轴与基准面都由标记①草图中的元素生成。在草图中存在一个角度尺寸“D4”，当该尺寸为 90°时，并不能发现两个基准轴与基准面之间的不同，故图 10-2 中的两种装配都正确。但是当角度尺寸“D4”由 90°变化为 60°时，可以发现草图中其实存在三条线段。“基准轴 1”与“基准面 1”都随角度尺寸“D4”变化的线段生成，故“基准轴 1”永远垂直于“基准面 1”。而“基准轴 2”与“基准面 2”都由水平线生成，而“基准轴 2”若需要垂直于“基准面 1”，仅当两条线段重合时才成立。

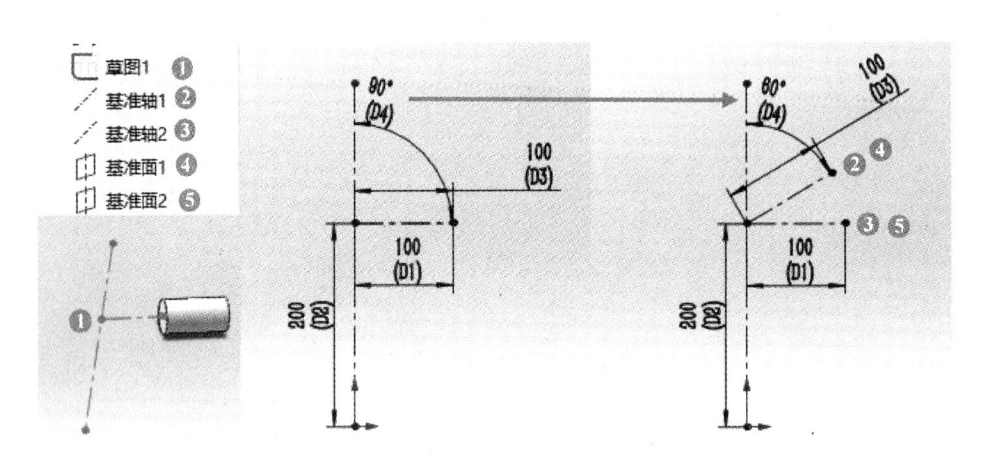

图 10-3　装配体基准来源

如图 10-4 所示，通过对装配基准来源草图的分析，可以看到当草图角度尺寸“D4”变化到 60°时，原来的左方案配合关系依旧成立，圆柱部件随着草图角度一同变化。而原来的右方案圆柱装配发生了错误，圆柱部件自身的“基准轴 1”与“上视基准面”永久互相垂直，但与之配合的装配体“基准轴 2”与“基准面 1”却无法垂直，遇到此情况只能再次修改配合基准。

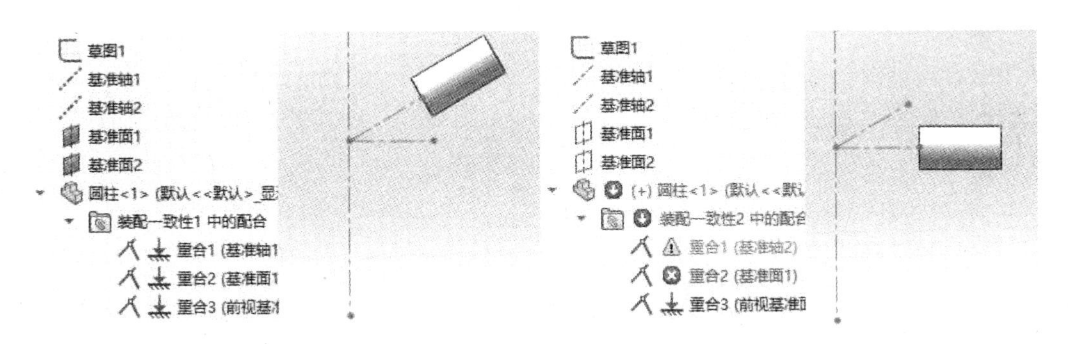

图 10-4　草图变化后圆柱部件的装配效果

提示：

本例虽然简单，但在实际的产品设计中，一般装配一个部件可以有很多种组合基准供选择，此时这一点很容易被忽略，一般用户也不会太注意基准的生成由来。

但若所设计的产品存在多样性，则在进行模型装配时应特别注意这个细节。由其在做模型库中模块化组件的装配时，需要先思考变化需求再进行装配，必要时还需按照上一章中介绍的方法在零件设计环节为装配考虑适当的草图或基准。

装配组合注意事项

10.2　实例分析：链式装配法

如图 10-5 所示，装配体中存在部件 1 到部件 N，这些部件按照顺序进行装配，并且每个部件进入装配体后，仅与其前一个部件进行装配，如图中部件 2 进入装配体后，将与部件 1 的相关配合基准进行配合，按照这个规律执行到部件 N，并且在装配过程中满足 10.1 节所讲的基准组合一致性要求。这样的装配方法称为“链式装配”。

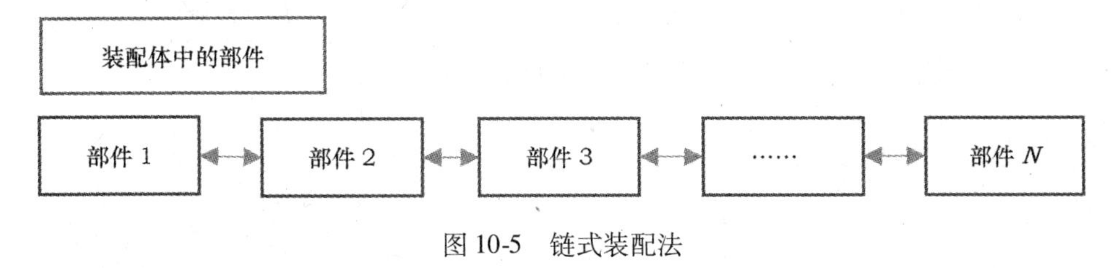

图 10-5　链式装配法

如图 10-6 所示，标记①为管线装配体中的一个统一基准。现在将管线装配体中标记②

的直管加长，可以发现部件2下方的部件一同往下降。再将标记③的弯管由45°向下修改为上扬角度，此时可以看到弯管后续的部件连同弯管尾端一同上扬。这样的最大好处在于，装配之间的部件会随前面的部件一同联动，调节各个部件的尺寸都能带动其他相关部件。

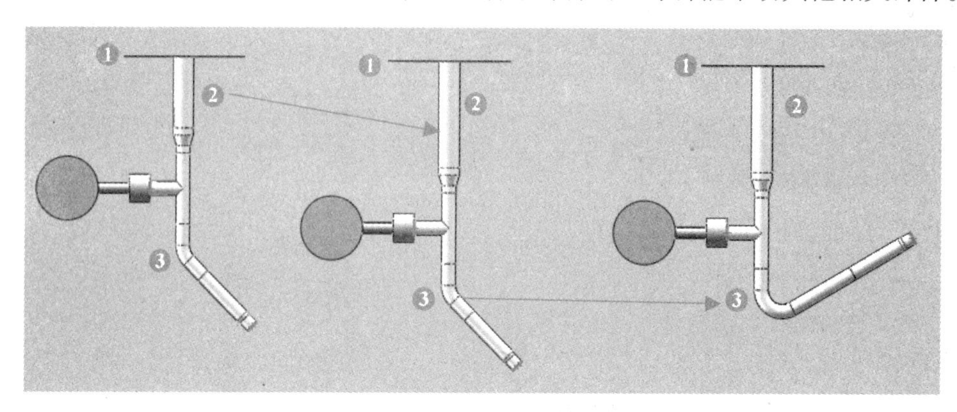

图10-6　链式装配示例

链式装配能够提高装配体修改过程中的修改效率，在链式装配体中每个部件都可以看成是其后面连接的所有部件的链式源头。如图10-7所示，现在需要对左边的原始管线进行修改，将管线中标记③的三通零件修改为右边管线装配体中的标记⑥的S弯管。此时标记④及其后续的部件⑤可以看成是一个以标记④弯管为新链式链接源头的管线，当将三通替换成S弯时，仅需分别完成部件②大小头以及部件④弯管与部件⑥的S弯管装配，即可完成整个管线的修改，无须修改部件⑤削边直管的装配，因为部件⑤削边直管的配合仅与部件④弯管有关。

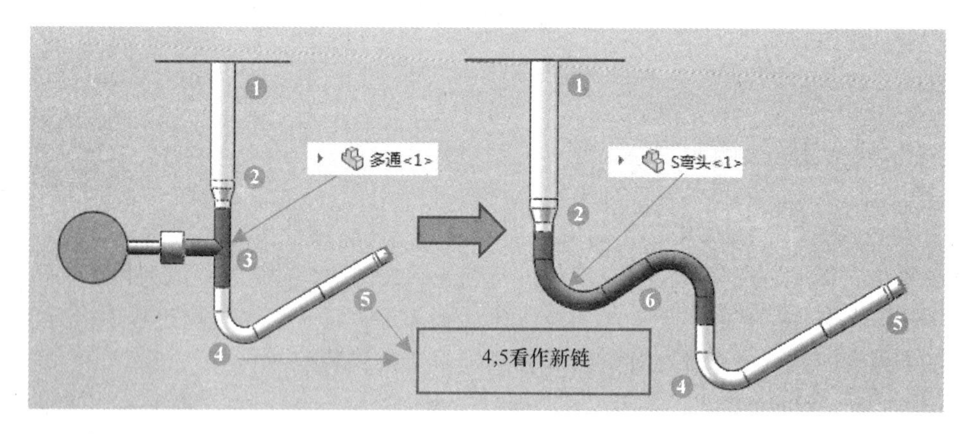

图10-7　链式装配体中的修改

提示：

链式装配能大大地减少装配体修改后各部件装配的修改工作量。但欲使链式装配在修改环节中顺利完成，应与10.1节中介绍的装配基准组合具有一致性。

此外，链式装配法也比较适合运动部件的装配，如图 10-8 所示，汤锅上的把手与把手座通过转轴进行连接，而在把手的上方还贴有一块隔热片部件，并且隔热片能随着把手部件一同沿箭头方向旋转。

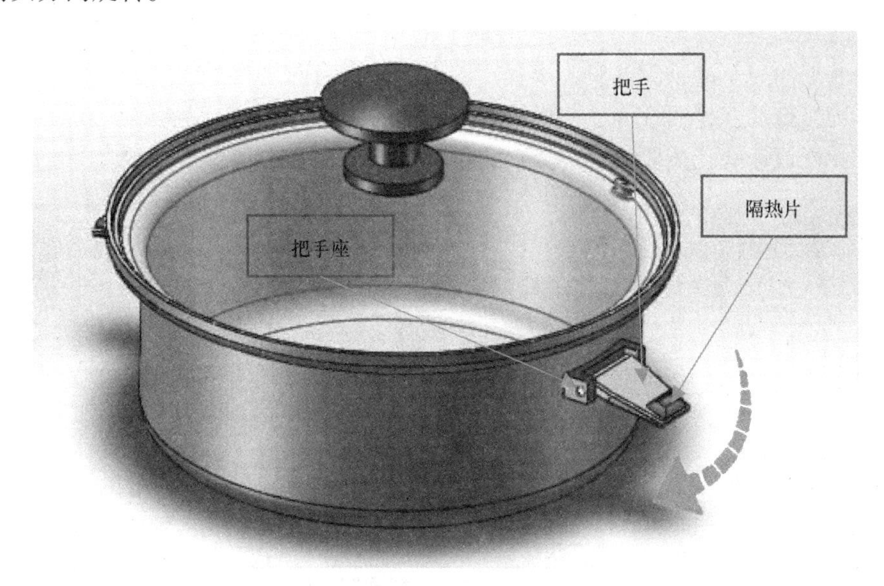

图 10-8　汤锅把手

如图 10-9 所示，整个把手的装配采用链式方法完成。首先通过把手座的转轴与把手的旋转轴进行重合配合，再将把手座的方位基准面与把手的方位基准面进行配合，从而实现把手绕着旋转轴转动。然后通过把手的上表面与隔热片的下安装基准进行重合配合，把手的方位基准面与隔热片的方位基准面进行重合配合，最后将隔热片的一条边线与把手的边线进行重合，从而实现隔热片随着把手一同旋转。

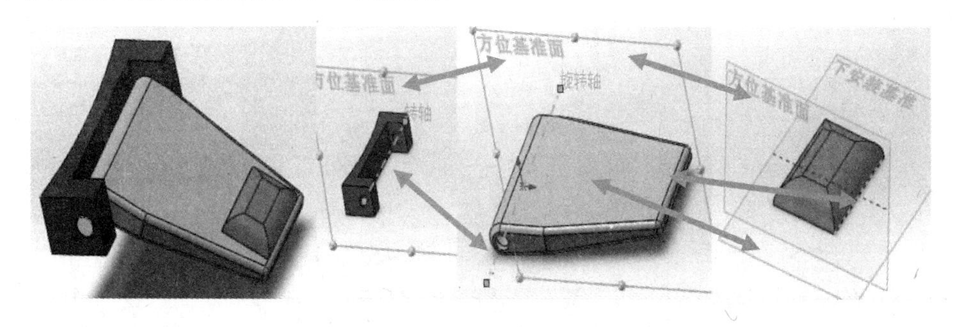

图 10-9　把手的装配

链式装配法及优点介绍

10.3 实例分析：草图装配法

在现实的设计生产中，经常会遇到曲面上的部件装配问题。而与在曲面上进行配合相比，使用基准平面与基准轴配合更为不稳定，曲面装配有时用户不能掌握规律，并且不同的用户建模想法与技能水平都不同。如图 10-10 所示，汤锅的曲面玻璃盖上有一个透气孔部件，现在需要将该透气孔按照一定的方位角度和中心距离与玻璃盖进行配合。

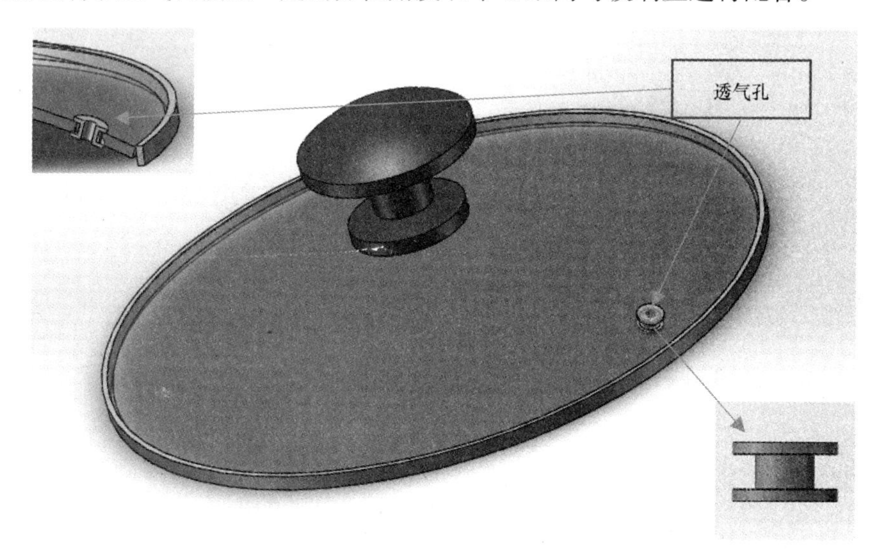

图 10-10　玻璃盖与透气孔的配合

如图 10-11 所示，锅盖组件中玻璃锅盖的底面与锅盖边圈距离为 2mm，而玻璃锅盖的草图可见图中标记 1 的草图。

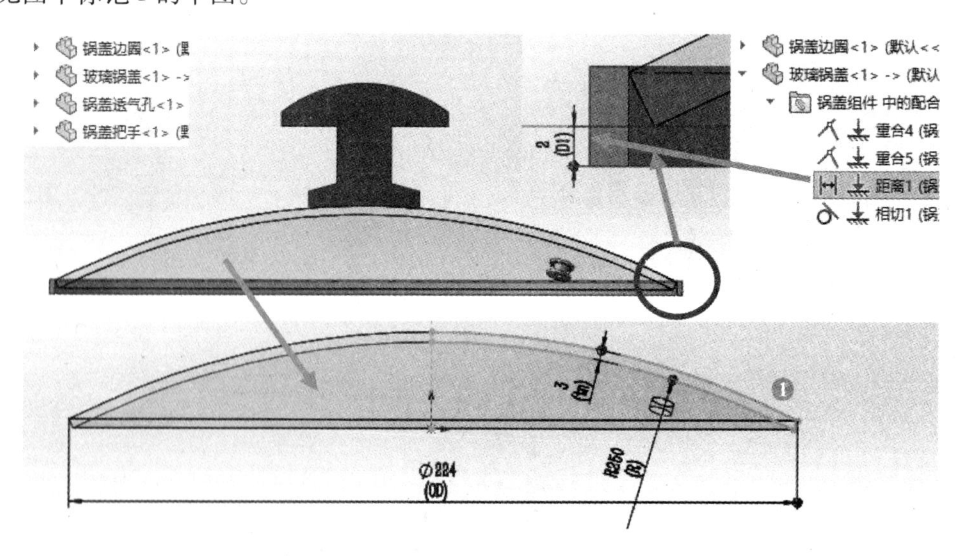

图 10-11　透气孔装配环境分析

如图 10-12 所示，从锅盖的俯视图可以看到，透气孔的安装需要先确定其在玻璃盖上的方位。因此，在锅盖组件中建立了一个草图“透气孔方位控制草图”，通过对草图中角度尺寸“ang”的修改即可轻松控制透气孔在锅盖上的安装方位。此外，通过草图中的线段建立了一个“透气孔方位面”。

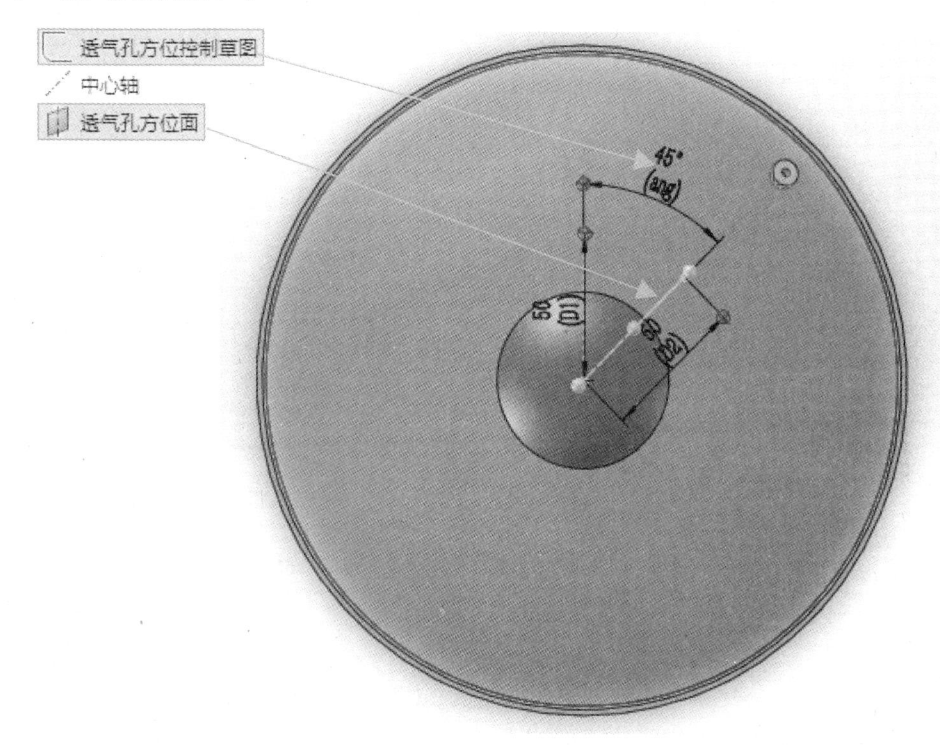

图 10-12　透气孔的方位控制草图

如图 10-13 所示，在上图中建立的“透气孔方位面”上新建了一个“透气孔安装位置草图”，而该草图主要模拟了图 10-11 中显示的玻璃锅盖草图及其与锅盖边圈装配的环境，这里通过跨部件方程式的添加使得整个草图的尺寸与装配环境可以实现实时联动。图 10-13 中标记①处的尺寸“PosR”将决定透气孔安装的中心距。同时，在透气孔的安装位置处绘制了通过该点与曲面相切及法向的辅助线段②与③。

**提示：**

当完成环境草图的绘制后，在图 10-13 中先绘制标记④线段，并给线段④添加几何关系【竖直】，并将该线段的下端点与玻璃盖的外表面曲线添加【重合】关系，给线段④标注中心距尺寸“PosR”。然后任意绘制标记②线段，并给线段②与玻璃盖外表面曲线添加【相切】关系，再给线段②与标记⑤交点添加【中点】的几何关系，即完成了透气孔安装位置处的切线。最后通过绘制通过交点⑤的标记③线段，并给线段③与线段②添加【垂直】关系，即完成了透气孔的安装草图。

如图 10-14 所示，通过“透气孔安装位置草图”中新建的辅助线段②和③即可生成用于准确装配透气孔部件的“透气孔安装轴”与“透气孔安装切面”。

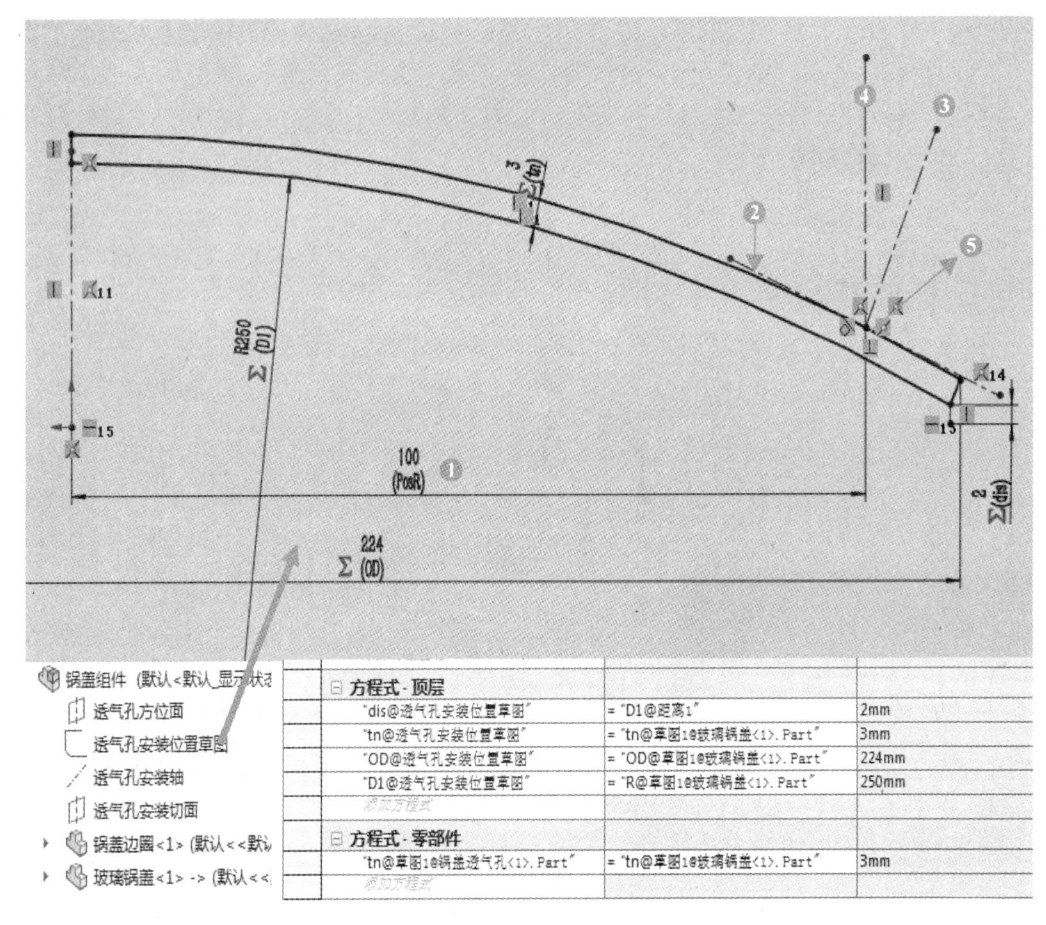

图 10-13 透气孔安装草图

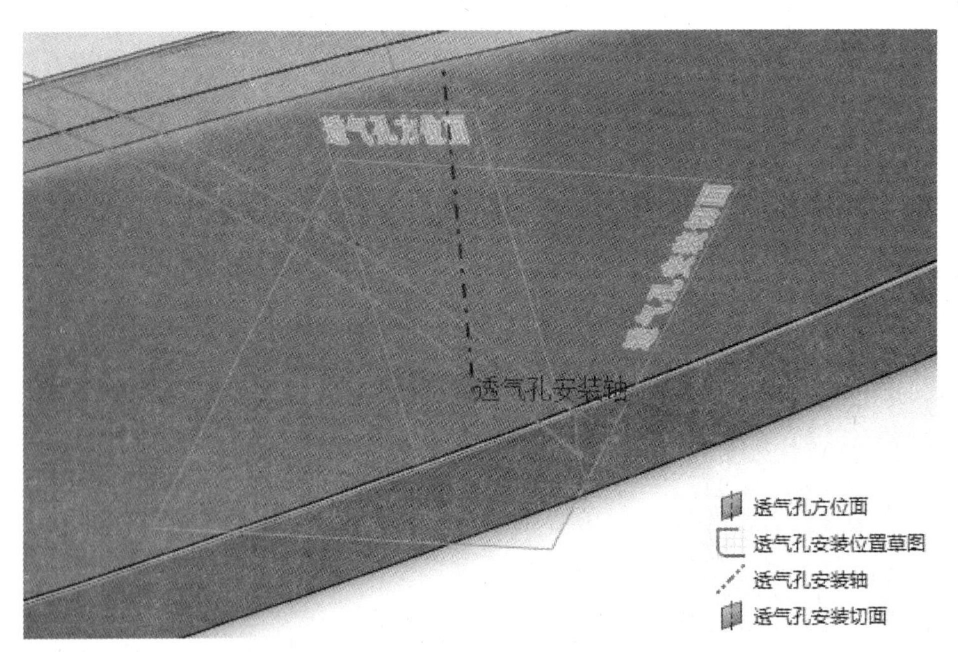

图 10-14 来源于装配草图的安装基准

如图 10-15 所示，透气孔部件中的“中心轴”与装配草图生成的“透气孔安装轴”进行了【重合】配合。然后将透气孔的“下安装基准”与装配草图生成的“透气孔安装切面”进行了【重合】配合。最后再通过透气孔的“方位基准面”与锅盖组件中的“透气孔方位面”进行了【重合】配合，从而完成了透气孔在玻璃锅盖上的装配。

玻璃盖上透气孔安装处需要打孔，而该打孔特征可以无须在玻璃盖建模时就建立。如图 10-16 所示，在锅盖透气孔部件的建模过程中，已经预先绘制了用于对玻璃盖开孔的草图——“玻璃孔开孔草图”。当透气孔在锅盖装配体中装配完毕后，在锅盖装配体中编辑部件“玻璃锅盖”，并选中组件中的“透气孔安装切面”作为开孔的草图绘制平面，使用草图工具【转换实体引用】将锅盖透气孔部件中预先准备的“玻璃孔开孔草图”引用到图中部件玻璃锅盖中的“草图 2”中，最后通过“草图 2”进行拉伸切除的特征建立，从而完成玻璃盖上的开孔。

使用该方法开孔不仅节约了玻璃锅盖的建模时间，而且由于使用了参考引用，当透气孔部件在锅盖上的位置发生变化时，玻璃锅盖上的孔也会自动随之更新。

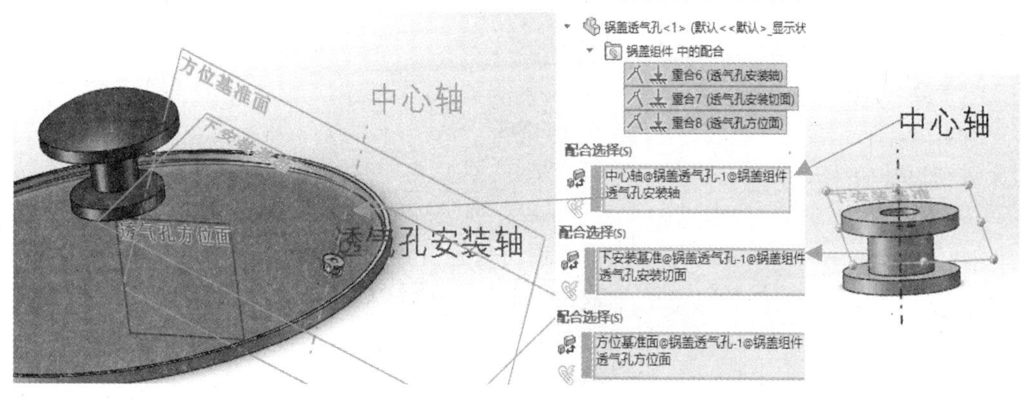

图 10-15　透气孔的装配

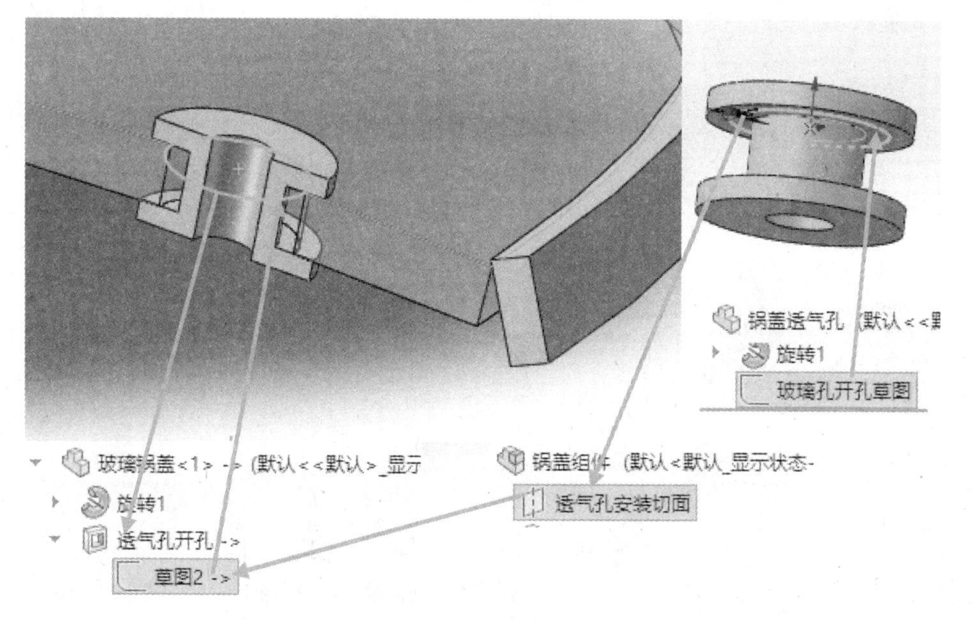

图 10-16　玻璃盖上打孔

提示：

草图装配方法可以形成一个统一的模式，有利于企业产品设计过程中每个用户的使用，草图规划也便于用户理解建模的过程。对于复杂的曲面配合，若能规划出通用的草图框架，则有利于使用过程中的装配。

此外，草图尺寸、基准轴、基准面等元素都能很轻松地被 SOLIDWORKS 的 API 相关方法获取，对程序的批量自动化修改非常有利。

即便不采用二次开发模式来修改模型，也可以综合利用跨零部件的方程式来简化草图装配过程中的部分尺寸输入操作。

草图装配法简介

10.4　实例分析：吊扇综合分析

如图 10-17 所示，观察不同类型的吊扇可以发现，吊扇的主要部件都沿着中心主杆的方向进行装配。由于不同吊扇产品的防护罩、转动装置以及各类灯具，可能仅仅是在主杆上的安装高度不同，故吊扇整体装配的规划可以考虑部署在主杆上。

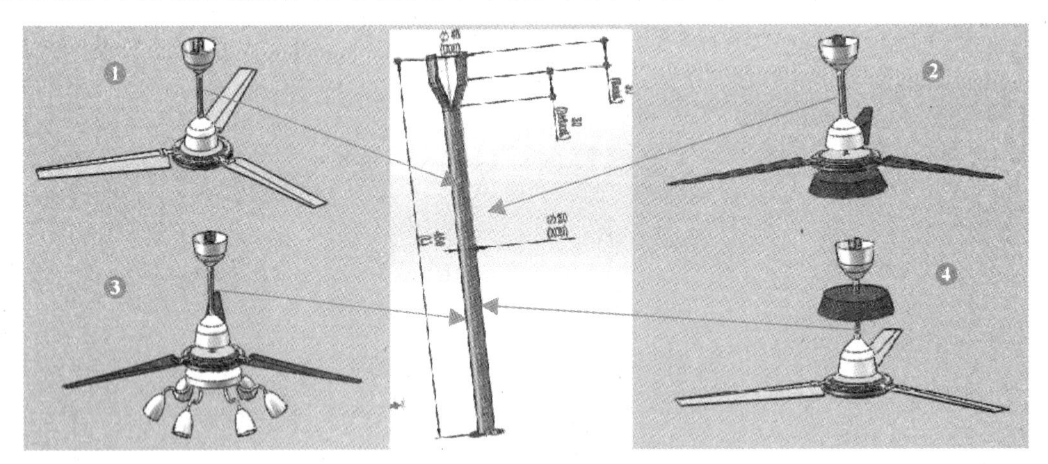

图 10-17　吊扇产品的总体装配规律

10.4.1　主杆建模规划

如图 10-18 所示，主杆部件中的通过“装配草图”生成用于参与外部配合的“位置 1”“位置 2”“位置 3”及“位置 4”的 4 个基准面。而这 4 个基准面分别能够通过“装配草图”中的尺寸“Pos1”“Pos2”“Pos3”及“Pos4”相对独立地调整其在主杆竖直方向的位置。而吊扇上的防护罩、转动装置和灯具等部件就能与这些基准进行配合，并随主杆的“装配草图”变化安装的高度。

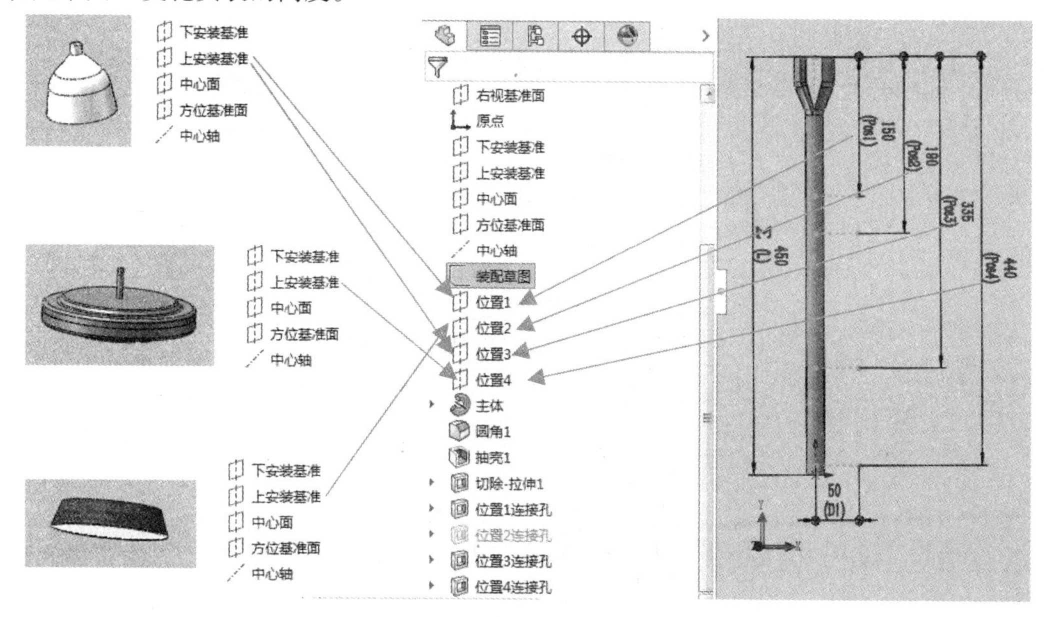

图 10-18 主体上装配的部件

10.4.2 防护罩的装配

如图 10-19 所示，吊扇中的上、下防护罩都出自一个部件，从图中可以看到这两个部件的中心轴及方位上的装配都一致，而仅仅是它们的“上安装基准”分别与主杆上的“位置1”及“位置 3”进行了配合，并且配合对齐的设定正好相反。

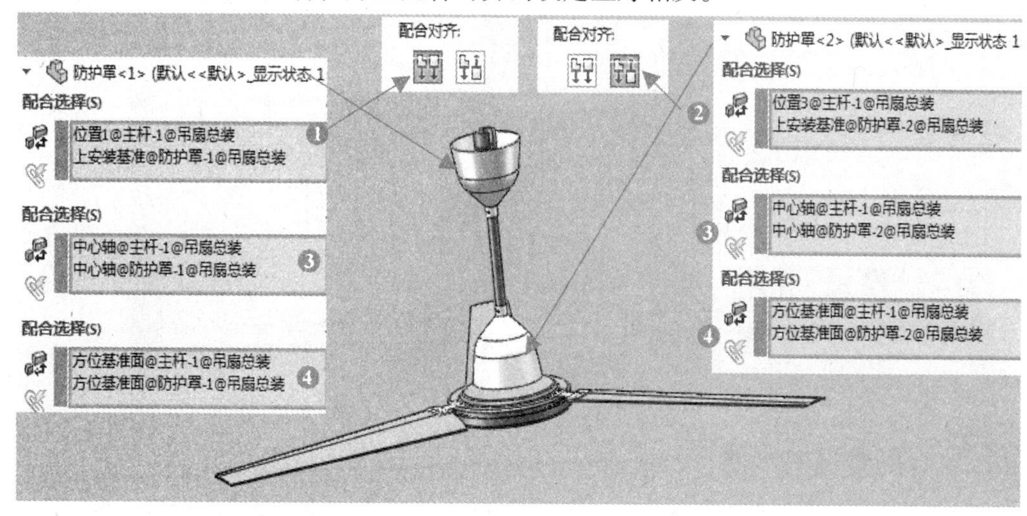

图 10-19 上、下防护罩的装配

如图 10-20 所示，与主杆“位置 1”及“位置 3”装配的防护罩“上安装基准”为图中所指定防护罩的螺孔高度。首先，该防护罩部件也是基于零件框架而建立的模型。其决定“上安装基准”高度的尺寸“H@上安装基准”通过方程式关联建模特征中的草图尺寸“D1”“D2”和“DisPin”实现模型修改后，安装基准将随模型数据实时联动。

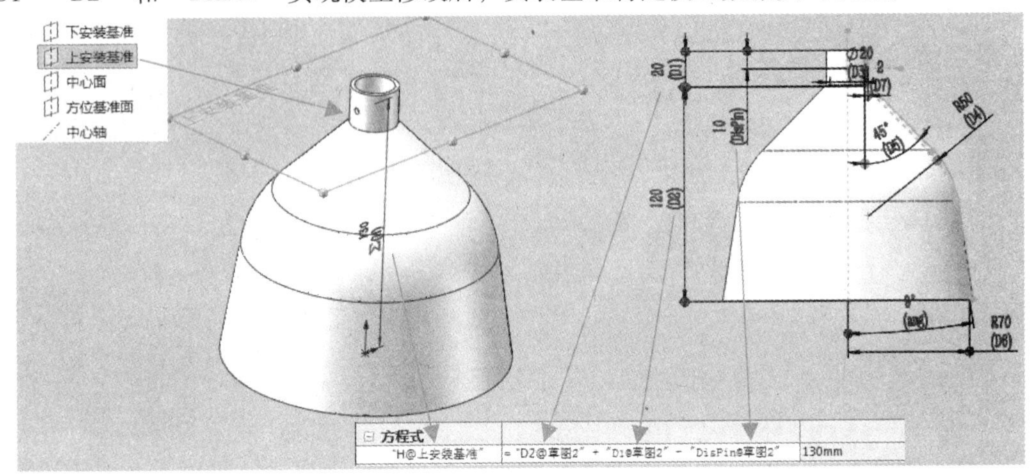

图 10-20　防护罩部件的设置

10.4.3　转动装置的装配

如图 10-21 所示，转动装置与主杆的装配主要通过转动装置组件中的连接管部件进行。这里同样通过了主杆的“位置 4”基准与基于模型框架而建立的转动装置连接管部件中的“上安装基准”进行装配，连接管部件的“上安装基准”同样通过方程式实现与模型尺寸的联动，最后当主杆“位置 4”基准与连接管“上安装基准”重合时，实现了图中标记①处的安装孔重合。

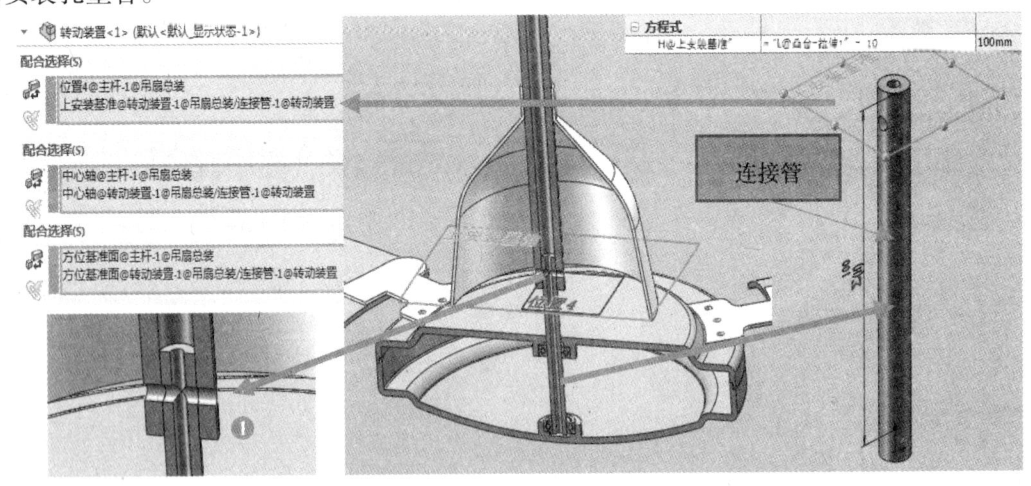

图 10-21　转动装置的装配

10.4.4　灯饰的装配

从图 10-17 中的四种吊扇形式可以发现，吊扇还带有灯饰，并且灯饰的安装位置可以在转动装置的上方，也可以在转动装置的下方。

如图 10-22 所示为灯饰组件安装在转动装置上方的情况，无论是“灯具组件 A”还是“花灯组件”，都通过它们各自的“上安装基准”“中心轴”以及“方位基准面”与主杆部件中相应的“位置 2”“中心轴”以及“方位基准面”进行配合。从这两个灯饰组件的特征树中可以看出，图中标记①区域的对外基准是一致的，因为这两个灯饰组件所在的装配体框架都来自同一个装配体文件，所以这两款吊扇的变更仅仅是选中“灯具组件 A”将其替换成“花灯组件”一步即可完成，无须修改任何装配关系。

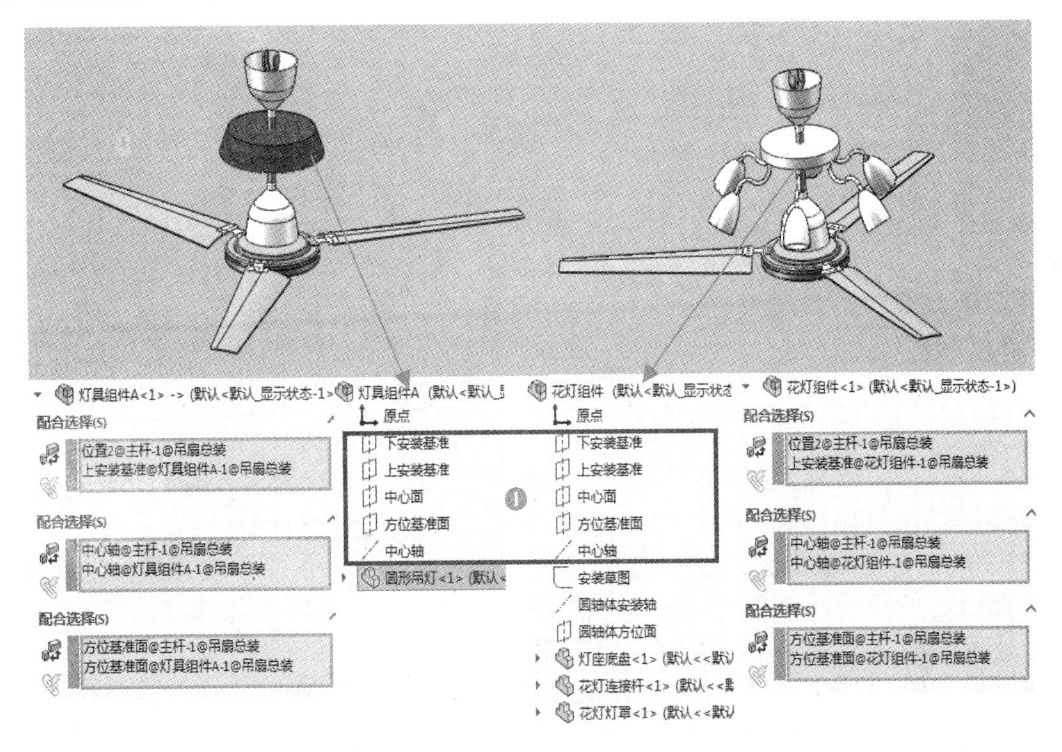

图 10-22　转动装置上方的灯饰装配

如图 10-23 所示，“灯具组件 A”与“花灯组件”对外装配的基准在其内部都与灯饰中的相应灯底盘进行装配。并且都通过跨部件方程式的方式实现了“H@ 上安装基准”与灯座底盘高度的联动关系，从而保证了灯饰组件对外配合的“上安装基准”实时地与灯底盘的上表面重合。

提示：

无论何种形式的灯，只需保证其安装面与灯饰组件框架中的“上安装基准”永远重合，即可实现它们在吊扇产品中的快速替换。

但需注意一点，替换部件前、后的部件名称与其引用的部件名称不能一样，否则就表示替换失败。

如图 10-24 所示，在花灯组件中有一个“安装草图”，通过该草图创建了用于与花灯连

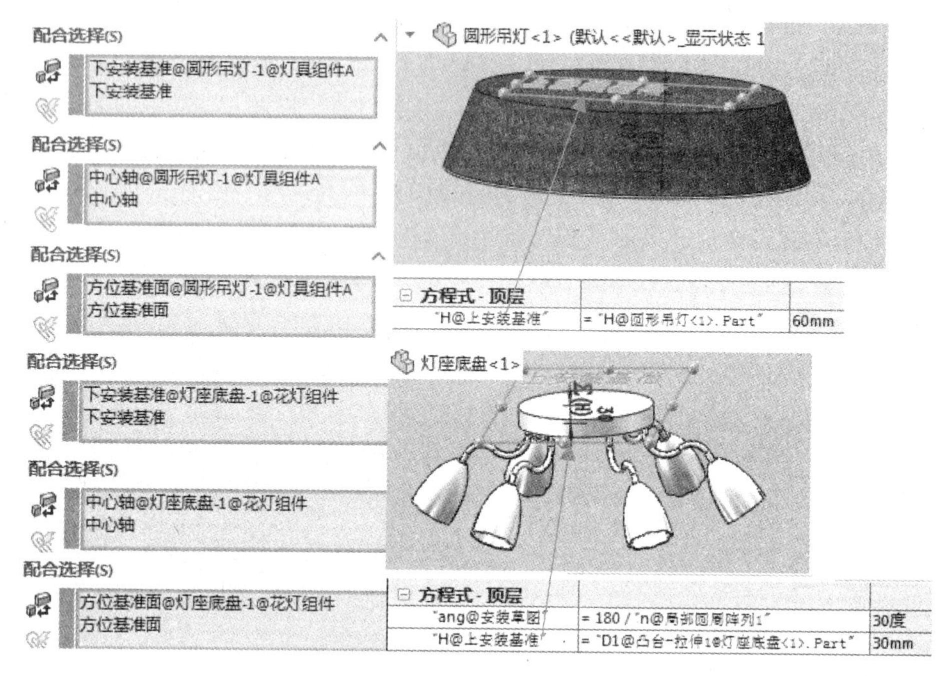

图 10-23　灯饰组件中的装配

接杆部件配合的“圆轴体安装轴”以及“圆轴体方位面”，使用这样的草图装配法就能在使用过程中简单地使用“安装草图”中的尺寸“ang”，并轻松控制灯束的方位。

从图中的标记①与标记②的装配关系可以看出，花灯连接杆部件与花灯灯罩部件采用了链式装配法，从而使得仅需调整花灯连接杆的尺寸，即可调节花灯灯罩的位置。

最后组件又通过方程式的方式将“安装草图”中的尺寸“ang”与灯束部件的“局部圆周阵列1”中的个数进行关联，这样后期用户在使用过程中就无须自行计算“安装草图”中的尺寸“ang”了，仅需根据自身的需求设定灯束的数量即可。

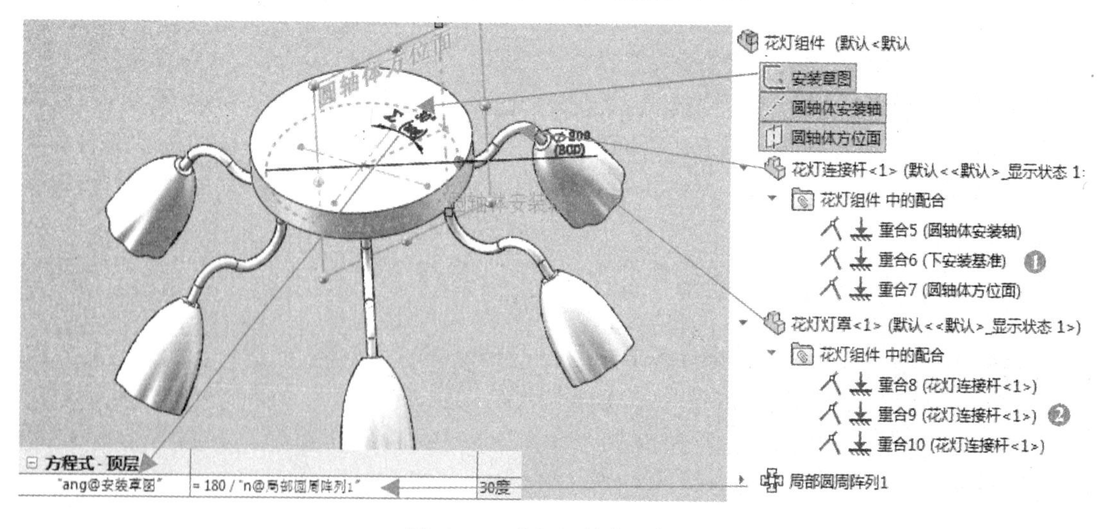

图 10-24　花灯组件中的装配

如图 10-25 所示为灯饰组件安装在转动装置下方的情况，在此情况下各灯饰组件将与转动装置中的连接管部件进行配合。此处采用新的方式进行装配，在图中标记①的吊扇款式中，分别通过花灯组件中灯座底盘部件的“上安装基准”“中心轴”以及“方位基准面”与转动装置中连接管部件的“下安装基准”“中心轴”以及“方位基准面”进行配合。

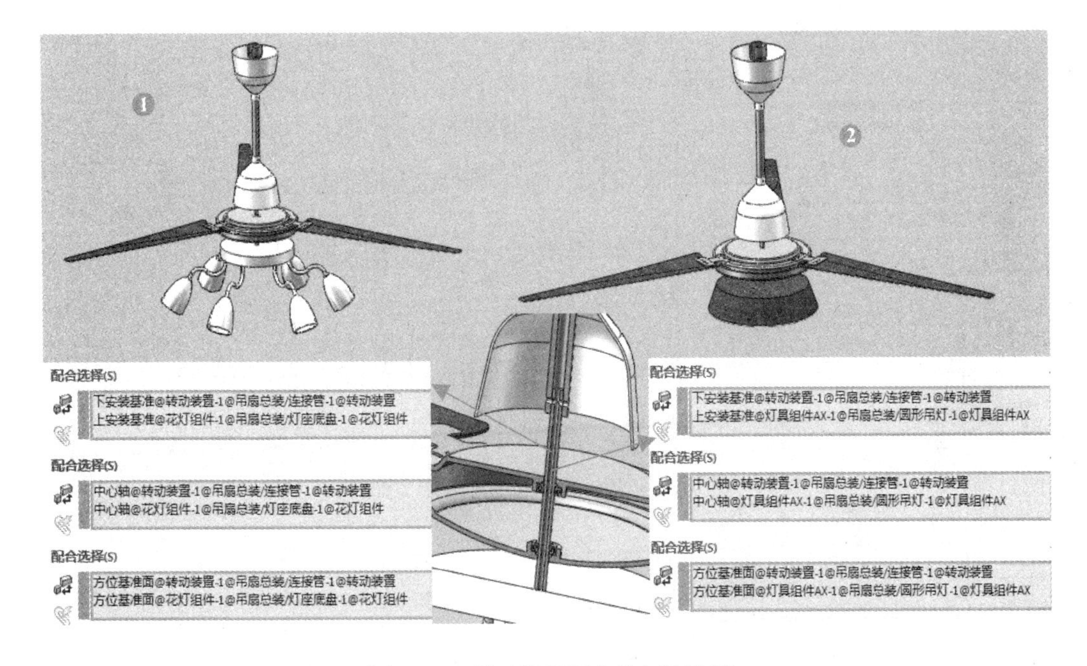

图 10-25 转动装置下方的灯饰装配

如图 10-26 所示，由于吊扇产品的转动装置下方是否存在灯饰是一个可变项，因此从图中可以看到，连接管与转动装置的底盒进行了一个距离配合，而底盒中存在一个“穿孔”特征。

当吊扇的转动装置下方不存在灯饰时，连接管与底盒的距离配合值可以设置为“0”，并且对底盒中的“穿孔”特征进行压缩。

而当转动装置下方存在灯饰时，则需根据灯饰的安装高度需求调整连接管与底盒之间的配合距离值，并且根据底盒中的“穿孔”特征解压缩即可快速实现当前图中的情况。

如图 10-27 所示，现在将吊扇底下的灯饰由花灯替换成圆灯，替换前、后与转动装置的连接管配合的部件分别为花灯组件中的灯座底盘部件以及“灯具组件 A”中的圆形吊灯部件，而这两个部件都基于相同的零件框架而创建，拥有相同的对外连接基准。

此时，当在吊扇装配体中选中花灯组件，将该组件整体使用替换零部件的方式替换为“灯具组件 A”时，SOLIDWORKS 系统却无法找到相应的装配基准进行自动替换。

这里以花灯组件中灯座底盘的“上安装基准”与转动装置连接管的“下安装基准”的配合进行分析。在图中标记①处配合对象中可以看到，使用灯座底盘的“上安装基准”，在配合元素中 SOLIDWORKS 采用了相对当前激活文档的完成路径名：“上安装基准@ 花灯组件-1@ 吊扇总装/灯座底盘-1@ 花灯组件”。

当用户选中花灯组件并将其替换为灯具组件 A 时，SOLIDWORKS 则会将对应“上安装

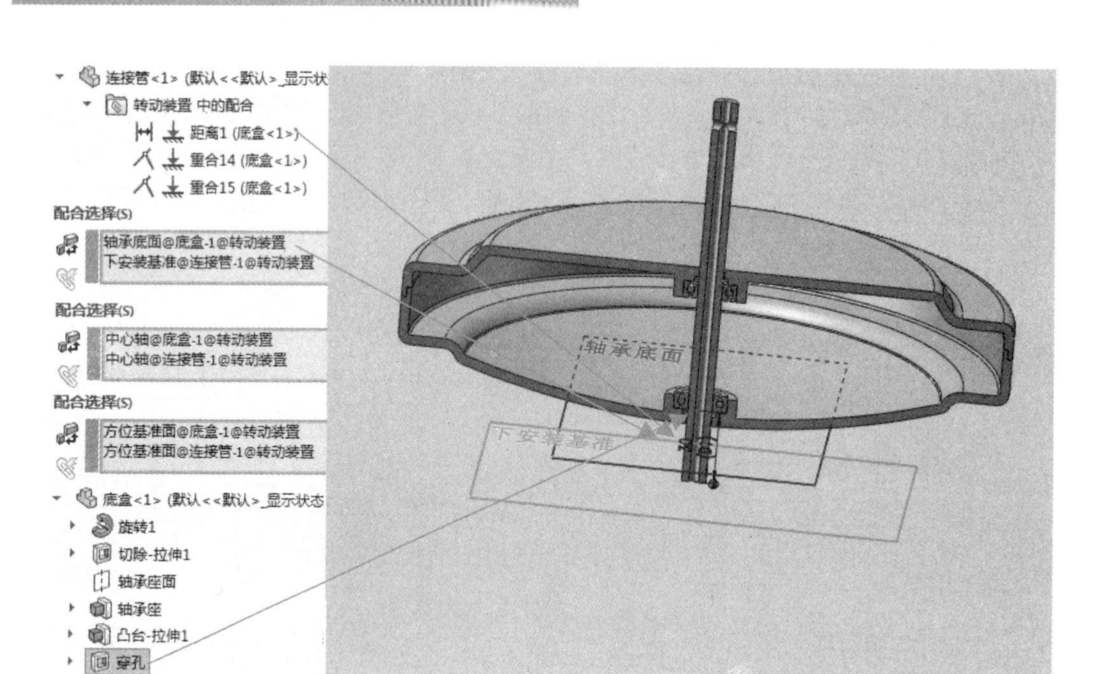

图 10-26　转动装置中连接管的装配

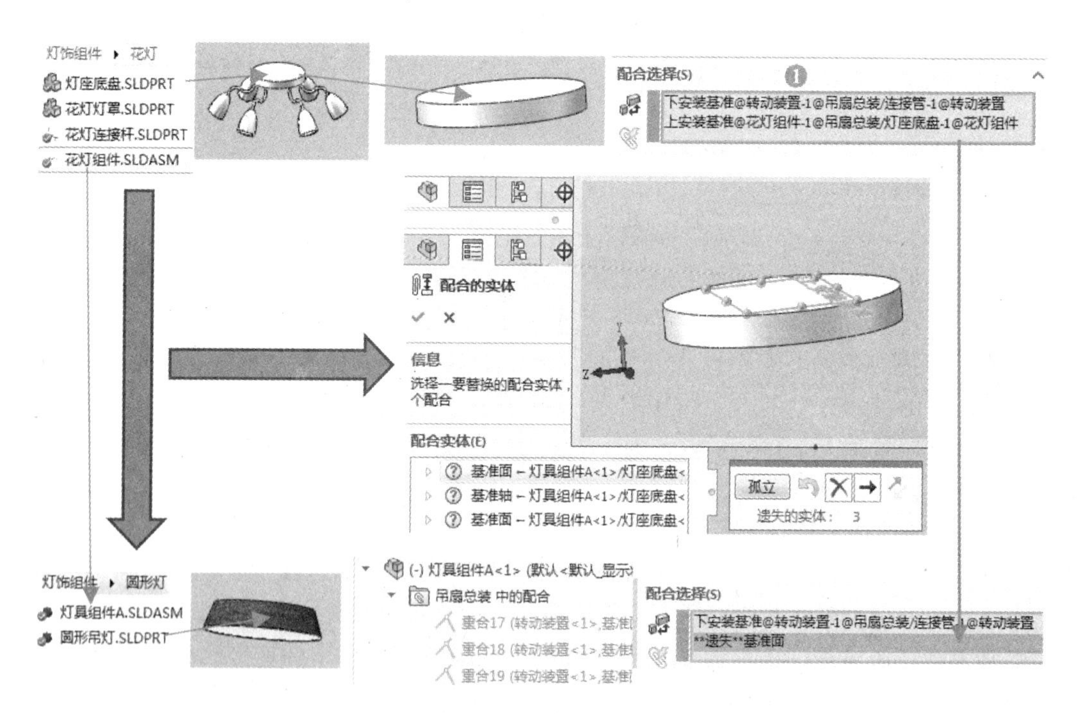

图 10-27　灯饰的替换

基准”的完成路径变化为“上安装基准@灯具组件 A-1@吊扇总装/灯座底盘-1@灯具组件 A”。

而真正需要找到灯具组件 A 中圆形吊灯部件的上安装基准全名应为“上安装基准@灯

具组件 A-1@吊扇总装/圆形吊灯-1@灯具组件 A”。

提示：

SOLIDWORKS 装配关系中装配基准的选择按照相对当前激活文件的完整基准路径名进行寻找。当替换零部件时，SOLIDWORKS 会自动将基准完整路径名中与替换前、后部件名称的相关字段进行替换，其余不做替换，在做模型规划时，用户应特别注意这一点。

本例中如果安装在转动装置下方的灯饰组件使用组件框架的对外连接基准与转动装置进行配合（同灯饰安装在转动装置上方的装配方案），那么灯饰之间的替换就不会发生无法找到装配基准的错误。

10.4.5 叶片组件的装配

零部件替换注意点

如图 10-28 所示，叶片组件通过装配体框架中的“下安装基准”“中心轴”以及“方位基准面”与转动装置中顶盒的“上安装基准”“中心轴”以及“方位基准面”进行配合。

金属叶片与木纹叶片同样通过相同的装配体框架与转动装置的顶盒进行配合，通过简单的部件替换即可轻松地实现吊扇的叶片组件从金属叶片变成木纹叶片。

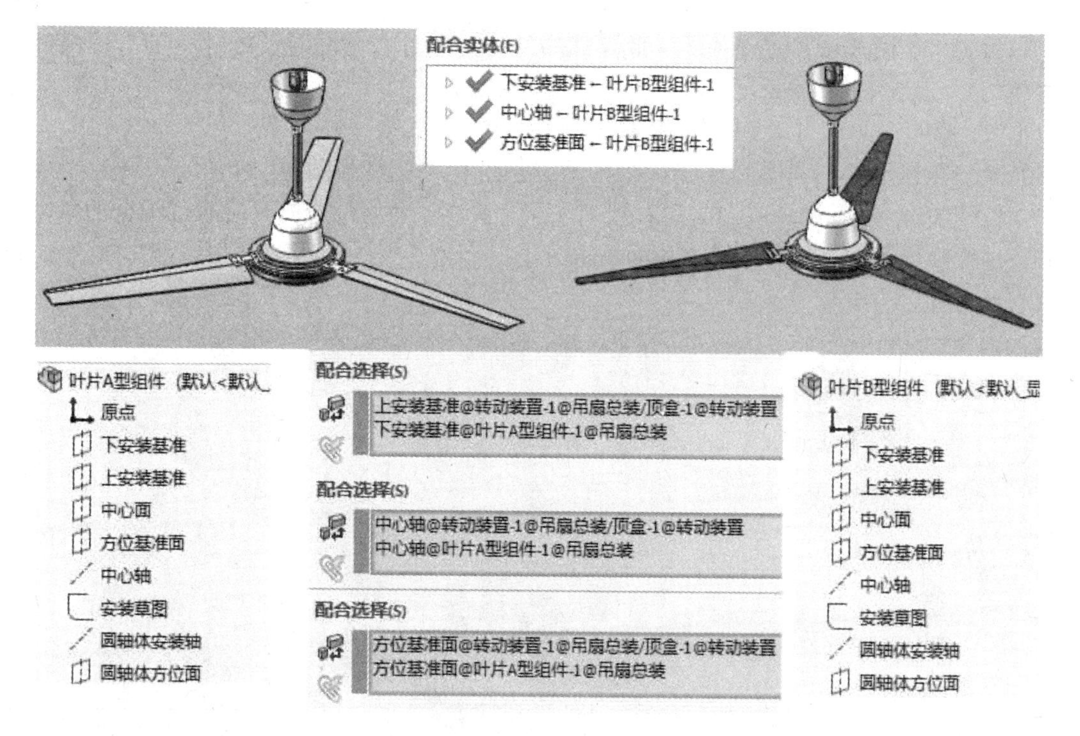

图 10-28 叶片组件的装配

提示：

若吊扇的转动装置存在多样化，则在叶片与转动装置的配合过程中，也应尽可能地使用转动装配组件中的基准。避免替换零部件时，配合基准全名寻找失败的问题出现。

如图 10-29 所示，由于叶片组件在吊扇中主要以圆周方向安装，为了便于后期修改与使用，在叶片组件中同样架构了“安装草图”，通过安装草图中的尺寸“ang”以及“BOD”尺寸来控制“圆轴体安装轴”及“圆轴体方位面”的位置。而组件中的叶片连接片 B 型组件就与“安装草图”所构建的这两个基准进行配合。

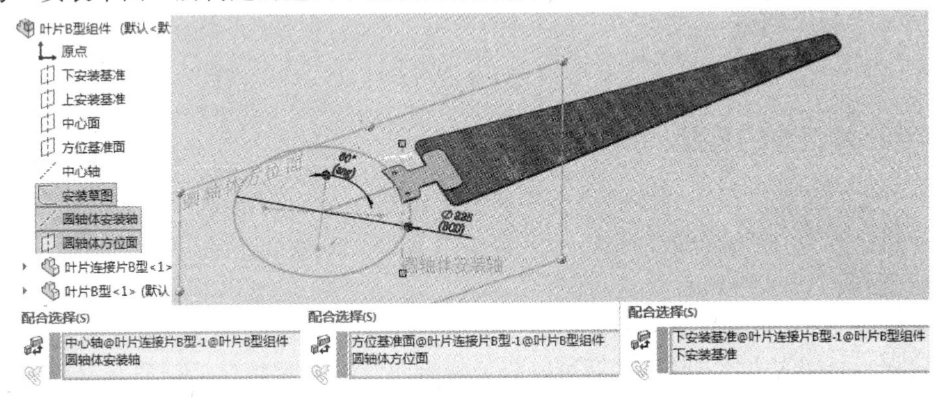

图 10-29　叶片组件中的规划

这里先将该模式命名为 A 模式，此模式中的叶片组件在吊扇总装配体中的方位由叶片组件中的“安装草图”的角度尺寸“ang”完全控制。

而图中的叶片连接片 B 型与叶片 B 型之间采用了链式装配法。

若希望能在吊扇装配体中对叶片组件的方位进行控制，如图 10-30 所示，叶片组件的“圆轴体方位面”与吊扇总装中的“右视基准面”进行了角度配合，此时通过配合的角度可以轻松地调整叶片的方位，除了该角度配合外，其余两个配合同模式 A 中的相应配合，该模式在这里称之为 B 模式。

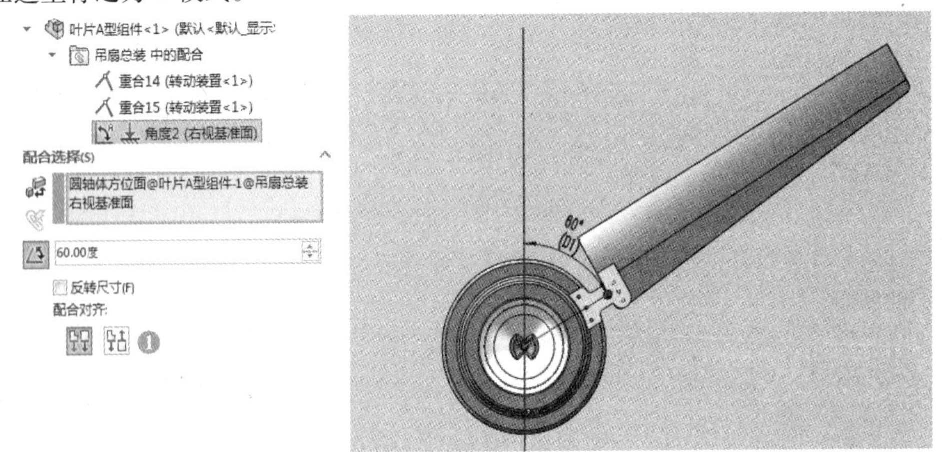

图 10-30　吊扇装配体中控制叶片组件的方位

提示：

从图中标记①处可以看到，该角度配合存在配合对齐正、反两种。在装配相似部件时，应尽可能使用相同的配合对齐方式，否则即便图中角度配合中的尺寸“D1”都是60°，但叶片位置仍然会出现不同的风险。这一点建模的规律只能灌输给每个设计人员，但是否按照此要求执行是不可控制的。

若后期存在自动化生产系统提取吊扇叶片的方位时，统一的规则更便于机器获取正确的角度值。

A 模式与 B 模式各有优缺点，一般情况下：A 模式更适合用在零部件的内部，如管道连接的法兰零件中的螺栓孔布置；B 模式更有利于产品的模块化，设计叶片的人员无须太多关注叶片以外的事务。

从以上的叶片组件可以看到，叶片连接片的一端连接着转动装置，另一端则连接着叶片，而在吊扇产品中叶片连接片的形状很有可能因为转动装置的不同或叶片的不同而需要重新制作或修改。如图 10-31 所示，虽然金属叶片的连接片与木纹叶片的连接片形状不同，但它们也都是基于相同的零件框架而建立。因对外拥有完全一致的配合基准，所以能实现完美的替换。

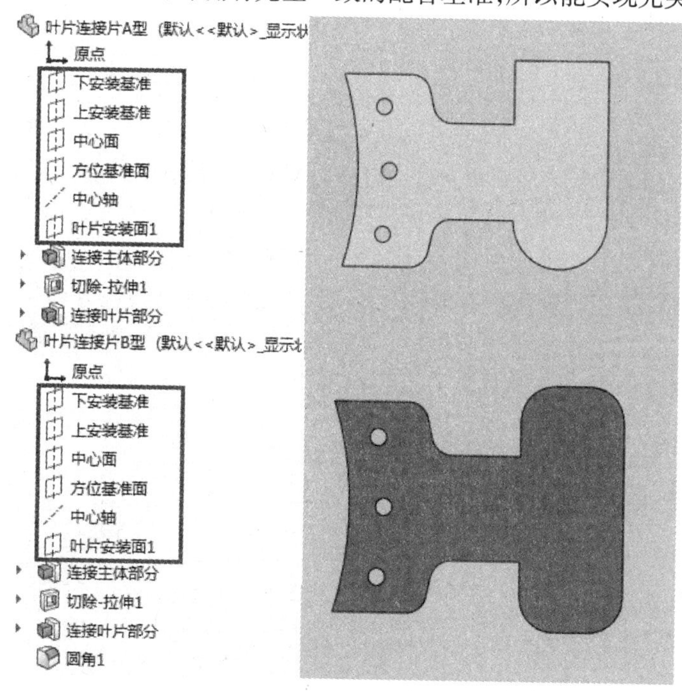

图 10-31　叶片连接片的设计

提示：

制作类似叶片连接片的模型之前，应先规划好用于外部装配的基准接口，规划完毕后，仅需通过方程式等各类手段使得所建模型的相关位置与这些对外配合基准接口建立准则即可。

从以上几节对吊扇各部件装配与设计的分析可以发现，吊扇产品的种类虽然很多，其实也是由几大模块化组件构成的，分别为转动装置、叶片组件和灯饰组件等。通过模块化拆分吊扇产品后，每个模块单元使用相同的装配体框架用于整个吊扇产品的总装。而当确定完每个模块化装配体对外的装配接口后，转动装置、叶片形式、灯饰可以分别由相应的专业人员研究开发或采购，从而能够更好地便于专业人员使用。

此外，一般产品都会同时使用到草图装配法与链式装配法，用户需要根据自身产品经模块化拆分后每个模块的变化特性来决定采用何种方式进行配合。

提示：

虽然这样规划零件与装配体，比直接绘制需要花费更多的时间。但是如果使用频繁，并且能为后期的使用修改节省工作量，就值得去实施。

最后，通过这种方式规划模型库，还能为后期的使用环节利用程序自动化代替烦琐的人工机械性工作做铺垫。

10.5 本章总结

合理地对部件进行配合、添加以及合理的规划，不仅有利于减少装配体修改环节时的工作量，同时也有利于不用的用户按照一定规定准则进行装配。为了更好地在产品设计中对产品进行模块化拆分，提高装配体变化的灵活性，可以考虑链式装配法和草图装配法。

链式装配法可经常用于动态装配等场合。

草图装配法更有利于处理曲面配合等情况。合理地将方程式与草图进行结合能够将很多复杂的装配转化为草图控制基准的装配，也会便于二次开发以实现自动化。

无论采用链式装配法还是草图装配法，都应该在装配之初合理地选取装配基准组合，以保证装配体的变化过程中，这些配合关系稳定不出错。

第 11 章　工程图规划简介

学习目标

1. 了解常用出图模式的优缺点。
2. 了解图纸与产品模块化之间的关系。
3. 了解常用的图纸交流方式。

随着信息化的快速发展，数字化制造技术已经在路上。与图纸相比，模型数据的重要性越来越明显，最终会发展到只要有模型即可制造的水平。目前，SOLIDWORKS 的 MBD 产品也往这方向发展。但在现阶段二维图纸还是必需的，如何减少二维图纸的出图量决定了企业的效率。通过本书第 7 章工程图的讲解，读者应尽可能在出工程图时仅将图纸作为模型的“显示器”，通过各类关联手段使得图纸自动关联模型数据以减少图纸的修改量。

本章将结合产品设计模块化拆分，简单地介绍此时的工程图规划，使最终用户可以尽可能少地出图。

11.1　常用工程图的出图方式

产品的工程图一般存在两种出图方法：

1）装配体中所有部件都在同一个工程图文件中。

2）每个部件为一个工程图文件。

如图 11-1 所示，接线板模型在 SOLIDWORKS 工程图文件中可以建立很多图纸，并且打开普通工程图时，会自动加载所有视图中所引用的模型。

这两种出图模式各有优缺点，需要根据企业的产品特点以及文控体系确定主要的出图模式。两种模式的优缺点见表 11-1。

从上述对比可以看到，一部件一工程图文件模式适用于模型结构变化不大的场合，每次即便修改，其工作量也相对较少，企业中的标准化部件以及定型部件可以采用此模式出图。

如图 11-2 所示，在工程图的特征树中每个视图都会引用一个部件文件，仅仅是所引用的部件实例号不同，如“工程图视图 1”中引用了“PowerStrip < 14 >”，而“工程图视图 3”中引用了“PowerStrip < 20 >”。此外可以注意到，标记②处的“工程图视图 4”中引用了部件实例“PlugHead < 14 >”。

现在打开工程图文件的参考引用可以发现，工程图中所引用的顶层部件即为每个视图中所引用的。其中，部件“PlugHead”出现在参考引用表中的标记②与标记③处，这里标记②处的“PlugHead”部件才是“工程图视图 4”所引用的部件，而标记③处的“PlugHead”部件则是“工程图视图 1”等引用的“PowerStrip”部件中的子部件。

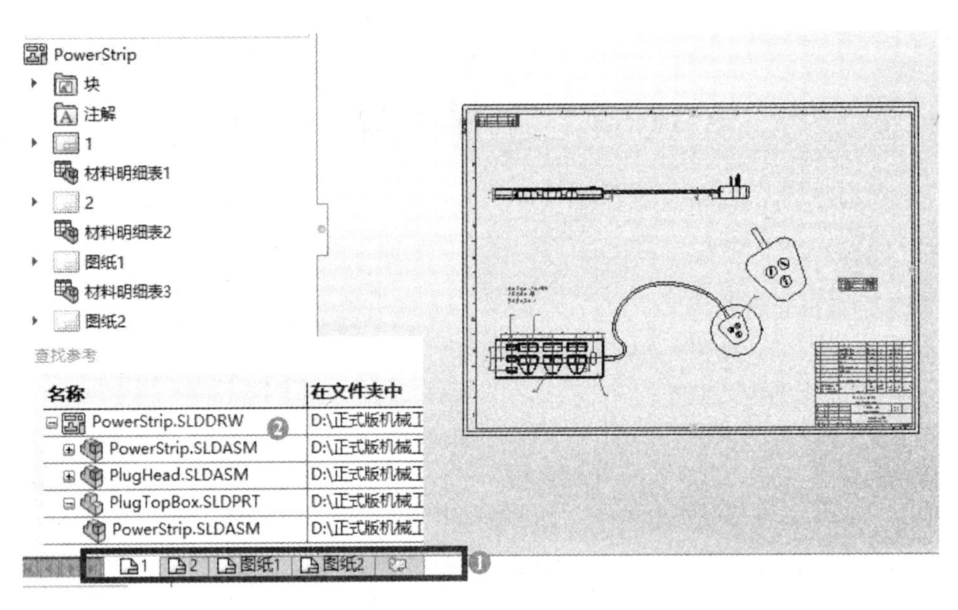

图 11-1　工程图中的多张图纸

表 11-1　出图模式的优缺点对比

模式	优　　点	缺　　点
多部件一文件	（1）便于用户使用，无须在图纸间反复打开 （2）多张图纸可以共享工程图的文件属性，一致性与关联性强	（1）文件会随图纸增加而变大，从而影响操作体验 （2）复杂产品模型的图纸都在一个文件中，只能逐一进行修改，影响效率 （3）不利于图纸的文控
一部件一文件	（1）文件相对较小 （2）部件相对独立，修改装配体时有利于多人协同修改装配体中不同的部件图纸 （3）有利于不同图纸的版本控制以及文控需求	（1）装配体的各部件图纸中与装配体有关的信息关联性较差 （2）用户需要不停地打开或关闭不同部件的图纸，操作比较烦琐

图 11-2　工程图中的参考引用

提示：

从这里可以发现，工程图中的每个视图也是相对独立的，其显示的内容大多仅与其所引用的部件有关。

11.2　工程图与产品模块化

在前面几个章节已经介绍了产品建模时进行模块化拆分的优势，工程图若能配合产品的模块化拆分，将会减少设计环节大量的绘图工作。如图 11-3 所示，吊扇产品的图纸可以分为随项目一同绘制的“吊扇产品总装图”和“产品专用部件图”，以及引用企业内部模块化部件“转动装置模块图”“叶片组件模块图”和“灯饰组件模块图”下的所有已经完成的部件标准化图纸。

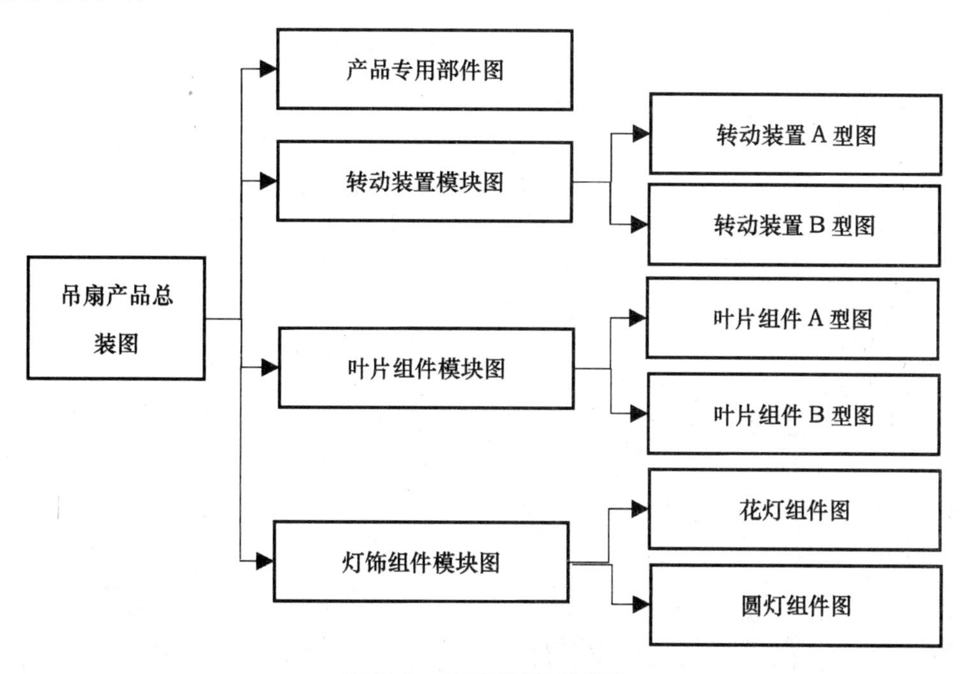

图 11-3　工程图模块化概览

如图 11-4 所示，吊扇产品的总装图为一个工程图文件，其中明细栏中“转动装置”与“叶片组件”引用了企业内部的标准化图库，图号“JXGY-DZD-A”引用了“转动装置.SLDDRW”这一标准图，图号“JXGY-DYP-A”引用了“叶片 A 型组件.SLDDRW”工程图文件，这样在产品的设计过程中，设计就无须再绘制这几个组件的图纸了。

此外，从图 11-4 中还可以发现，叶片组件 A 型与 B 型并不是在同一个工程图文件中，而是分别存放在“叶片 A 型组件.SLDDRW”与“叶片 B 型组件.SLDDRW”两个工程图文件中，这样设置更有利于不能引用企业标准图，但能基于 SOLIDWORKS 的参数化驱动在与所设计部件较相似的企业标准图基础上修改的情况，可以减少出图工作量。

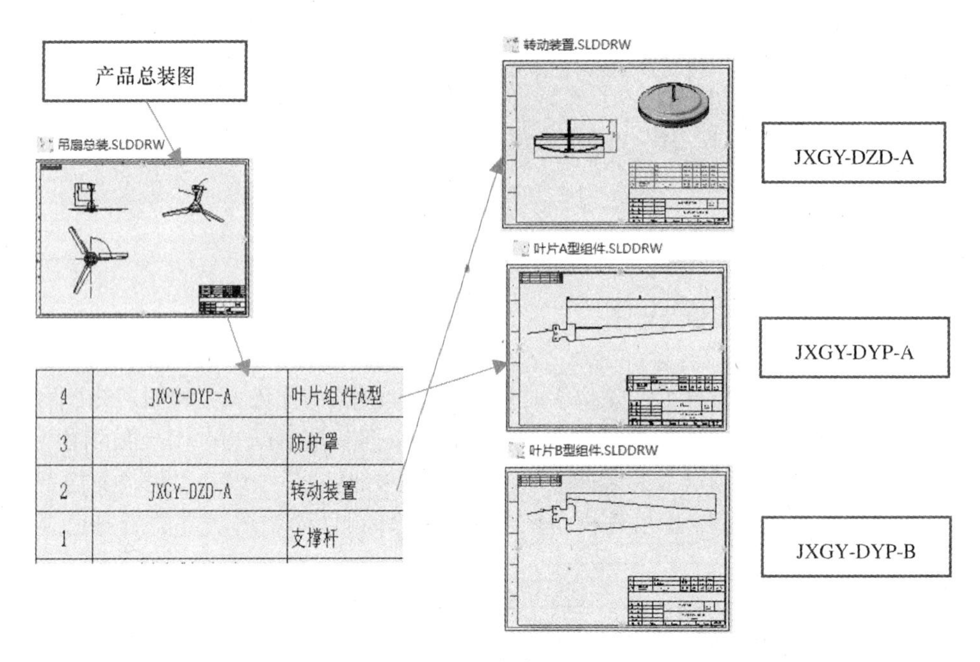

图 11-4　吊扇产品图纸

如图 11-5 所示，产品图纸中包含“产品总装图”“组件图 1”和“组件图 2”。其中，“组件图 1”可以直接引用企业标准库中的“标准图 1”，此时仅需引用标准图的图号即可；“组件图 2”未能在企业标准库中找到一致的，但与“标准图 2”极为相似，可以在“标准图 2”的基础上稍作修改，既可以完成需要的部件图纸，还可以将标准库中的“标准图 2”及其引用的模型一同带参考另存到产品文件目录中，再在此基础上进行修改。

如果图 11-4 中的“叶片 A 型组件 . SLDDRW”与“叶片 B 型组件 . SLDDRW”合并在一个工程图文件中，那么该工程图文件会同时引用叶片组件 A 与叶片组件 B 的模型，而“标准图 2”带参考另存进而多出很多不必要的工作，因为工程图文件中的叶片组件 B 的模型并不是图中吊扇产品所需要的，因此变成了冗余。

提示：

完全标准化的组件在实际产品设计过程中并不一定会存在很多，但很多部件的结构极其相似，通过 SOLIDWORKS 的参数化驱动能很方便地实现所需的目标图纸。

因而企业在分解自身产品中的模块化部件时，可以考虑将结构相似并且在产品中功能相似的模块化组件出成图 11-5 中的“标准图 2”形式，最后在设计环节将其下载并基于“标准图 2”进行修改。

在 SOLIDWORKS 中并不太需要为相同结构而尺寸不同的部件设置许多的标准图，这种情况下建议采用图中“标准图 2”的模式，如果对于部分尺寸比较常用，也可以在完成如“标准图 2”这一通过结构标准图后，基于该标准图再进行指定尺寸的扩展，类似第 9 章中提到的继承关系。这样操作，一方面也能减少企业标准库的量，另一方面能减少后期标准化修改时的大量标准库维护工作量。

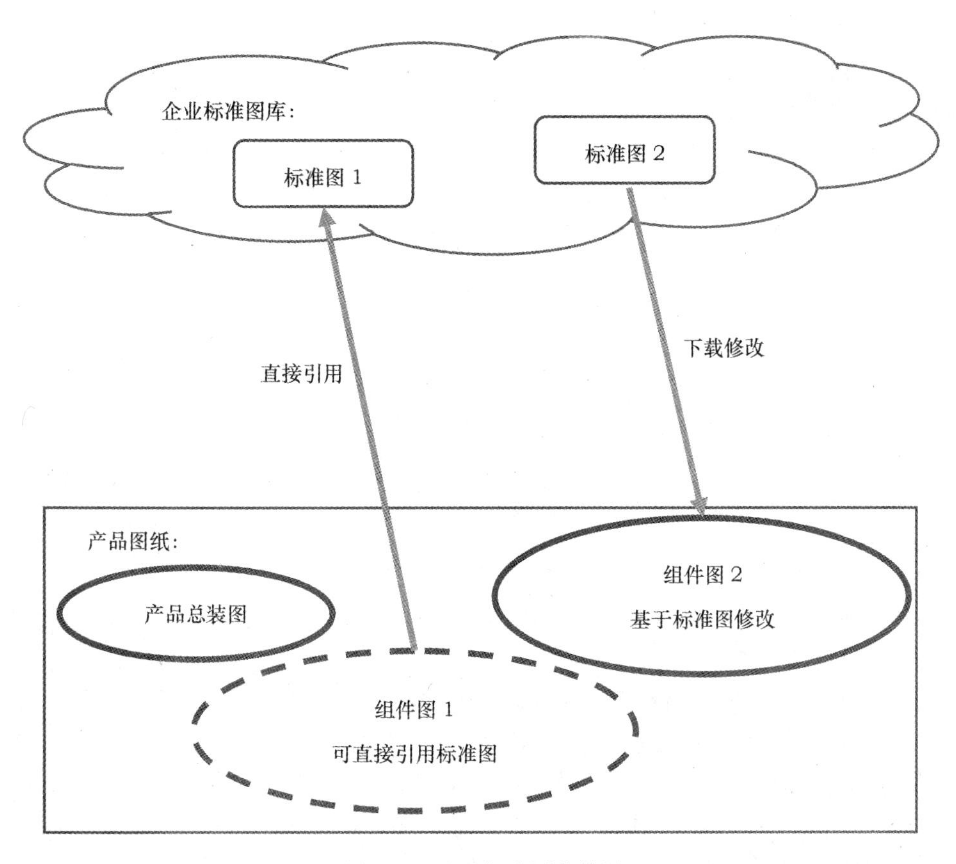

图 11-5　企业标准图的使用

提示:

如果企业的数据化程度比较高，可以使用 SOLIDWORKS 提供的 API 实现设计需求，按需求将标准库中的“标准图 2”连同其引用的部件一同带参考另存至最终本地用户，并且通过 API 自动将模型修改成设计需求的尺寸规格，用户还可以在此基础上对下载的模型及图纸进行修改。这样也能避免普通用户与企业模型库交互时破坏模型的风险。

11.3　图纸的复制与合并

在有些情况下，用户也需要将所有图纸合并在一个工程图文件中，若各部件图都是相对独立的工程图文件，此时可以按照图 11-6 所示的方法将相关图纸进行合并。首先打开需要合并的工程图“转动装置 . SLDDRW”，在工程的特征树中，右键单击需要合并的图纸“转动装置总图”，在弹出的快捷菜单中单击【复制】，切换并激活需要合并到的工程图文件“吊扇总装 . SLDDRW”，在“吊扇 A 型总装图”的图纸特征或图纸标签上右键单击，在弹出的快捷菜单中单击【粘贴】，SOLIDWORKS 系统会弹出【插入粘贴】对话框。在该对话框中用户可以根据需求选择图纸放至的位置并单击【确认】按钮，完成最终的图纸合并。

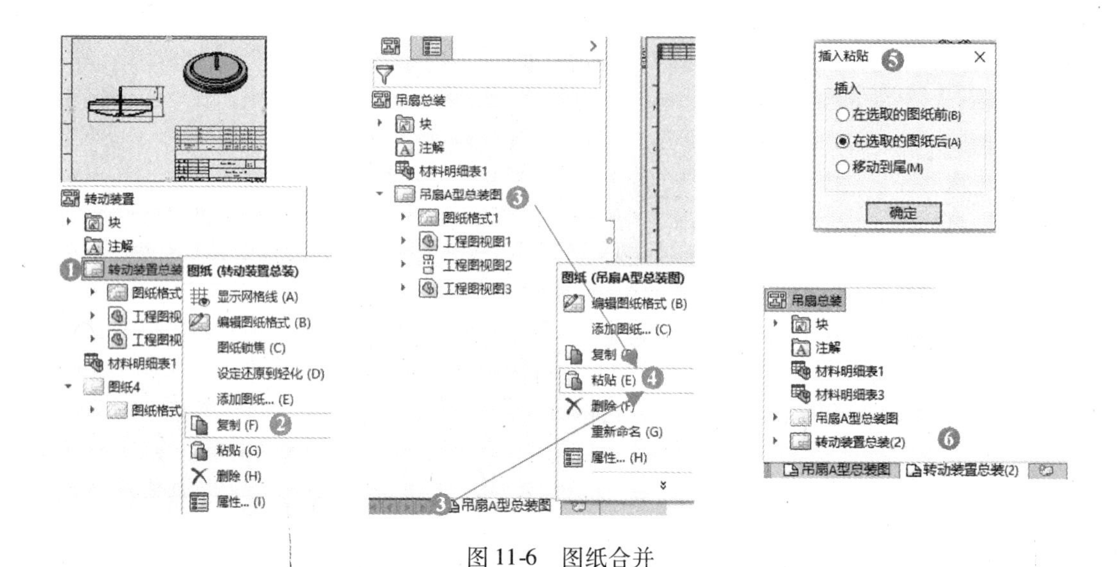

图 11-6　图纸合并

提示：

合并图纸前，一定要先查看需要合并图纸的参考引用，并且所有打开的图纸及它们所有引用的模型名称都必须具有唯一性，否则会导致错误。

如图 11-7 所示，图纸 1 中引用了 A 路径下的部件 1 与部件 3，图纸 2 中引用了 A 路径下的部件 2 与部件 3，而图纸 3 中则引用了路径 B 下的部件 3。此时，图纸 2 可以合并到图纸 1 中，而图纸 3 无法合并到图纸 1 中，由于它们都引用了名称为“部件 3”的模型，但是这两个“部件 3”的路径不一致，文件中的内容也许是不同的模型，此时就会存在产生错误的风险。

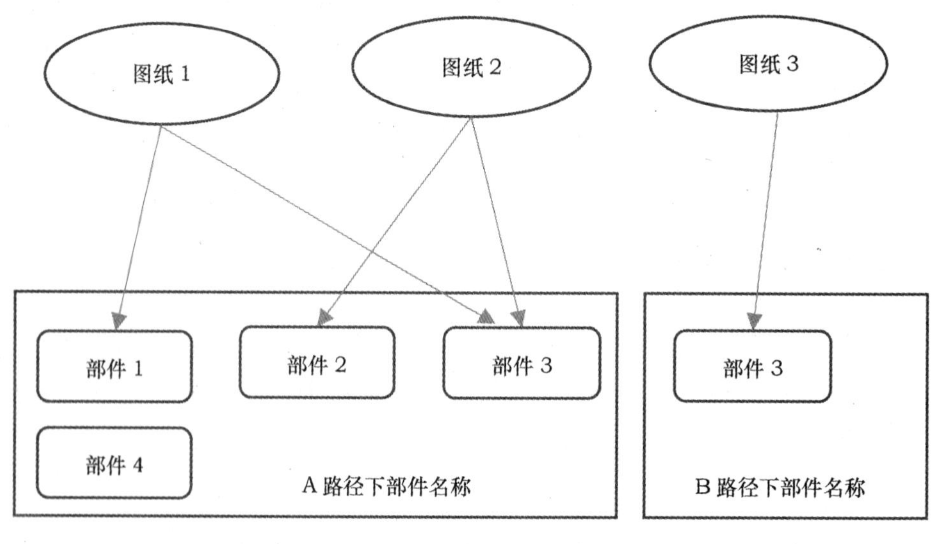

图 11-7　图纸合并注意事项

11.4　工程图类型分析

在产品设计过程中，会经常需要与客户或者企业内部各部门人员进行图纸交互，而 SOLIDWORKS 普通的工程图都带有参考引用关系，如果发给客户，则需要将图纸及其引用的模型一起打包发给客户。对于这样的文件，一般会存在以下几点问题。

1）文件较大。

2）如果客户没有接触过 SOLIDWORKS，则会比较模糊，不知打开哪个文件，从而造成不良的用户体验。

3）模型中一般都存储着远远大于图纸的信息，包括制造数据等，不利于维护企业的知识产权。

4）若设计人员打包时遗漏了模型，将会导致客户打开文件时出错，给客户带来不良的体验。

5）图纸打开的同时会加载所引用的模型，当模型相对复杂时，将影响工程图中的操作体验。

在 SOLIDWORKS 中，除了一些普通工程图以外，还可以将工程图文件直接另存为分离的工程图、eDrawings 以及 PDF 文件。

11.4.1　分离的工程图

如图 11-8 所示，当工程图文件在被保存时，可以看到 SOLIDWORKS 除了提供保存为标记①处的普通【工程图】以外，还提供保存为标记②处的【分离的工程图】，并且普通的【工程图】与【分离的工程图】都是相同的文件扩展名“＊. slddrw”。

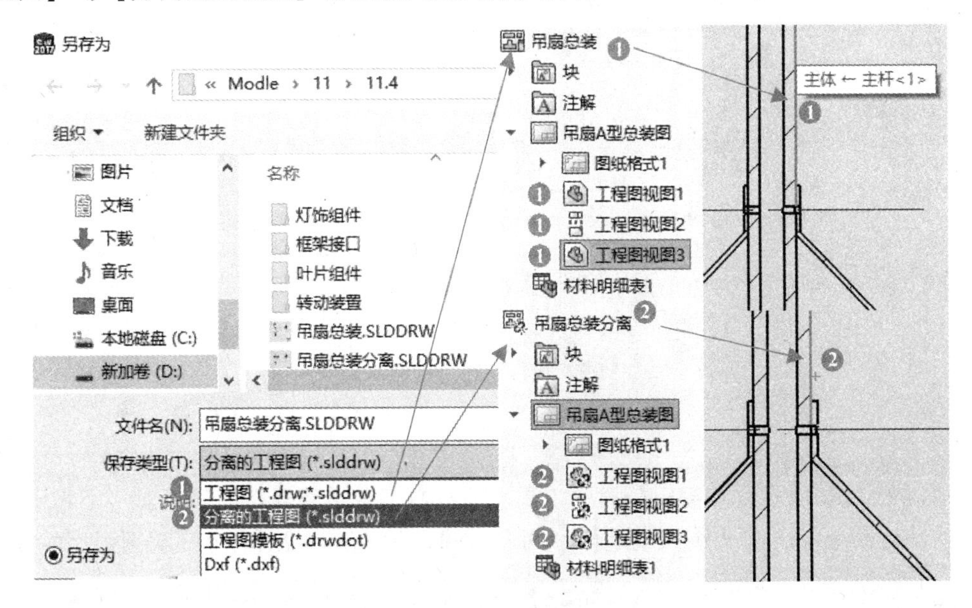

图 11-8　分离的工程图概述

普通工程图含有参考引用，当工程图被打开时，其所有引用的部件模型都会被打开，虽然分离的工程图也含有参考引用，但是当其被打开时不会自动加载其所引用的模型，因此其消耗的计算机资源相对较少。

分别打开一个普通的工程图与一个分离的工程图后，可以发现在分离的工程图特征树中的文件及每个视图特征相比于普通工程图的图标左下角都存在一个断裂的回形针图标。同时，在视图中鼠标任意悬停在一个模型的边线上，普通工程图会显示该边线的所属模型信息，而分离的工程图不会显示。

提示：

分离的工程图可以单独不带任何模型地发给其他用户查阅。

分离的工程图中也存储着引用模型的参考关系，只是打开时默认不加载。当其引用的模型被更新后，用户需要装入模型来更新图纸。一般载入模型的方式有两种。

1）如图 11-9 所示，打开分离的工程图时，在【打开】对话框中选中需要打开的分离工程图，此时对话框中标记②处会有一个【装入模型】的选项，勾选该项后单击【打开】。此时该分离的工程图就会在打开的同时加载其引用的所有模型，与普通的工程图就没有了太多的区别。

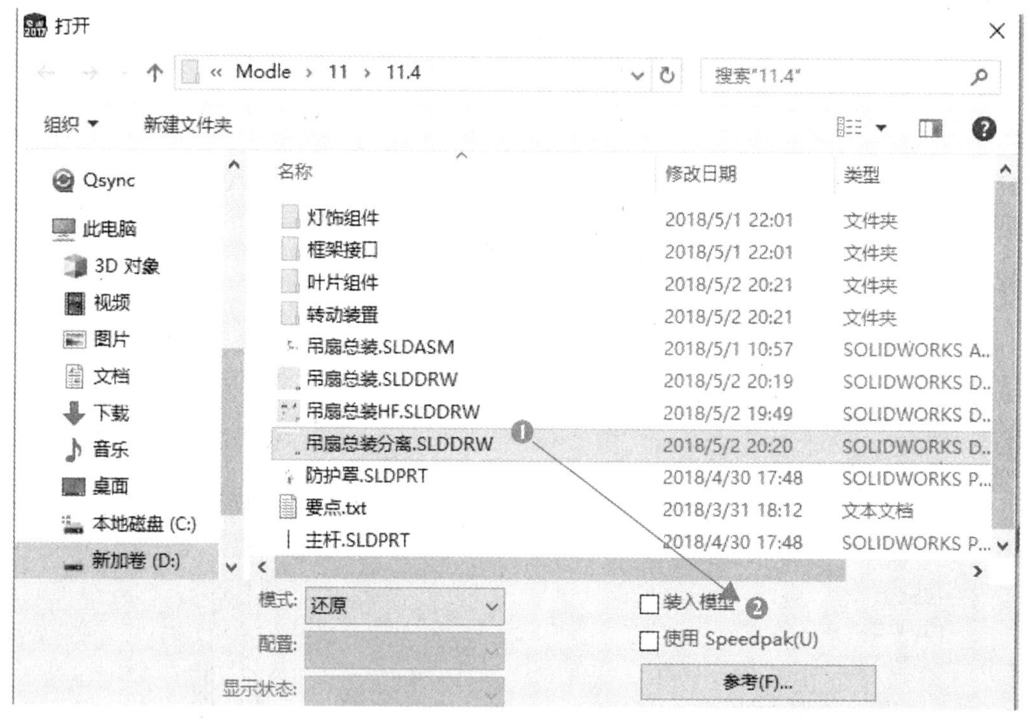

图 11-9　打开加载模型

2）如图 11-10 所示，在编辑分离的工程图时，右键单击特征树中的任意一个视图特征，在弹出的快捷菜单中单击【装入模型】，SOLIDWORKS 就会加载所有该工程图引用的模型。

提示：

当所设计的产品比较复杂且零件很多时，可以考虑采用【分离的工程图】进行图纸绘制，先将需要引用模型的工程图内容完成，然后使用【分离的工程图】进行仅与工程图有关的内容的编辑。

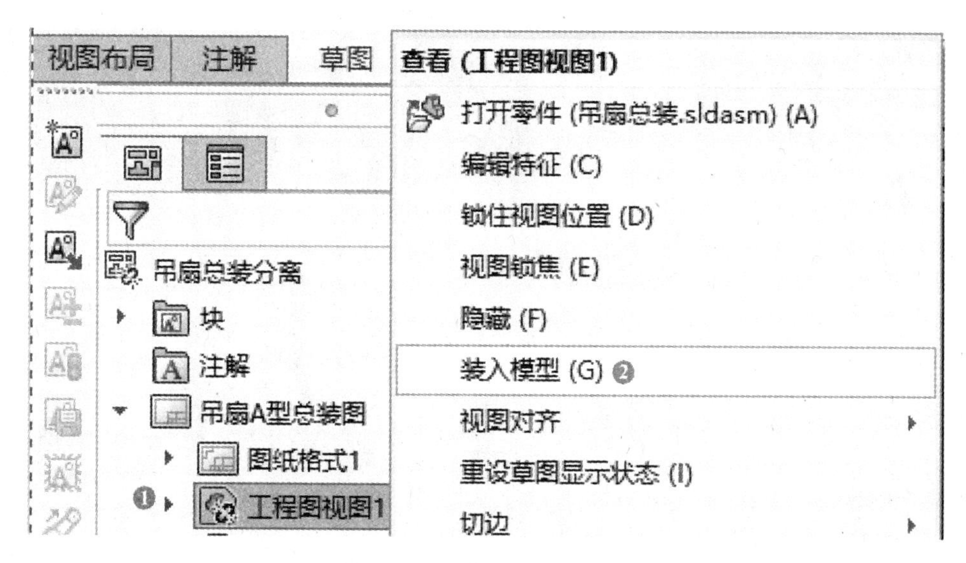

图 11-10　编辑时的加载模型

11.4.2　eDrawings 工程图

eDrawings 是 SOLIDWORKS 提供的一个免费的模型图纸浏览器，这款软件可以脱离 SOLIDWORKS 独立运行。如图 11-11 所示，用户的计算机上只要装了 eDrawings，即可浏览使用 SOLIDWORKS 制作的零部件、装配体、工程图、DWG 等各类格式的模型及图纸。用 eDrawings 打开 SOLIDWORKS 文件时，不需要加载过多的参考引用，所以使用起来非常流畅。

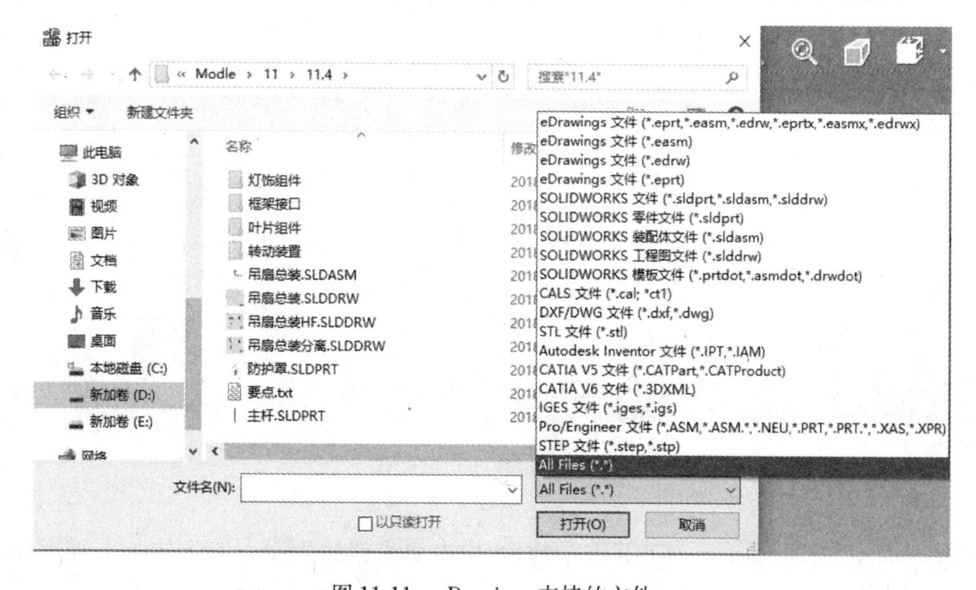

图 11-11　eDrawings 支持的文件

如图 11-12 所示，在 eDrawings 中用户可以观看动画、移动爆炸零件、测量，还拥有添加标注评论等功能，可以将其用作电子审阅工具。

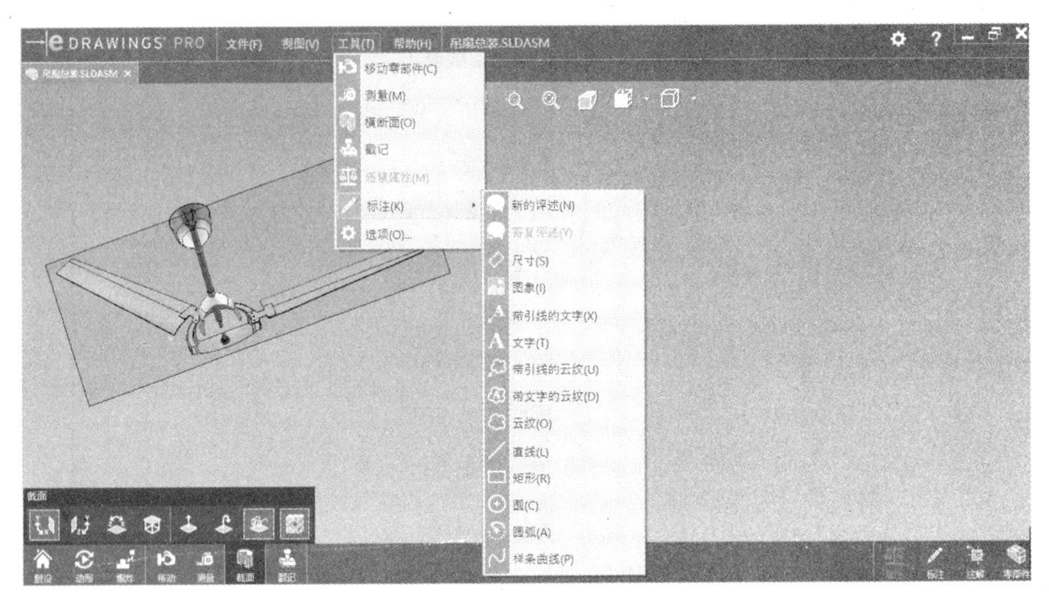

图 11-12　eDrawings 功能概述

如图 11-13 所示，当在文件中添加完标注及评论后，单击右下角的【标注】按钮，eDrawings 会显示所有添加的评论，单击每条评论，即可在视图中看到该评论的具体信息。

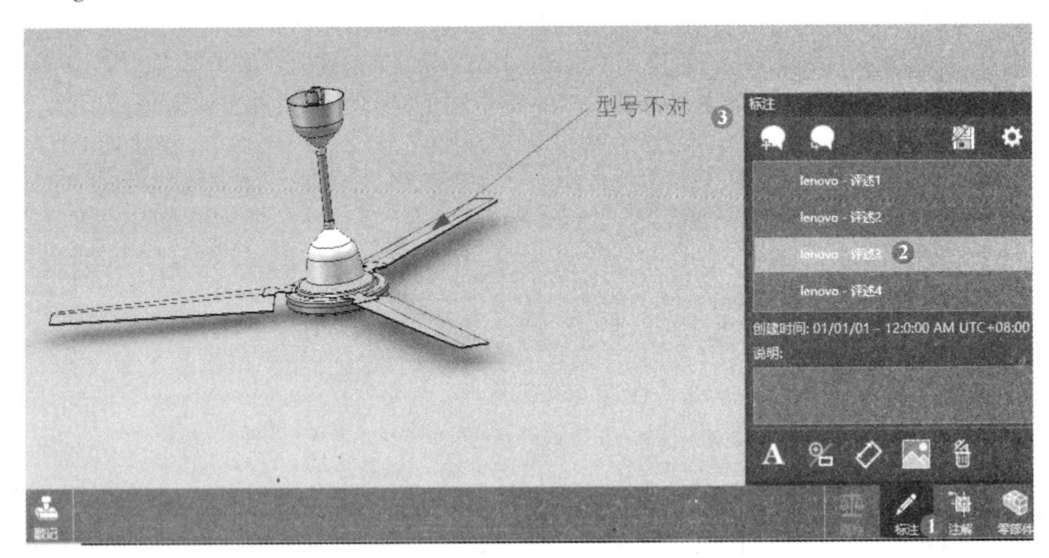

图 11-13　标注评论查看

此外，如图 11-14 所示，在 SOLIDWORKS 中可以直接将模型、装配体、工程图保存为 eDrawings 专用格式。这样最大的好处在于，与直接发模型或工程图给客户相比，使用 eDrawings 专用格式用户无法看到模型中的其他数据，能够更好地保护企业的核心数据。

如图 11-15 所示，在 eDrawings 格式的模型及功能图中，可以很方便地看到模型及工程图的特征树结构，用户通过单击这些条目，视图区域就会高亮显示对应的内容。

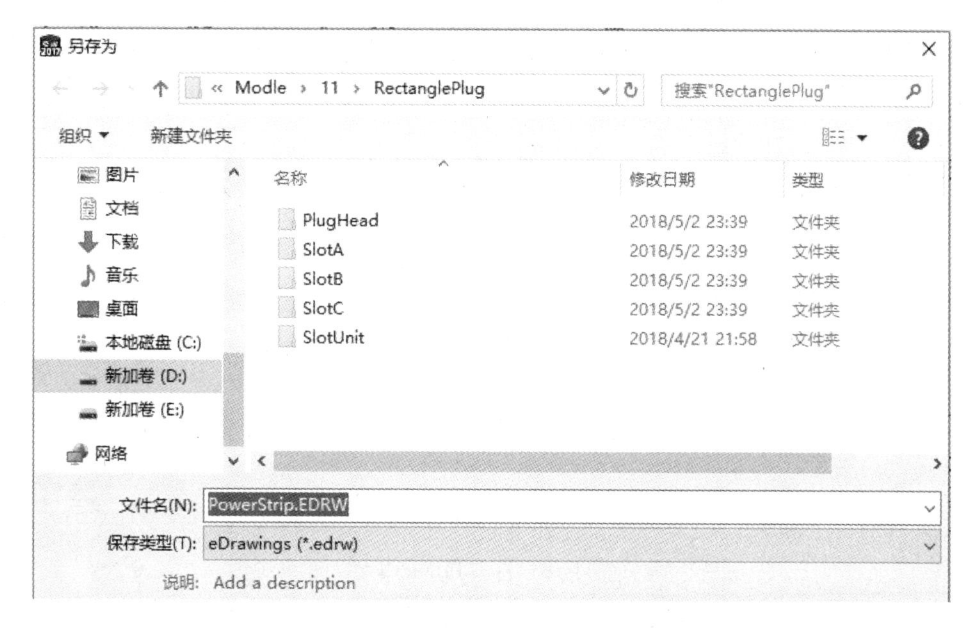

图 11-14 保存 eDrawings 专用格式

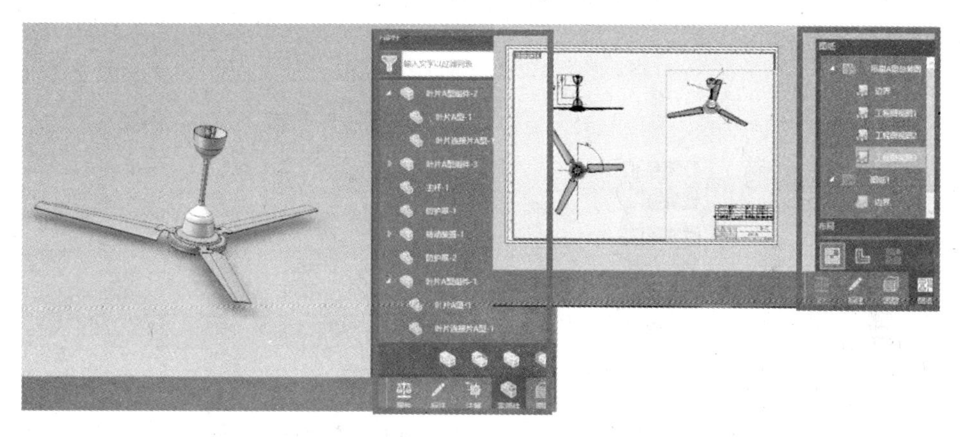

图 11-15 eDrawings 格式模型与工程图

11.4.3 PDF 工程图

无论是分离的工程图，还是 eDrawings，低版本的 SOLIDWORKS 一般都无法打开高版本 SOLIDWORKS 生成的模型或 eDrawings 格式文件。此时就需要用到 PDF。SOLIDWORKS 工程图输出 PDF 通常有以下两种方式。

1）利用 PDF 等工具进行打印。如图 11-16 所示为最终打印的 PDF 效果。可以看到，在打开的 PDF 左侧就是普通的缩略图，用户查看图纸需要逐张点选查看，当图纸比较多时，会给寻找图纸带来不便。

2）直接使用 SOLIDWORKS 的另存为 PDF 功能。如图 11-17 所示，在 SOLIDWORKS 中单击【文件】/【另存为】后，在弹出的【另存为】对话框中的【保存类型】下拉列表中选择 PDF，即可将工程图直接保存成 PDF 文件。

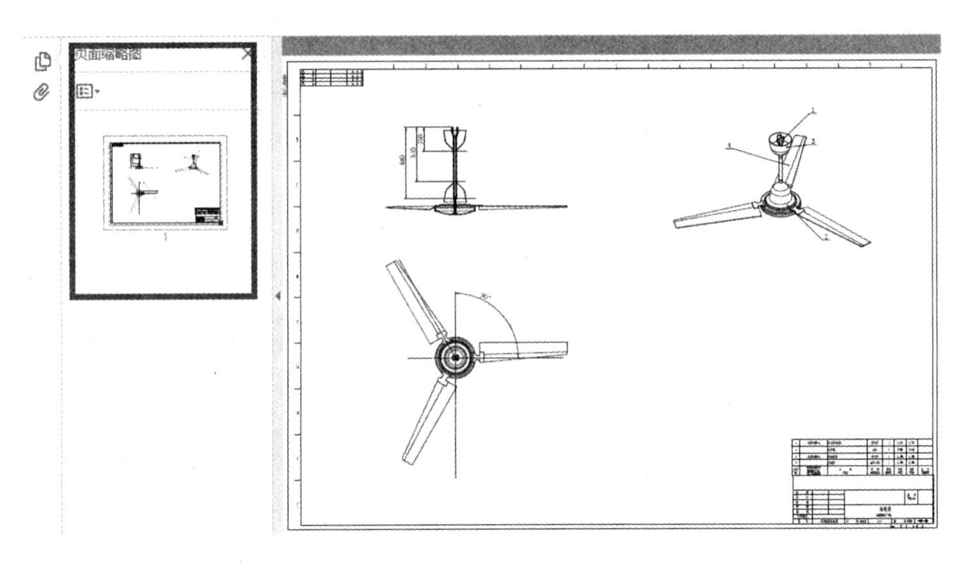

图 11-16　打印 PDF 效果

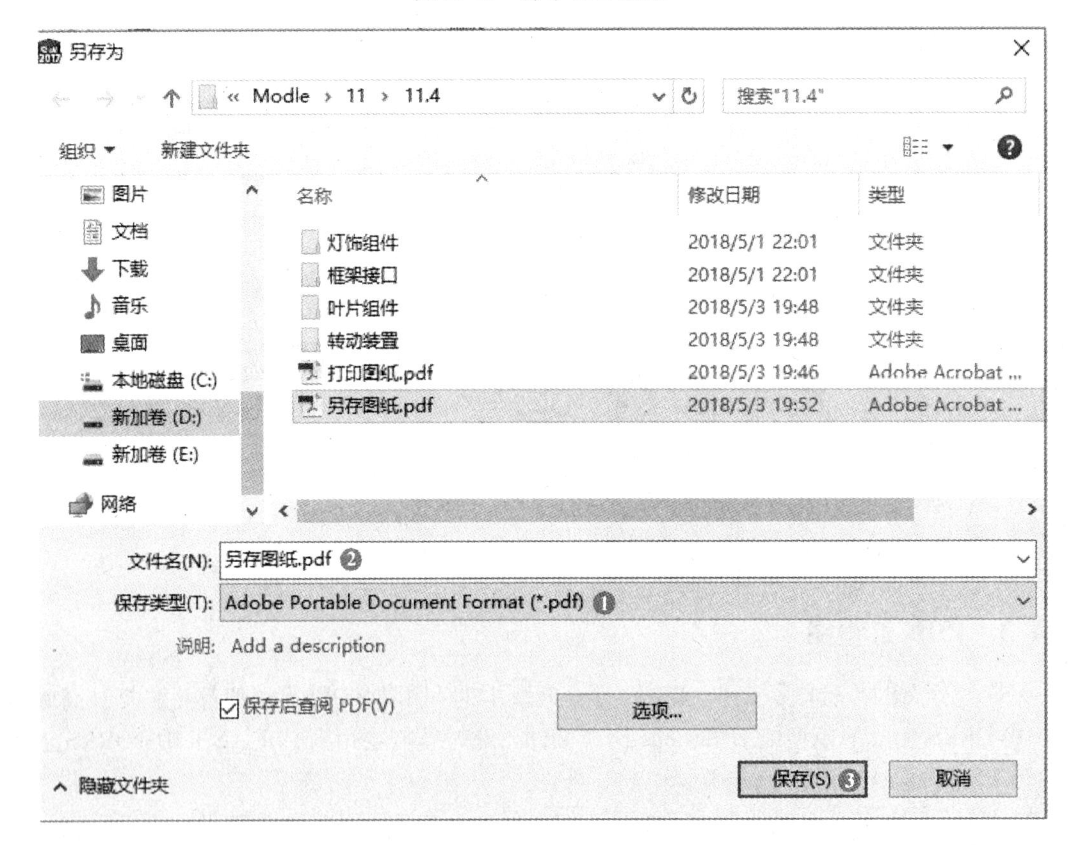

图 11-17　另存为 PDF

如图 11-18 所示为另存为 PDF 后打开的该 PDF 的效果，可以发现在 PDF 左侧有书签栏，其中包含由图纸名称与视图名称构成的书签节点，而这些元素都是由 SOLIDWORKS 的工程图特征树直接转化而来的。

如图 11-19 所示，当单击书签中的【工程图视图 2】时，在右侧的图形显示区域就自动地跳转到了该视图，免去了用户的寻找与放大缩小图纸的操作。

如图 11-20 所示，另存方式生成的 PDF 书签的命名方式同工程图特征树的特征名相似，为了便于用户找到需要查看的书签节点，进而快速地查看图形，可以在绘制工程图时，将相应的图纸名称及视图名称命名得有规律些，以便查找。

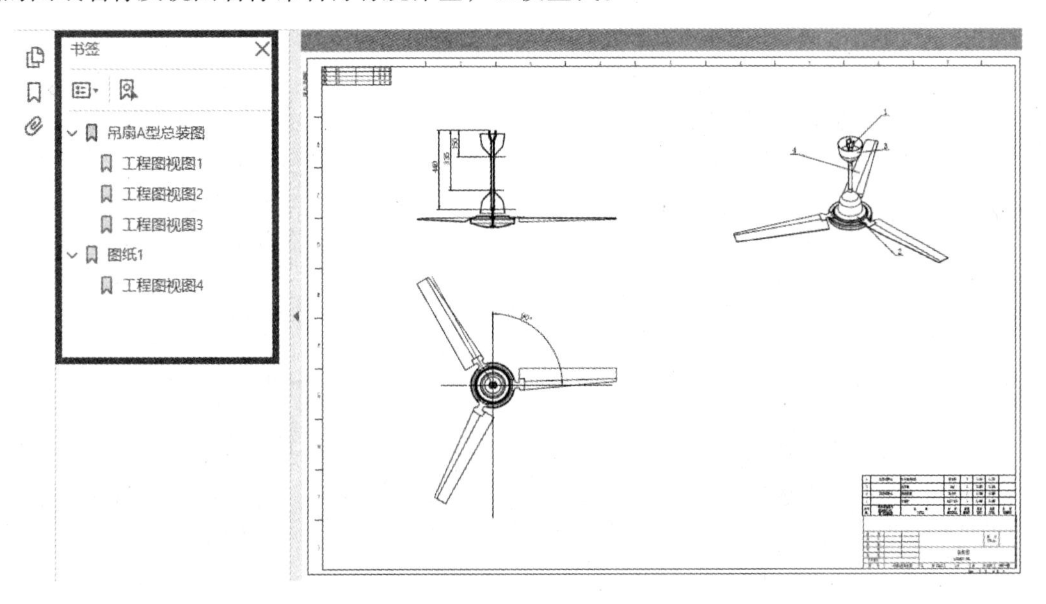

图 11-18　另存 PDF 效果

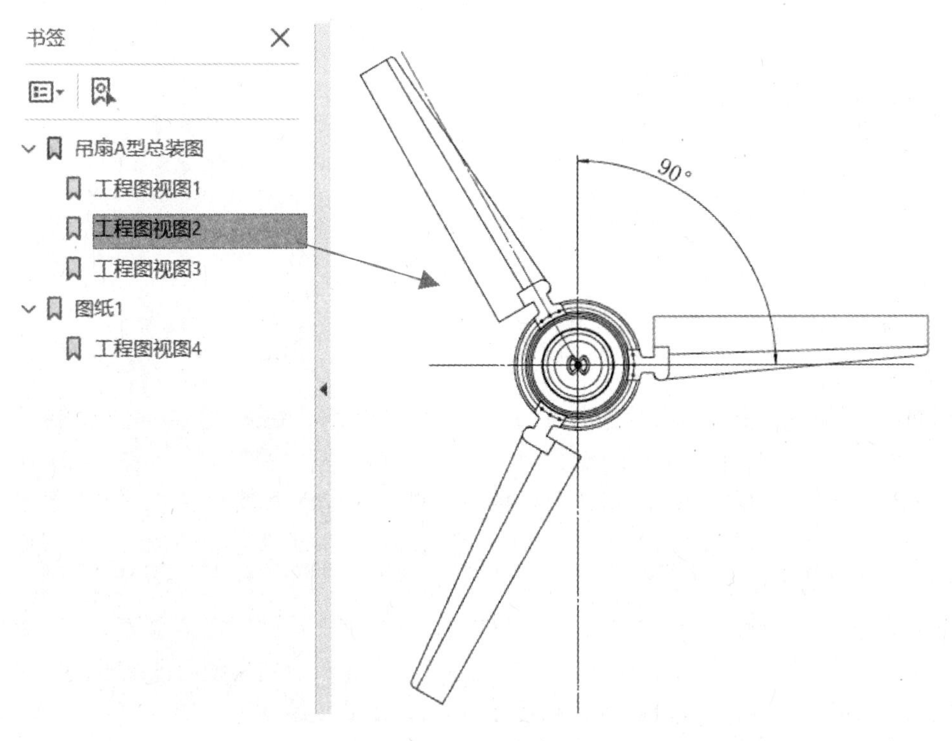

图 11-19　书签单击效果

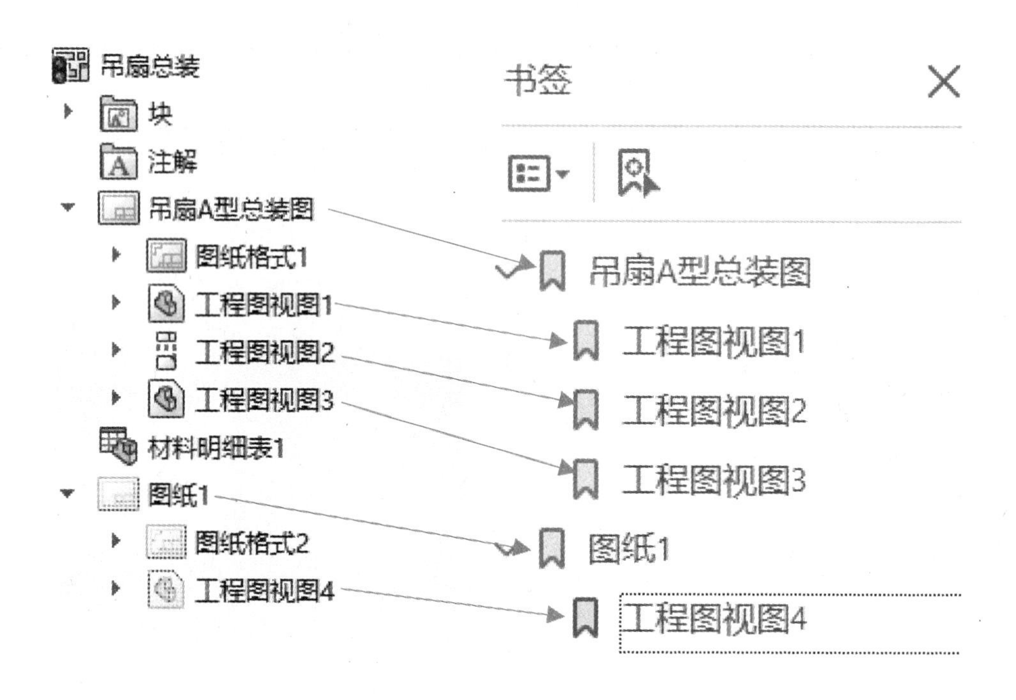

图 11-20　工程图特征树与 PDF 书签

提示：

若企业能够使用 SOLIDWORKS 提供的 API 进行一些二次开发，可以通过程序按照自己的需求命名图纸和视图特征。

11.5　本章总结

在 SOLIDWORKS 中，模型数据所占的比例会越来越大，在未来数字化生产制造中，设计信息会越来越少地通过二维图纸进行传递，而是直接从模型中抽取。如图 11-21 所示，在使用 SOLIDWORKS 进行设计时，应尽可能地将模型看成是计算机的主机，而工程图仅仅作为计算机的显示器，其显示的内容尽可能多地来自模型。关于这方面的技巧，读者应该认真研读第七 7 章中的各项技巧。

本章的工程图规划主要从大的设计管理方面切入，旨在帮助用户结合第 8 章至第 9 章介绍的产品模块化拆分与装配结构基准，更好地实现标准化，达到模型与图纸的高回用性和高通用性，从而减少实际设计过程中相同设计内容的重复低效绘制工作量。

用户应该综合自身的产品特点及企业文控体系考虑各类模型图纸的出图策略。

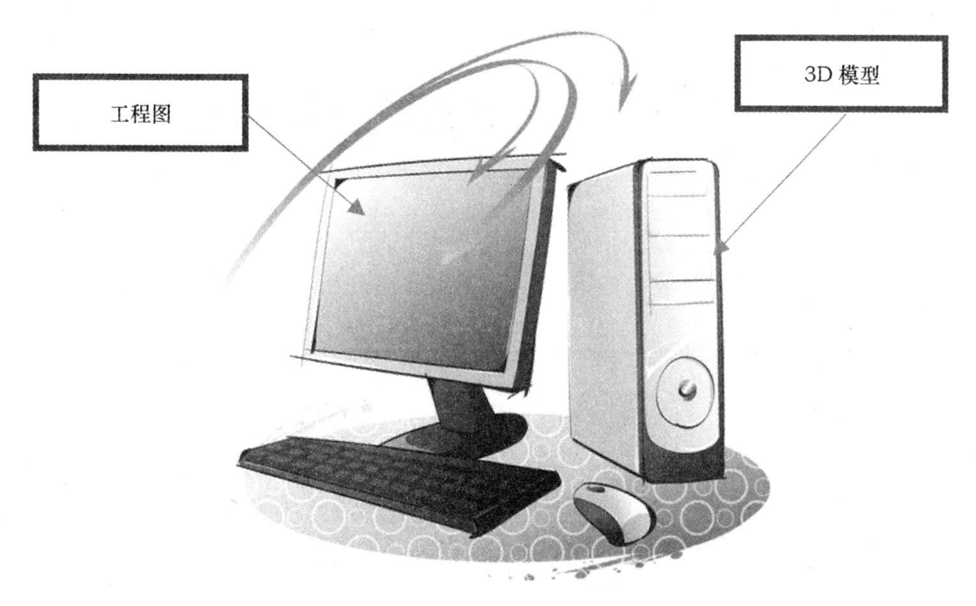

图 11-21　模型与工程图的关系

附录　统一规划的模板索引

在 SOLIDWORKS 的使用过程中，很多模板可以统一部署到每个用户的计算机上，以便每个用户的设计工作都能有较高的统一性。本索引将列出常用模板，以便用户规划 SOLIDWORKS 的使用。

模板名称	模板作用	书中章节
零件模板	新建零件时，供用户选择	参照 7.10
装配体模板	新建装配体时，供用户选择	参照 7.10
工程图模板	新建工程图时，供用户选择	7.10
材料数据库	供用户添加材料特征	2.3.2
属性名称配置文件	便于用户添加常用属性	6.5
符号库	方便日常设计时直接调用	7.11.1
孔标注格式文件	若有常用格式，可以添加	7.11.2
剖面线样式文件	若有常用格式，可以添加	7.11.3
图纸格式	提高图面统一性	7.2.2
绘图标准	提高图面统一性，标注、字体样式等的统一设置都保存在该文件中	7.10
图签块	提高工程图图面统一性，也便于用户使用。其中的内容应尽可能采用链接的方式链接到模型数据	7.7
明细表模板		7.8.6
常用块		7.7
常用表格模板		7.8.4
常用零件框架	提高模型的回用性，替换行，为装配基准接口服务	9
常用装配体框架	提高模型的回用性，替换行，为装配基准接口服务	10